晶体材料强度与断裂微观理论

甄　良　邵文柱　杨德庄　编著

科学出版社

北　京

内 容 简 介

本书阐述位错理论的基本概念,探讨各种强化与断裂机制的微观力学本质,为充分发挥晶体材料的性能潜力提供理论基础。全书内容分为三部分,第一部分的两章阐述连续弹性介质和实际晶体中的位错行为,第二部分的四章阐述不同强化机制,第三部分阐述晶体材料裂纹萌生、扩展及韧脆转变的位错机制。

本书适合材料科学与工程一级学科材料学及材料加工研究方向研究生使用,也可供从事晶体结构材料研究方向的工程技术人员参考。

图书在版编目(CIP)数据

晶体材料强度与断裂微观理论 /甄良,邵文柱,杨德庄编著.—北京:科学出版社,2018.1

　ISBN 978-7-03-055414-7

Ⅰ.①晶… Ⅱ.①甄…②邵…③杨… Ⅲ.①金属晶体–材料强度②金属晶体–断裂 Ⅳ.①O7

中国版本图书馆CIP数据核字(2017)第279839号

责任编辑:吴凡洁　焦惠丛 / 责任校对:桂伟利
责任印制:赵　博 / 封面设计:北京铭轩堂广告设计有限公司

科学出版社 出版
北京东黄城根北街 16 号
邮政编码:100717
http://www.sciencep.com

北京天宇星印刷厂印刷
科学出版社发行　各地新华书店经销

*

2018 年 1 月第 一 版　开本:720×1000 1/16
2025 年 4 月第九次印刷　印张:21 1/4
字数:413 000

定价:158.00 元
(如有印装质量问题,我社负责调换)

前　言

金属、陶瓷及其复合材料等晶体材料力学性质的微观理论与位错理论的发展密不可分，尤其对于晶体材料强度与断裂问题，位错理论已经成为分析其现象和理解其微观机制的基础，因而位错理论是先进结构类晶体材料设计、制备及性能预测等方面的研究者必须掌握的理论。

位错理论研究成果十分丰富，本书旨在从材料科学与工程学科的角度系统阐述晶体材料强度与断裂的微观理论，力求系统，不再重复材料科学基础中已经详细阐述的位错概念。本书内容分为三部分，第一部分的两章阐述连续弹性介质和实际晶体中的位错行为，以加深读者对位错基本概念的理解，为进一步探讨强化机制打下必要基础；第二部分的四章分别针对不同强化机制加以具体论述；第三部分主要针对晶体材料裂纹萌生、扩展及韧脆转变的位错机制进行阐述。内容设置的主要目的是在深入理解位错理论的基础上，建立晶体材料四种强化机制与断裂行为的物理模型，为探讨晶体材料的强韧化途径以充分发挥性能潜力提供理论基础。

培养建立理论模型的能力是材料科学与工程领域工作者在基础理论学习阶段的重要任务。要善于从所研究的复杂现象中找到其物理本质，并力求作到定量描述，这是一种抽象思维能力。这种能力应该作为高层次结构材料研究者的重要标志。本书着眼于引导学习前人用以建立晶体材料强化机制的方法，启发思路，开阔视野，以求举一反三。

本书适合材料科学与工程一级学科材料学及材料加工研究方向的研究生使用，也可供有关工程技术人员参考。

本书在编写过程中得到了哈尔滨工业大学材料科学与工程学院轻金属与纳米材料课题组全体师生的大力支持与协助；本书的出版得到了哈尔滨工业大学教育教学改革项目和国家自然科学基金项目(51371068)的支持，在此一并表示感谢。

由于编者水平有限，编写时间仓促，书中难免有不妥之处，敬请读者批评指正。

编　者

2017 年 5 月 25 日

目　　录

绪　论

0.1　位错概念的提出

位错的"发明"是材料科学历史上的里程碑，它推动了整个材料学科的发展。晶体中的位错理论应当首先被认为是一种发明，而并非被"发现"，主要原因在于，在位错概念提出 20 年之后，位错理论已经发展到一个比较成熟的阶段时，位错才被人们用透射电子显微镜观察到。

晶体中的位错是一种线缺陷，可与晶体的弹性应力场产生交互作用。在外力作用下，位错运动并穿过晶体，产生永久性的形状变化，即塑性变形。

位错概念的提出主要是由于两个原因，一方面是实际晶体(有位错晶体)的屈服强度比完整晶体的理论强度估算值低约三个数量级；另一方面是晶体变形过程中的加工硬化现象无法解释。

1926 年，弗仑克尔(Frenkel)对材料的理论切变强度进行了估算[1]。假设晶体为完整的，在滑移过程中，晶体上下两个晶面整体发生相对位移。如图 0-1 所示，设上下两层原子间距为 d，在滑移方向上原子间距为 b，u 为上层原子相对于下层原子的位移，外加切应力为 σ。因为是理想晶体，原子排列是周期性的，因此切应力是位移 u 的函数，具有一定周期性。

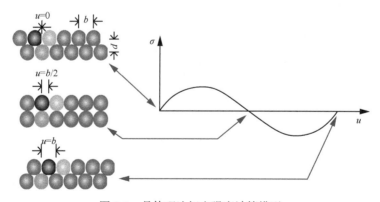

图 0-1　晶体理论切变强度计算模型

当 $\sigma=0$ 时，$u=0$；当 $u=b$ 时，$\sigma=0$；当 $u=b/2$ 时，$\sigma=0$；当 $u=b/4$ 时，$\sigma=\sigma_{\mathrm{m}}$ 为切应力最大值。因此，外加切应力 σ 与位移 u 之间的关系可以表示为

$$\sigma = \sigma_{\mathrm{m}} \sin \frac{2\pi u}{b} \qquad\qquad (0\text{-}1)$$

式中，σ_{m} 为滑移时的临界切应力。若 $u \ll b$，则式 (0-1) 可以化为

$$\sigma = \sigma_{\mathrm{m}} \frac{2\pi u}{b} \qquad\qquad (0\text{-}2)$$

由于上述条件下晶体变形量很小，属于弹性范围，应当满足胡克定律，则有

$$\sigma = G\left(\frac{u}{d}\right) \qquad\qquad (0\text{-}3)$$

式中，G 为切变模量。

在很小的变形范围内，上述两式相等，则 $\sigma_{\mathrm{m}} = \left(\dfrac{G}{2\pi}\right)\left(\dfrac{b}{d}\right)$。应用近似关系，$b = d$，则

$$\sigma_{\mathrm{m}} = \frac{G}{2\pi} \qquad\qquad (0\text{-}4)$$

式 (0-4) 的计算值比实际材料强度高出几个数量级。即使经过修正之后：$\sigma \approx \dfrac{G}{30}$，其计算结果与实际值仍然相差 3~4 个数量级，如表 0-1 所示。这并不意味着这个公式是错误的，特殊方法制备的金属晶须的实测强度可以达到上述理论计算值。主要原因在于实际晶体中存在缺陷。

表 0-1　几种典型金属材料理论强度与实际强度

金属	切变模量 G/MPa	理论切应力 τ_{m}/MPa	实际切应力/MPa
Al	24400	3830	0.786
Ag	25000	3980	0.372
Cu	40700	6480	0.490
α-Fe	约 68950	10960	2.75
Mg	16400	2630	0.393

1934 年，英国的泰勒 (Taylor)、德国的波朗依 (Polanyi)、匈牙利的奥罗万 (Orowan) 几乎同时提出晶体中位错的概念[2-4]。图 0-2 给出了奥罗万和泰勒描述刃型位错运动的示意图。泰勒提出刃型位错的概念是基于对塑性变形过程的量热研究，从而确定了应变储能的存在，并将其定义为晶体缺陷处的弹性畸变能，而加

工硬化现象也是源于晶体缺陷之间的交互作用。奥罗万基于锌晶体塑性变形的不连续性，推定每一次变形都是晶体缺陷的运动。上述三位发明人都认为，塑性变形是位错在晶体中沿着某个平面滑移的结果，从而较好地解释了在较低应力下产生塑性变形的现象，与实际情况相符合。

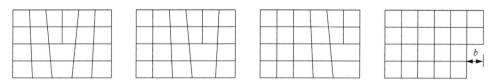

图 0-2　刃型位错运动示意图

0.2　位错理论的发展历程

位错的概念最早是 1907 年意大利的沃特拉(Volterra)、温格腾(Weingarten)、索米格拉娜(Somigliana)等弹性力学家提出的在连续介质中的错排[5]。但这种概念当时在晶体研究领域并未提及。

如前所述，英国的泰勒、德国的波朗依、匈牙利的奥罗万早在 1934 年就同时提出晶体中的位错行为，主要指刃型位错的概念。泰勒把位错与塑性变形时的滑移过程联系起来，认为滑移是通过位错在切应力作用下在晶体中逐步移动实现的，所需的切应力显著减小。泰勒最早将位错定义为"dislocation"。奥罗万认为，滑移过程是由局部变形逐步达到整体位移，因此，不需要很大的外力就可以将局部变形逐渐传到晶体表面，就像平地上拉地毯一样，整体拉动很费力，而用一曲折，再使曲折局部运动会很省力。

1938 年，康托诺娃(Kontnova)和弗兰克(Frenkel)提出受外力晶体中位错运动动态点阵模型，指出位错运动速度不能超过声波在晶体中的传播速度[6]。

1939 年，伯格斯(Burgers)提出用伯格斯矢量来表征位错，发展了应力场理论，并引入螺位错的概念，与泰勒提出的刃型位错的概念相结合，形成了晶体中最基本的两种位错模型[7, 8]。

1940～1947 年，位错理论迅速发展[9-12]。首先是派尔斯(Peierls)利用半点阵模型突破了经典弹性力学对位错弹性的研究结果，建立了位错芯部位移场积分方程，纳巴罗(Nabarro)随后给出了方程的解，从而建立了完整的派尔斯-纳巴罗(Peierls-Nabarro, P-N)模型。该模型消除了连续弹性介质模型在位错芯部的非连续性，给出了位错宽度，所求出的晶格阻力(即派-纳力或称 P-N 力) $\sigma_P = \dfrac{2G}{1-\nu} \cdot$

$\exp\left(-\dfrac{4\pi\xi}{b}\right)$（$\nu$ 为泊松比，ξ 为位错半宽度）与实际晶体屈服强度实验值符合得很

好，并对位错可动性、滑移系统存在的原因等各种变形机制进行了合理的解释。这一理论模型对位错理论的后续发展奠定了基础。科特雷尔(Cottrell)对溶质原子与位错的交互作用开展了系统研究，提出了溶质原子与位错的交互作用模型和Cottrell气团的概念，揭示了物理屈服现象的内在机制。海登瑞茨(Heidenreich)和肖克莱(Shockley)提出了位错分解的概念，引入了不全位错，首次说明了位错的精细结构。

1950年，弗兰克(Frank)和里德(Read)在康奈尔大学参加国际会议时相识，并按照大会的建议将两人相同的构想联合发表一篇文章，精确地提出并阐述了位错增殖机制，即Frank-Read源[13]。

1953年，汤普森(Thompson)总结出表征面心立方(FCC)结构位错组态的Thompson记号，给晶体材料位错组态研究带来了极大的方便[14]。当然，后来位错理论还有很多发展，例如，Snoek气团、Suzuki气团、Lomer-Cottrell位错锁、位错塞积理论、用位错理论解释各种强化机制及断裂现象等。

材料科学如同粒子物理学一样，也信奉眼见为实的哲学。因此，从位错理论提出之时，人们就致力于通过实验观察到位错的存在。奥罗万很早就鼓励自己的学生罗伯特·康(Robert Cahn)开展位错观察方面的研究，并于1947年发表了以奥罗万命名的多边化过程观察的结果。随后，又有许多研究小组开展了"缀饰"的方法间接证明位错的存在。同时，利用位错露头方法表征位错密度也成为一种成熟的位错参数表示方法。但直到1957年，海茨(Hirsch)领导的研究小组在卡文迪什(Cavendish)实验室利用透射电子显微镜才得到了第一张具有可信度的移动的位错像。此时，距位错被"发明"的第一篇文章的发表已经过去了20多年[6]。

关于位错的概念在我国的引入，我国著名金属物理学家钱照临先生在杨顺华教授编写的《晶体位错理论基础》的序言中有所描述。1953年，柯俊先生从英国刚刚回国，住在前门旅馆里，钱照临先生前去拜访，谈及dislocation的事，觉得学说成立，于是推敲此缺陷的由来和图像，试译名为"位错"，并渐被大家认可。位错这个概念在我国台湾称为"差排"。

20世纪30～50年代，位错理论实现了快速发展，并形成了比较完整的理论体系。位错理论在此后的一个重要发展就是位错的连续分布理论。这一理论引入了无限小位错连续分布的概念，建立起连续分布位错状态的普遍微分几何理论，从而可以处理大变形非线性问题。70年代以后，位错及缺陷理论有两个方面的重要发展。一是有序介质中缺陷的代数拓扑理论，即利用序参量描述有序介质，并建立序参量拓扑空间，从而给出晶态物质中缺陷的绝对分类和运动学行为的预测。二是将位错的连续分布理论纳入杨-Mills规范场理论之中，从而对位错连续分布理论发展起到了推动作用。

0.3　晶体材料强度与断裂的物理本质

晶体材料强度问题是材料科学研究的重要领域。在实际应用中，对于材料强度的要求具有一定的矛盾性。一方面，材料的强度是构件的设计指标，结构设计要求尽可能提高材料强度；另一方面，材料成型和加工要求材料具有较低的流变应力与较高的延伸率。这就要求深入研究晶体材料的强韧化机制，以实现对材料强度的调控。

以金属材料为例，晶体材料的基本强度指标有四个，如图 0-3 所示。

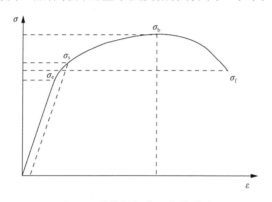

图 0-3　晶体材料典型拉伸曲线

(1) 弹性极限(σ_e)，是很小的塑性变形(0.001%)所对应的变形抗力。

(2) 屈服强度(σ_s)，是材料产生微小塑性变形所需的外力，即少量塑性变形抗力($\sigma_{0.2}$)。

(3) 抗拉强度(σ_b)，是材料最大均匀塑性变形所对应的抗力，即材料最大均匀塑性变形抗力。

(4) 断裂强度(σ_f)，是材料最大塑性变形抗力。

总体来说，晶体材料的强度是材料塑性变形的抗力，所以提高材料的强度就是要增大材料塑性变形的抗力。

综上所述，晶体塑性变形的元过程是位错运动，因而强化晶体材料的基本途径就是造成某种障碍以阻碍位错运动，所以深入理解位错的基本性质与行为，对于建立晶体材料强化机制具有重要的理论和实际意义。

0.4　本书的内容设置及意义

北京科技大学杨顺华教授的书中指出，位错理论的研究浩如烟海，汗牛充栋。

因此，本书将位错理论中和晶体材料强度与断裂理论相关的基础知识加以汇总，在材料科学基础课程中学习的有关位错定性概念的基础上，学习位错理论中典型模型建立思想和数值化处理方法，建立位错理论的定量表达，为晶体材料强化设计和断裂行为分析奠定理论基础。

　　本书的内容分为三部分。第一部分主要讲述基础理论，包括位错的基本性质及其在弹性介质中的行为和晶体中的位错行为；第二部分是以金属材料为例阐述晶体材料的形变强化、晶界强化、固溶强化和第二相强化等四种强化机制；第三部分主要针对晶体材料裂纹萌生、扩展及韧脆转变的位错机制进行阐述。

　　杨德庄教授认为，位错理论是学习晶体材料的语言。晶体材料变形与断裂的微观机制就是位错理论。因此，对晶体材料设计、加工和服役过程中诸多行为，特别是力学行为的基础研究中，都必然涉及材料中的位错行为。不掌握位错理论，研究者在晶体材料领域的研究就无法触及本质问题，也难于在同一平台上进行科技交流。

参 考 文 献

[1] Hull D, Bacom D J. Introduction to Dislocations [M]. Oxford: Butterworth-Heinemann, 2011: 13-14

[2] Polanyi M. Lattice distortion which originates plastic flow [J]. Zeitschrift für Physik, 1934, 89 (9-10)：660-662

[3] Orowan E. Plasticity of crystals [J]. Zeitschrift für Physik, 1934, 89 (9-10)：605-659

[4] Taylor G I. The mechanism of plastic deformation of crystals. Part I. Theoretical [J]. Royal Society, 1934, 145 (855)：362-387

[5] Volterra V. Sur l'équilibre des corps élastiques multiplement connexes [J]. Annales scientifiques de l'Ecole Normale superieure, 1907, (24)：401-517

[6] 杨顺华. 晶体位错理论基础(第一卷) [M]. 北京：科学出版社，1998: XIII-XVII

[7] Burgers J M. Some Considerations on the Fields of Stress Connected with Dislocations in a Regular Crystal Lattice. I [M]. Nederland: Koninklijke Nederlandse Akademie van Wetenschappen. 1939: 72-96

[8] Frank F C. LXXXIII. Crystal dislocations. Elementary concepts and definitions [J]. Philosophical Magazine Series 7, 1951, 42 (331)：809-819

[9] Peierls R. The size of a dislocation [J]. Proceedings of the Physical Society, 1940, 52 (1)：34-37

[10] Nabarro F. Dislocations in a simple cubic lattice [J]. Proceedings of the Physical Society, 1947, 59 (2)：256-272

[11] Cottrell A.H. 晶体中的位错和范性流变 [M]. 葛庭燧译. 北京：科学出版社, 1962: 62-64

[12] Heidenreich R D, Shockley W. Report of a conference on the strength of solids [R]. London: Physical Society, 1948: 71-95

[13] Frank F C. The resultant content of dislocations in an arbitrary intercrystalline boundary [C]// Symposium on the Plastic Deformation of Crystalline Solids. Washington DC: Office of Naval Research, 1950: 150-154

[14] Thompson N. Dislocation nodes in face-centred cubic lattices [J]. Proceedings of the Physical Society, Section B, 1953, 66 (6)：481-492

第1章　位错的基本性质及其在弹性介质中的行为

本章在回顾材料科学基础中对位错概念和特性的基本表述的基础上，重点阐述连续弹性介质中的位错行为。位错的弹性理论建立在弹性连续介质模型的基础上，这个模型并没有考虑晶体结构的原子堆垛特征，因而不能描述位错中心严重错排区域的弹性，但其对位错在严重错排区以外区域的弹性的描述是正确的。本章利用弹性力学经典的沃特拉模型给出典型位错弹性的数学表达式，并利用其结果处理位错与其他缺陷的交互作用问题，主要包括作用在位错上的力、位错之间的交互作用、界面与位错之间的交互作用等方面的问题。关于位错与溶质原子间的交互作用问题将在固溶强化机制中讨论。

1.1　位错的定义及伯格斯矢量

1.1.1　位错的定义

早在位错概念提出之初，泰勒以较清晰的图像表明，位错是一种与晶体内部原子排列畸变有关的线性晶体缺陷。晶体滑移不是整体进行的，而是在较小切应力作用下逐步发生的。在逐步滑移的任何阶段，必然在滑移面内存在围绕已滑移区的边界，通常称为滑移位错。由这个定义可知，位错线包围着滑移面内的一个面积，因而必然在晶体内形成一个闭合的回线，或者终止在晶体的自由表面，也可以与晶体的任何界面相通。因此，位错的定义可以总结为：①位错是线缺陷；②滑移位错是已滑移区和未滑移区的边界。由第二条可以得出的推论是，位错线不能终止于晶体内部。

晶体中位错线的一般形式如图 1-1 所示。设想将晶体沿画阴影的 S 面剖开，再将分开的上下两个面 S_1 和 S_2 相对作一个刚性移动 $\vec{b}$。矢量 $\vec{b}$ 可以是晶体的任一点阵平移矢量。显然，此操作会使 S 面上不平行于 $\vec{b}$ 的地方出现空隙或原子的重叠。再设想将重叠的原子去掉或在空隙处填入同种质料的晶体后，把经过相对滑移的两个截面 S_1 和 S_2 胶合起来，并撤去加在截面上的外力。$\vec{b}$ 是点阵矢量，使胶合后在 S 面上不留下任何痕迹，但 S 面周界 C 由于是滑移区与未滑移区的分界线，其附近的原子必然发生某种错排。其错排程度与相对滑移矢量 $\vec{b}$ 有关。在这里，滑移矢量 $\vec{b}$ 便是一个表征位错线特征的重要参量，通常称为伯格斯矢量。

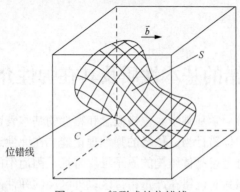

位错线

图 1-1　一般形式的位错线

1.1.2　伯格斯回路和伯格斯矢量

如何描述位错线是位错理论中的一个基本问题。作为一根几何上抽象的线段，通常只需标出其在坐标系中的位置。可是对于位错线而言，不仅需要标出它在晶体中的位置，更重要的是标出它的特征。因此，要确切地定义位错线必须涉及确定伯格斯矢量问题。

伯格斯在 1939 年提出了应用伯格斯回路确定伯格斯矢量的方法[1]。设在晶体中取三个初基矢量 $\vec{\alpha}$、$\vec{\beta}$、$\vec{\gamma}$。用这三个初基矢量做成的平行六面体在 $\vec{\alpha}$、$\vec{\beta}$、$\vec{\gamma}$ 三个方向上顺序堆积可得到整个晶体。从晶体某一点出发，以每一个初基矢量为一步，沿着初基矢量方向逐步走下去，最后回到原来的出发点，所得到的闭合回路称为伯格斯回路。设沿 $\vec{\alpha}$ 方向走了 n_α 步，在 $\vec{\beta}$ 方向走了 n_β 步，在 $\vec{\gamma}$ 方向走了 n_γ 步。若回路为完整的晶体，则有如下关系：

$$n_\alpha \vec{\alpha} + n_\beta \vec{\beta} + n_\gamma \vec{\gamma} = 0 \tag{1-1}$$

若回路中围绕有位错，则

$$n_\alpha \vec{\alpha} + n_\beta \vec{\beta} + n_\gamma \vec{\gamma} = \vec{b} \tag{1-2}$$

式中，矢量 $\vec{b}$ 为伯格斯矢量。一般来说，$\vec{b}$ 是晶体中某一方向上的原子间距或其整数倍，所以可由伯格斯回路在三个初基矢量方向上所走的步数的矢量和求得。另外，在确定位错的伯格斯矢量时，应注意以下几点。

(1) 应明确位错线的方向与伯格斯矢量方向是相对的。位错线的方向一般是人为规定的，从纸面出来指向人的方向为正。

(2) 要用右手螺旋法则规定伯格斯回路的方向，即在纸面上逆时针方向为伯格斯回路的方向。

(3)回路所经过的区域应避开位错线附近原子严重错排的区域。以刃型位错为例(图 1-2),从左上角出发沿逆时针方做伯格斯回路。在 X、Y、Z 三轴方向上,原子的间距各为 α、β、γ,则

$$n_\alpha = 0$$

$$-5\vec{\gamma} + 5\vec{\beta} + 5\vec{\gamma} - 6\vec{\beta} = \vec{b}$$

$$\vec{b} = -\vec{\beta}$$

故得伯格斯矢量是 Y 轴负方向上大小为一个原子间距的矢量。

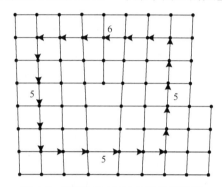

图 1-2 环绕刃型位错的伯格斯回路

由上述可见,伯格斯回路的作用在于把位错中心周围原子间的畸变叠加起来,并用伯格斯矢量的形式加以表达。只要伯格斯回路所包含的位错没有变更,伯格斯矢量与伯格斯回路的起点选择就无关。由此可以将位错定义为:在晶体中围绕某一缺陷画其伯格斯回路时,所得的伯格斯矢量不为零者,即称此晶体缺陷为位错。可以用位错线的单位矢量 $\vec{\xi}$ 和伯格斯矢量 $\vec{b}$ 综合表征位错线的特征。例如,$\vec{b} \cdot \vec{\xi} = 0$ 时为刃型位错。对于螺型位错,$\vec{b} \cdot \vec{\xi} = b$ 时为右手螺型位错;$\vec{b} \cdot \vec{\xi} = -b$ 时为左手螺型位错。

1.1.3 伯格斯矢量守恒定律

伯格斯矢量代表着位错线最基本的、不变的特征,具有守恒性。主要表现在以下几个方面。

(1)位错线在中途分叉时,分叉前位错的伯格斯矢量等于分叉后诸位错伯格斯矢量之和。如图 1-3 所示,位错线 1 分叉为 2 和 3 两段,在 2 和 3 两位错的伯格斯矢量之和 $\vec{b}_2 + \vec{b}_3$ 应与位错线 1 的伯格斯矢量 $\vec{b}_1$ 相等。位错线 1 的伯格斯回路为 B_1,若前进并扩大可与位错线 2 和 3 的伯格斯回路 B_{2+3} 相合,而回路 B_{2+3} 的伯格斯矢量为 $\vec{b}_2 + \vec{b}_3$,则 $\vec{b}_1 = \vec{b}_2 + \vec{b}_3$。

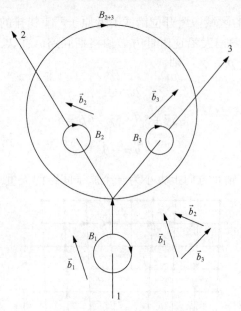

图 1-3　位错中途分叉前后伯格斯矢量守恒

(2) 一个位错环只有一个伯格斯矢量。这可以用反证法加以证明。如图 1-4 所示，先假设位错环 $PQRS$ 有两个不同的伯格斯矢量，即 PQR 的伯格斯矢量为 $\vec{b}_1$，PSR 的伯格斯矢量为 $\vec{b}_2$。按照位错的基本性质，PQR 和 PSR 两个区域的变形就应有所不同，以致在两个区域之间必须有一个位错加以分开，如 PR 线。此外，该 PR 线的伯格斯矢量应当为 $\vec{b}_3 = \pm(\vec{b}_1 - \vec{b}_2)$。若欲消除 PR 这条位错线，必须 $\vec{b}_3 = 0$，则 $\vec{b}_1 = \vec{b}_2$，即 $PQRS$ 位错环是一个伯格斯矢量。

(3) 几条位错线相遇于一点（称为位错的结点）时，朝向结点的各位错的伯格斯矢量之和等于离开结点的位错伯格斯矢量之和。显然，这一点与第一条等价，只是叙述方式不同而已。因而，若结点处相遇的各位错都是指向或离开结点，则这些位错线的伯格斯矢量之和为零，如图 1-5 所示。

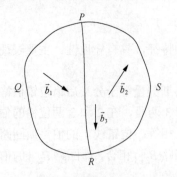

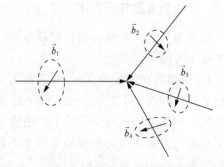

图 1-4　位错环只能有一个伯格斯矢量　　　　图 1-5　指向结点的各位错伯格斯矢量之和为零

1.1.4　弗兰克处理伯格斯矢量和伯格斯回路的方法

弗兰克在 1951 年提出了一种比较严格的处理伯格斯回路和伯格斯矢量的方法[2]。这种方法的基本思路是，取两个晶体，一个为非完整晶体，其中存在着位错；另一个作为参考的完整晶体，其晶体结构与实际的非完整晶体相同。在两个晶体中各作一个相同的四边形，其四个顶点为晶体中相邻的四个原子，则两个晶体中四个原子分别相对应。如图 1-6 (a) 所示，1、2、3、4 为实际晶体中的四个原子；如图 1-6 (b) 所示，1′、2′、3′、4′为参考晶体中的四个相对应的原子。先在实际晶体中放弃原子 1，取临近的原子 5，与 2、3、4 构成新的四边形 2 3 4 5。与此相似，在参考晶体中放弃原子 1′，取临近的原子 5′，与 2′、3′、4′构成新的四边形 2′3′4′5′。因此，在两个晶体中逐步放弃一个原子，取相邻原子，再分别将晶体中所放弃的原子连成线，便构成两个相似的回路。对实际晶体中所选择的回路必须避开位错中心，要在所谓"好"的区域加以选择。回路的方向需视位错线的方向依照右手螺旋法则而定。经过这样操作的结果是，实际晶体中围绕着位错线形成闭路之后，在参考晶体中的回路或者尚没有封闭，或者闭路已过头。弗兰克将实际晶体中从相当于伯格斯回路中最后一点到起点的矢量称为伯格斯矢量。

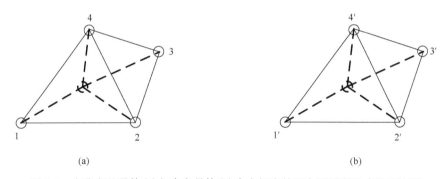

(a)　　　　　　　　　　　　　　(b)

图 1-6　在非完整晶体 (a) 与参考晶体 (b) 中由相应的四个原子所组成的四边形

如图 1-7 所示，非完整晶体中伯格斯回路从 M 到 Q 已经形成封闭，而在参考晶体中起点 M 和终点 Q 不重合，故需从终点 Q 引一矢量 $\overline{QM}$ 使回路闭合。这就是非完整晶体中位错的伯格斯矢量。由于此处晶体为立方体，故不必用上述两个相应的四边形，而在两个晶体中得到相似的回路。但需要注意，如此得出的伯格斯矢量与前面直接用伯格斯回路所得到的伯格斯矢量方向相反。通常对伯格斯矢量的方向容易搞混，需要选定一种伯格斯矢量的求解方法。

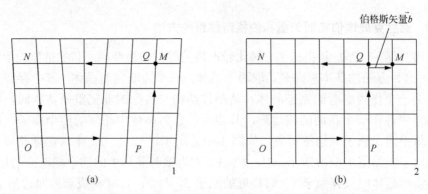

图 1-7 围绕非完整晶体(a)中位错与参考晶体(b)的伯格斯回路

1.2 位错的几何性质与运动特性

刃型位错与螺型位错是位错的两种基本形式。由这两种位错又可以进一步组成混合位错以及位错环等多种常见的位错形态。下面简要回顾这几种常见位错的几何性质和运动特性。

1.2.1 刃型位错

1. 几何性质

刃型位错的特点是其位错线与伯格斯矢量相垂直。从几何形状上看，刃型位错可以是一条直线，也可以是在一个平面上任何形状的曲线。但实际上，刃型位错不是一种严格的几何线，一般应具有以下三个特点。

(1)有一定的宽度。所谓位错线实际上是具有一定宽度的原子畸变区域，其宽度常以原子间距畸变超过正常值 1/4 的区域为限，一般为 2~3 个原子间距。

(2)有一定的原子畸变结构。对于刃型位错而言，原子畸变结构的特点表现为一个多余的半原子面，使点阵畸变具有面对称性。若多余的半原子面位于晶体的上半部，则称为正刃型位错；反之，若多余半原子面位于下半晶体，则称为负刃型位错。

(3)有一定的方向。这是为了分析问题方便而人为加以规定的。刃型位错的方向可根据位错的正负号和伯格斯矢量的方向由右手定则决定，如图 1-8 所示。由位错线的伯格斯矢量守恒定律可知，在一条连续的位错线中，位错线的方向必须是一顺的。

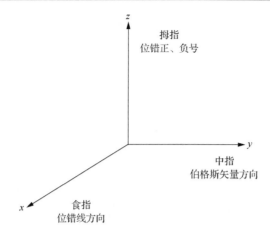

图 1-8　刃型位错正负号、伯格斯矢量方向与位错线方向之间的右手定则关系

2. 运动特性

一般而言，刃型位错只有在切应力下才能运动。确切地说，此切应力必须平行于刃型位错的伯格斯矢量，并且要作用在滑移面上。由位错线与伯格斯矢量构成的平面称为滑移面。刃型位错运动时，有固定的滑移面，只能平面滑移，不能交滑移。

刃型位错运动的方向平行于伯格斯矢量，垂直于位错线。由刃型位错运动所引起的晶体变形方向平行于位错线移动的方向，在位错线移出的晶体表面上形成滑移台阶，其大小等于伯格斯矢量的量值。

刃型位错有较大的滑移可动性。这是由于刃型位错点阵畸变具有面对称性。在滑移面上，位于多余半原子面两侧的原子对位错中心原子的作用力平衡，稍加一点力，便可使位错中心滑移。此外，位错中心附近原子已有滑动，使位错中心滑移时仅需附近原子在位置上稍有变动即可。实际上，在刃型位错移动过程中所涉及的原子移动距离远小于一个原子间距，如图 1-9 所示。

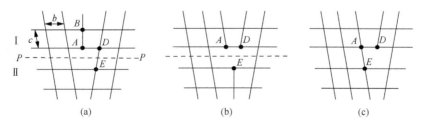

图 1-9　刃型位错通过滑移运动

刃型位错有两种运动形式：滑移和攀移。滑移是指位错线在滑移面上的运动，不涉及物质迁移和原子扩散，属于保守运动，可在一般条件下进行。攀移是指位

错线垂直于滑移面的运动，涉及物质迁移或原子扩散，属于非保守运动，一般需要在高温下进行。

1.2.2　螺型位错

1. 几何性质

螺型位错的主要特征是位错线平行于伯格斯矢量。从几何形状上看，螺型位错一定是一条直线，这是满足其伯格斯矢量守恒性的必然结果。如图 1-10 所示，螺型位错可由晶体的一部分（如右半部分）的上下两部分原子前后相对位移一个原子间距而成。在左、右两半晶体交界处造成原子错排，可以把错排原子连成一个矩形螺旋线。所以，位于螺型位错中心区的原子都排列在一个螺旋线上，而不是一个原子列，使点阵畸变具有轴对称性。

由螺型位错造成原子错排的结果是，使与位错线垂直的原子面成为绕位错线旋转的螺旋面，如图 1-11 所示。按照螺旋的方向，可将螺型位错分为右手螺型位错和左手螺型位错两种。右手螺型位错的伯格斯矢量与位错线方向相同；反之，左手螺型位错的伯格斯矢量与位错线方向相反。

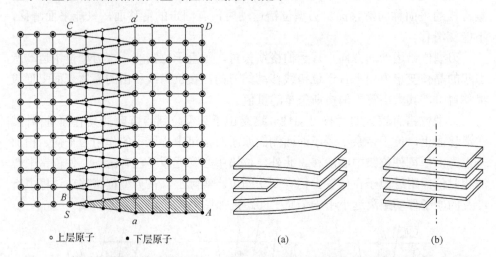

。上层原子　　•下层原子　　　　　　　　　　(a)　　　　　　　　(b)

图 1-10　螺型位错原子排列顶视图　　　图 1-11　刃型(a)与螺型(b)位错的晶面形态示意图

2. 运动特性

螺型位错也在与伯格斯矢量平行的切应力作用下运动，切应力的方向与位错线平行。螺型位错运动方向垂直于位错线或其伯格斯矢量，而由此产生的晶体变形方向与位错线运动的方向不同，平行于伯格斯矢量。螺型位错扫过晶体时，在垂直于位错线的表面上形成台阶，或留下滑移痕迹，如图 1-12 所示。

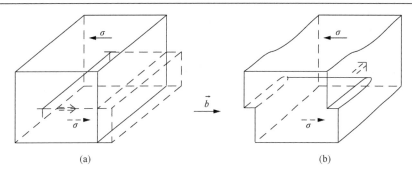

图 1-12　刃型(a)与螺型(b)位错在外力作用下运动时在晶体表面形成台阶

螺型位错的滑移面可以改变，有不唯一性。螺型位错能够在通过位错线的任一平面上滑移，表现出易于交滑移的特性。

同刃型位错相比，螺型位错的可动性较小。前面已经谈到，螺型位错使点阵畸变具有轴对称性，位错中心的原子绕螺旋线分布，故与刃型位错使点阵畸变具有面对称性不同，由位错中心两侧的原子在滑移方向上对位错中心的作用力不能完全抵消。这一点同以后估算位错运动的晶格阻力时，螺型位错因其位错宽度较小而使派-纳力较大的结论相一致。

另外，由于没有与滑移面垂直的多余半原子面，螺型位错只能滑移，不能攀移。螺型位错只能做保守运动，而不涉及物质的迁移。

1.2.3　混合位错

实际晶体中，大量存在的位错形式是混合位错。其主要特点是，位错线的伯格斯矢量与位错线既不平行，也不垂直。位错线的形状可以是直线，也可以是曲线。

可以设想，一个混合位错 AB 是由许多纯螺型位错和纯刃型位错交替组成的，相应的伯格斯矢量为 $\vec{b}$，如图 1-13(a)所示。也可以直接将混合位错分解成纯螺型位错和纯刃型位错两部分，如图 1-13(b)所示。图中位错线 AB 与其伯格斯矢量的夹角为 θ，可将 $\vec{b}$ 分解为与 AB 垂直的分量 $\vec{b}_e$（刃型部分）和平行的分量 $\vec{b}_s$（螺型分量），则

$$\vec{b} = \vec{b}_e + \vec{b}_s \tag{1-3}$$

于是，混合位错 AB 就可以看成刃型位错和螺型位错的叠加。它们各自在混合位错中所占的分量，取决于伯格斯矢量和位错线的夹角 θ。

对于刃型位错：$\vec{b}_e = \vec{\xi} \times (\vec{b} \times \vec{\xi})$。

对于螺型位错：$\vec{b}_s = (\vec{b} \cdot \vec{\xi}) \cdot \vec{\xi}$。

这两种分解方法究竟哪种合理，要根据分解后位错的能量变化来判断。前一

种分解方法使位错线呈"之"字形,长度明显增加,对应的位错线自能比后者大。所以,混合位错分解时,通常采用后一种直线方式。

在曲线混合位错的各段,刃型位错和螺型位错所占比例不同。如图 1-14 所示,在 A 附近以刃型分量为主,在 B 附近以螺型分量为主。所以,曲线混合位错的结构具有不均一性。

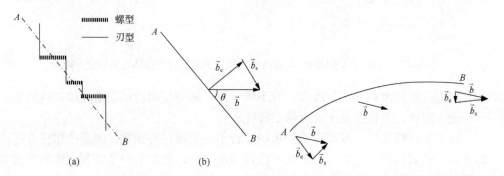

图 1-13　直线混合位错的分解　　　图 1-14　曲线混合位错各段结构不同

混合位错的运动特性是两种位错分量共同作用的结果。一般而言,混合位错的可动性应介于刃型位错与螺型位错之间。随着刃型位错分量的增加,混合位错的可动性提高。但混合位错的滑移面应由刃型位错分量决定,具有固定滑移面。

1.2.4　位错环

位错环可以呈任何形状,但必须是闭合回路。一条位错线的两端不能终止于晶体内部,只能终止于晶界、相界或晶体的自由表面,所以位于晶体内部的位错必然趋向于以位错环的形式存在。一般位错环有以下两种形式。

1. 混合型位错环

这种位错环的特点是其伯格斯矢量与位错环位于同一平面内,亦称平面位错环。图 1-15 为一圆形混合型位错环。其不同线段将从纯刃型位错连续地变为混合型,再变为纯螺型位错。位错环上对应段的位错线属于同一位错类型,而符号相反。所以,这种位错环由刃型、螺型和混合型三种位错所组成。

混合型位错环有确定的滑移面,与位错环所在的平面相同。在平行于伯格斯矢量的切应力作用下,位错环扩展或缩小。如图 1-15 所示,切应力与伯格斯矢量同向时,位错环扩展;反之,位错环缩小。当位错环到达晶体表面时,在平行于伯格斯矢量的方向上形成台阶。所以,在外力作用下,由位错环扩展使晶体变形的效果与一对刃型位错运动所造成的效果相同,如图 1-16 所示。

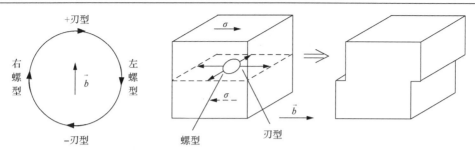

图 1-15　混合型位错环　　　　图 1-16　混合型位错环扩展引起的台阶

2. 棱柱位错环

这种位错环的特点是，其伯格斯矢量垂直于位错环所在平面，位错环的各线段具有刃型位错的性质。所以，棱柱位错环是一种刃型位错环，其滑移面为垂直于位错环所在平面的棱柱面。棱柱位错环的滑移常称为"铅笔滑移"。设在一个完整晶体上作一 ABCD 方形压痕，其深度为 b，若形变终止在 PQRS 平面上，则其周界 PQRS 便为棱柱位错环，如图 1-17 所示。显然，这种位错环的滑移面为图 1-17 中小长方体的四个侧面。

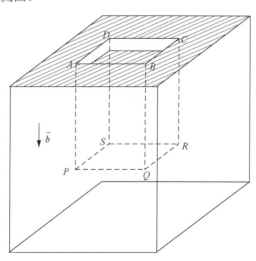

图 1-17　棱柱位错环示意图

形成棱柱位错环的关键是晶体内造成边缘是环形、多边形或任意曲线形的多余半原子面。这种多余半原子面可由在某一平面上填充一层多余的原子构成，形成填充型棱柱位错环，如图 1-18(a) 所示；也可由空位在某一平面上聚集和崩塌形成，称为空位型棱柱位错环，如图 1-18(b) 所示。

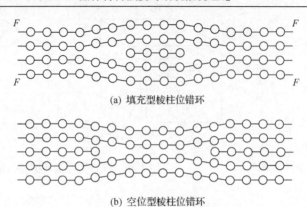

(a) 填充型棱柱位错环

(b) 空位型棱柱位错环

图 1-18　棱柱位错环截面原子排列示意图

　　棱柱位错环只能在以伯格斯矢量为轴的棱柱面上滑移，而不易在其所在平面上向四周扩展。后者涉及从位错处取走一些原子(可由吸收空位的方式进行)，或者向位错处增加一些原子。这是与扩散有关的过程，因而在一般条件下(如温度较低时)很难实现。

1.3　位错的弹性性质

　　位错的存在使晶体中原子偏离原来的平衡位置，产生了点阵畸变。在正刃型位错中，滑移面上方的原子间距比完整晶体中原子间距要小，使晶体处于受压状态；而滑移面下方晶体中原子间距比完整晶体中的原子间距要大，使晶体处于受拉状态。在螺型位错中，原子的位置都按螺旋线的方向产生了扭动。在规则晶体中，原子都处于平衡位置，相互间的引力和斥力得到平衡，因而原子之间没有内应力的作用。由于位错使点阵畸变的结果，原子离开了平衡位置，而由于原子间作用力又有一种使其回到原来平衡位置的趋势，在晶体内便产生了内应力场。可以认为，位错是晶体中一种内应力源。位错所引起的内应力从中心到四周逐渐减小，中心处畸变最大，内应力也最大。这种内应力分布就构成了位错的应力场。

　　位错弹性理论的基本问题就是对位错周围的弹性应力场的计算，进而还可以推算位错所具有的能量、位错线张力、位错间的作用力，以及位错与其他晶体缺陷之间的相互作用等一些特性。为此，一般采用位错的连续介质 Volterra 模型，把晶体作为各向同性的弹性体来处理，直接采用胡克定律和连续函数进行理论计算。

　　对螺型位错可用如下办法建立连续介质的弹性切变模型：在半径为 R 的弹性圆柱体中心挖去一个半径为 r_0 的小孔，沿着轴线方向将其一半切开，然后沿着切开面顺着轴线方向相对位移 $\vec{b}$，再将切开的面黏合起来，形成一个螺型位错，如图 1-19(a) 所示。

同样，也可以用类似的办法建立刃型位错的连续弹性介质模型，如图 1-19(b) 所示。在构成这种连续弹性介质模型时，要在中心挖去一个半径为 r_0 的圆孔的原因是避免位错中心畸变很大，以致不符合胡克定律。所以，用弹性力学处理问题时，要将位错中心区去除是合理的。至今对位错中心的细节尚不清楚，用连续介质模型所导出的结果不能应用于位错中心区，但对位错中心外的区域还是适用的。这一点已经为许多实验事实所证实。

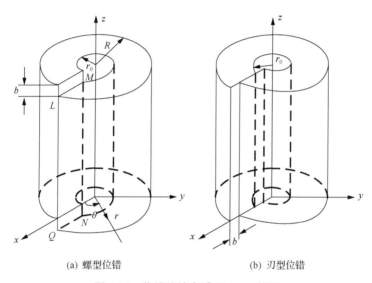

(a) 螺型位错　　　　　(b) 刃型位错

图 1-19　位错连续介质 Volterra 模型

1.3.1　复杂应力状态下应力与应变的关系

1. 应力和应变分量

在实际受力物体中，应力难以均匀分布，各点的应力状态不同。如果要研究某一点的应力状态，可以该点为中心截取一个极小的单元体，如图 1-20 所示。在单元体的六个面上都有内应力的作用。由于单元体取得极小，可以认为在每个面上内应力都是均匀分布的。在一般情况下，每个小面上作用的内应力都是任意取向的，可以在直角坐标系中分解成与 x、y、z 轴平行的三个分量。与之相应，每个小平面上作用三个应力分量，其中一个与小平面垂直，是正应力分量；另两个与其平行，是切应力分量，由于小单元体处于平衡状态，在相对应的两个面上作用的内力大小相等而方向相反，各应力分量也大小相等而方向相反。因此，为了

表示一点的应力状态需要有九个应力分量(图 1-20)。又根据小单元体所受力偶矩平衡条件可得出

$$\begin{cases} \sigma_{xy} = \sigma_{yx} \\ \sigma_{yz} = \sigma_{zy} \\ \sigma_{xz} = \sigma_{zx} \end{cases} \quad (1\text{-}4)$$

式中，$\sigma_{ij}(i,j=x,y,z)$ 为在 i 平面上平行于 j 方向的应力分量。所以，对任意点的应力状态，需要六个独立的应力分量来表征，即 σ_{xx}、σ_{yy}、σ_{zz}、σ_{xy}、σ_{yz}、σ_{zx}。其中，前三个是正应力分量，后三个是切应力分量。

在一般情况下，受力物体中任意点的应变状态也需要用小单元体的应变分量来表征。独立的应变分量也是六个，即 ε_{xx}、ε_{yy}、ε_{zz}、ε_{xy}、ε_{yz}、ε_{zx}。

由于螺型位错产生的畸变往往具有轴对称性，有时采用圆柱坐标系更为方便。如图 1-21 所示，某一点 M 的直角坐标可用圆柱坐标表示为

$$x = r\cos\theta, \quad y = r\sin\theta, \quad z = z \quad (1\text{-}5)$$

反之，圆柱坐标也可以用直角坐标表示为

$$r = \sqrt{x^2 + y^2}, \quad \theta = \arctan\frac{y}{x}, \quad z = z \quad (1\text{-}6)$$

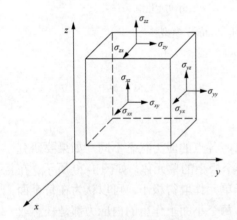　　　　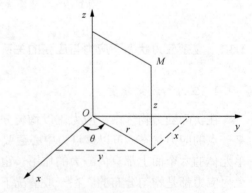

图 1-20　作用在单元体上的应力分量　　　图 1-21　直角坐标系和圆柱坐标系的关系

同样，在圆柱坐标系中，任意点的应力状态也可用三个正应力分量和三个切应力分量表示，如图 1-22 所示。

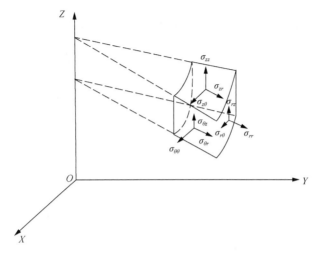

图 1-22　圆柱坐标系的正应力和切应力表示法

2. 广义胡克定律

一般来说，晶体结构具有各向异性，其弹性常数随晶体方向而变化，相应有 21 个独立的弹性系数分量（此时，弹性常数应作为张量来考虑）。随着晶体对称性的提高，独立的弹性系数分量减少。例如，对六方晶体可减少到 5 个；对立方晶体可减少到 3 个。对于各向同性介质，还可以进一步减少到仅有两个弹性系数分量。常用到的各向同性的弹性系数有正弹性模数或杨氏模量(E)、剪切弹性模量或切变模量(G)、泊松系数(ν)、拉梅常数(λ)和体弹性模量(B)。这五个弹性系数之间的相互关系如下：

$$
\begin{cases}
E = \dfrac{G(3\lambda + 2G)}{G + \lambda} = \dfrac{9GB}{3B + G} = 2G(1 + \nu) \\[2mm]
\nu = \dfrac{3B - 2G}{2(3B + G)} = \dfrac{\lambda}{2(G + \lambda)} = \dfrac{E - 2G}{2G} \\[2mm]
G = \dfrac{E}{2(1 + \nu)} \\[2mm]
\lambda = \dfrac{\nu E}{(1 + \nu)(1 - 2\nu)} = \dfrac{2\nu G}{1 - 2\nu} \\[2mm]
B = -\dfrac{p}{e} = \dfrac{3\lambda + 2G}{3}
\end{cases}
\tag{1-7}
$$

式中，$p = -\dfrac{\sigma_{11} + \sigma_{22} + \sigma_{33}}{3} = -\dfrac{\sum \sigma_{ii}}{3}$，称为内水静压力，它在数值上与平均正应

力(三个主应力的平均值)相等，而方向相反；$e = \dfrac{\Delta V}{V} = \varepsilon_{11} + \varepsilon_{22} + \varepsilon_{33}$，称为体应变，它在数值上等于三个主应变之和。只有正应变才造成体应变，而切应变不造成体积的变化。

因此，对于各向同性的弹性体，可以通过以上弹性系数中的某两个加以联系，建立应力-应变关系：

$$\sigma_{11} = (\lambda + 2G)\varepsilon_{11} + \lambda\varepsilon_{22} + \lambda\varepsilon_{33} = 2G\varepsilon_{11} + \lambda e$$

$$\sigma_{22} = \lambda\varepsilon_{11} + (\lambda + 2G)\varepsilon_{22} + \lambda\varepsilon_{33} = 2G\varepsilon_{22} + \lambda e$$

$$\sigma_{33} = \lambda\varepsilon_{11} + \lambda\varepsilon_{22} + (\lambda + 2G)\varepsilon_{33} = 2G\varepsilon_{33} + \lambda e \qquad (1\text{-}8)$$

$$\sigma_{12} = 2G\varepsilon_{12}$$

$$\sigma_{23} = 2G\varepsilon_{23}$$

$$\sigma_{31} = 2G\varepsilon_{31}$$

或者

$$\varepsilon_{11} = \frac{1}{E}[\sigma_{11} - \nu(\sigma_{22} + \sigma_{33})]$$

$$\varepsilon_{22} = \frac{1}{E}[\sigma_{22} - \nu(\sigma_{11} + \sigma_{33})]$$

$$\varepsilon_{33} = \frac{1}{E}[\sigma_{33} - \nu(\sigma_{11} + \sigma_{22})] \qquad (1\text{-}9)$$

$$\varepsilon_{12} = \frac{1}{2G}\sigma_{12}$$

$$\varepsilon_{23} = \frac{1}{2G}\sigma_{23}$$

$$\varepsilon_{31} = \frac{1}{2G}\sigma_{31}$$

1.3.2　位错的应力场

1. 螺型位错的应力场

以如图 1-19(a)所示连续介质模型为基础,可由位错所引起的相对位移出发求得应变，再借助胡克定律求得位错的应力场。

1) 无限大弹性介质中螺型位错的应力场

设在无限大的弹性介质中，有一右手螺型位错，如图 1-19(a) 所示。这时在切开面 *LMNQ* 上产生了大小为 *b* 的位移。由于其应力场和应变场具有轴对称性，采用圆柱坐标比较方便。取 *z* 轴与位错线重合，则可以证明，在半径为 *r* 的圆柱面上任意一点的位移分量为

$$u_z(r,\theta) = \frac{b\theta}{2\pi} = \frac{b}{2\pi}\arctan\frac{y}{x} \tag{1-10}$$

则切应变为

$$\varepsilon_{\theta z} = \frac{b}{4\pi r} \tag{1-11}$$

相应的切应力为

$$\sigma_{\theta z} = \frac{Gb}{2\pi r} \tag{1-12}$$

由于圆柱体只在 *z* 方向上产生位移，在 *x* 和 *y* 方向上没有位移，所以其余的应力分量都为零，即 $\sigma_{rr} = \sigma_{\theta\theta} = \sigma_{zz} = \sigma_{r\theta} = \sigma_{\theta r} = \sigma_{zr} = \sigma_{rz} = 0$。所以，螺型位错周围的应力场中不存在正应力分量，只有一个独立的切应力分量。确切地说，有两个切应力分量不为零，即 $\sigma_{\theta z}$ (在径向平面上平行于 *z* 方向) 和 $\sigma_{z\theta}$ (在垂直于 *z* 轴的平面上垂直于半径方向)。螺型位错的应力场是平面应力状态，具有轴对称性。对于符号相反的左手螺型位错，各应力场分量的符号与上面讨论的右手螺型位错相反。由于应力分量的大小与该点到轴线的距离 *r* 成反比，$r \to 0$ 时则上述结果无意义。所以，一般将线弹性解不成立的区域称为位错中心，其半径 r_0 常在 $b \sim 4b$。

采用直角坐标时，螺型位错的应力场可表达如下：

$$\begin{cases} \sigma_{xz} = \sigma_{zx} = -\dfrac{Gb}{2\pi} \cdot \dfrac{y}{x^2+y^2} \\[2mm] \sigma_{yz} = \sigma_{zy} = \dfrac{Gb}{2\pi} \cdot \dfrac{x}{x^2+y^2} \\[2mm] \sigma_{xx} = \sigma_{yy} = \sigma_{zz} = \sigma_{xy} = \sigma_{yx} = 0 \end{cases} \tag{1-13}$$

2) 位于有限大圆柱体中心的螺型位错的应力场

当如图 1-19 所示的圆柱体有限时，其圆柱面与两端面均为自由表面，相应的

应力分量为零。所以，计算位错在有限大弹性介质中所产生的应力场时，还要考虑到边界条件的影响。

对位于有限大圆柱体中心的螺型位错而言，$\sigma_{rr} = \sigma_{r\theta} = \sigma_{rz} = 0$，可使由圆柱体表面给定的边界条件自然得到满足。然而，在两端面上，由于$\sigma_{z\theta}$的存在会产生使圆柱体扭转的力偶矩：

$$M_z = \int_0^{2\pi} \int_0^R r(\sigma_{z\theta} r \mathrm{d}r \mathrm{d}\theta) = \frac{GbR^2}{2} \tag{1-14}$$

于是，为了满足边界条件应在两端面上附加力偶矩M_z'，其大小与M_z相等，而方向相反，如图 1-23 所示。由M_z'在圆柱体端面上产生附加应力$\sigma_{z\theta}'$：

$$\sigma_{z\theta}' = -\sigma_{z\theta} = -\frac{Gb}{2\pi r} \tag{1-15}$$

其结果便可使端面上的应力分量为零。但是，在圆柱体内要引起附加应力$\sigma_{z\theta}''$，其大小与单位轴长上的扭转角α成正比，则

$$\sigma_{z\theta}'' = \alpha Gr \tag{1-16}$$

所以

$$M_z' = \int_0^{2\pi} \int_0^R r(\sigma_{z\theta}'' r \mathrm{d}r \mathrm{d}\theta) = \int_0^{2\pi} \int_0^R \alpha Gr^3 \mathrm{d}r \mathrm{d}\theta = \frac{\pi \alpha GR^4}{2} \tag{1-17}$$

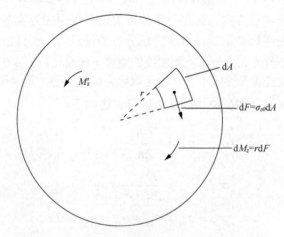

图 1-23　螺型位错在圆柱体端面上的边界条件

M_z为$\sigma_{z\theta}$引起的力偶矩；M_z'为由边界条件给出的力偶矩

又

$$M'_z = -M_z = -\frac{GbR^2}{2} \tag{1-18}$$

将式(1-18)代入式(1-17)得

$$\alpha = -\frac{b}{\pi R^2} \tag{1-19}$$

所以

$$\sigma''_{z\theta} = -\frac{Gbr}{\pi R^2} \tag{1-20}$$

实际上，位于有限大圆柱体中心的螺型位错的应力场($\sigma_{\theta z}^T$)应是无限大圆柱体内螺型位错应力场($\sigma_{\theta z}$)与为满足边界条件而得到的应力场($\sigma''_{z\theta}$)两者之和，即

$$\sigma_{\theta z}^T = \sigma_{\theta z} + \sigma''_{\theta z} = \frac{Gb}{2\pi}\left(\frac{1}{r} - \frac{2r}{R^2}\right) \tag{1-21}$$

2. 刃型位错的应力场

以如图 1-19(b)所示连续介质模型为基础，可由位错所引起的相对位移出发求得应变，再借助胡克定律求得位错的应力场。

1) 无限大弹性介质中直线刃型位错的应力场

刃型位错的应力场比螺型位错的应力场复杂，但仍然可以用同样的方法加以分析，如图 1-19(b)所示。在直角坐标系中，直线刃型位错沿 z 轴时，位移的 z 分量 $u_z = 0$，其他两个位移分量(u_x 和 u_y)不随 z 变化，即 $\partial u_x / \partial z = 0$ 和 $\partial u_y / \partial z = 0$。这样，问题就成了平面应变问题。因此，可以寻求合适的应力函数 ϕ，按照如下关系得出直线刃型位错的诸应力分量：

$$\sigma_{xx} = \frac{\partial^2 \phi}{\partial y^2}, \quad \sigma_{yy} = \frac{\partial^2 \phi}{\partial x^2}, \quad \sigma_{xy} = \frac{\partial^2 \phi}{\partial x \partial y} \tag{1-22}$$

在圆柱坐标系中，应力函数与应力分量有如下关系：

$$\begin{cases} \sigma_{rr} = \dfrac{1}{r}\dfrac{\partial \phi}{\partial r} + \dfrac{1}{r^2}\dfrac{\partial^2 \phi}{\partial \theta^2} \\[2mm] \sigma_{\theta\theta} = \dfrac{\partial^2 \phi}{\partial r^2} \\[2mm] \sigma_{r\theta} = -\dfrac{\partial}{\partial r}\left(\dfrac{1}{r}\dfrac{\partial \phi}{\partial \theta}\right) \end{cases} \tag{1-23}$$

可以证明，在无限大介质中，直线刃型位错的应力函数为

$$\phi = -Dy\ln(x^2 + y^2)^{1/2} = -Dr(\ln r)\sin\theta \tag{1-24}$$

式中

$$D = \frac{Gb}{2\pi(1-\nu)} \tag{1-25}$$

则可分别代入式(1-22)和式(1-23)得到直线刃型位错的应力场。

在直角坐标系中

$$\sigma_{xx} = -\frac{Gb}{2\pi(1-\nu)}\frac{y(3x^2+y^2)}{(x^2+y^2)^2}$$

$$\sigma_{yy} = \frac{Gb}{2\pi(1-\nu)}\frac{y(x^2-y^2)}{(x^2+y^2)^2}$$

$$\sigma_{zz} = \nu(\sigma_{xx}+\sigma_{yy}) = -\frac{Gb\cdot\nu}{\pi(1-\nu)}\frac{y}{x^2+y^2} \tag{1-26}$$

$$\sigma_{xy} = \sigma_{yx} = \frac{Gb}{2\pi(1-\nu)}\frac{x(x^2-y^2)}{(x^2+y^2)^2}$$

$$\sigma_{zx} = \sigma_{xz} = \sigma_{yz} = \sigma_{zy} = 0$$

在圆柱坐标系中

$$\sigma_{rr} = \sigma_{\theta\theta} = -\frac{Gb}{2\pi(1-\nu)}\cdot\frac{\sin\theta}{r}$$

$$\sigma_{zz} = \nu(\sigma_{rr}+\sigma_{\theta\theta}) = -\frac{Gb\nu}{\pi(1-\nu)}\cdot\frac{\sin\theta}{r} \tag{1-27}$$

$$\sigma_{r\theta} = \sigma_{\theta r} = \frac{Gb}{2\pi(1-\nu)}\frac{\cos\theta}{r}$$

$$\sigma_{rz} = \sigma_{zr} = \sigma_{\theta z} = \sigma_{z\theta} = 0$$

结果表明，在刃型位错周围的应力场中，同时存在正应力分量和切应力分量。刃型位错的应力分布具有明显的面对称性，如图 1-24 和图 1-25 所示。

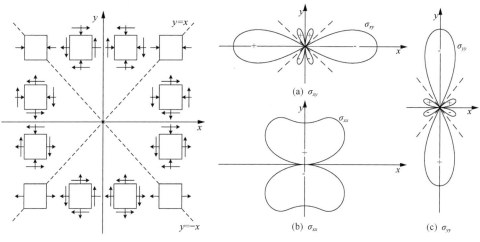

图 1-24　刃型位错周围应力场　　　　图 1-25　刃型位错周围恒定应力场分布

在滑移面以上的部分，即 $0 < \theta < \pi$ 为受压态（$\sigma_{rr} = \sigma_{\theta\theta} < 0$）；而在滑移面以下的部分，即 $\pi < \theta < 2\pi$ 为受拉态（$\sigma_{rr} = \sigma_{\theta\theta} > 0$）。当 $\theta = 0$ 或 $\theta = \pi$ 时，$\sigma_{rr} = \sigma_{\theta\theta} = 0$，而 $\sigma_{r\theta}$ 达到最大值，即最大切应力是在滑移面上（$y = 0$）上。在位错线附近区域，有效水静压力为

$$p = \frac{2}{3}(1+\nu)D\frac{y}{x^2 + y^2}$$

2）位于有限圆柱体中心的直线刃型位错的应力场

在上述推导直线刃型位错的应力场时，没有考虑到圆柱体边界条件的影响。如果考虑有限圆柱体内外表面上应力为零，则应满足

$$\vec{\sigma}_{ij} \cdot \vec{n}_j = 0 \qquad (1\text{-}28)$$

式中，$\vec{\sigma}_{ij}$ 为作用于与 j 方向垂直的表面上的应力；$\vec{n}_j$ 为局部表面法向的单位矢量。因此，需要对在无限大介质中得到的应力函数进行修正。在 $r = R$ 处，使圆柱体的外表面应力为零的应力函数可以写成

$$\phi_1 = \frac{Dr^3}{2R^2}\sin\theta \qquad (1\text{-}29)$$

在 $r = r_0$ 处，使圆柱体的内表面应力为零的应力函数可以写成

$$\phi_2 = -\frac{r_0^2}{2r}\sin\theta \qquad (1\text{-}30)$$

于是，可以分别求出 ϕ_1 和 ϕ_2 相对的应力，并与式(1-27)相加，便可以近似得出在有限大的圆柱体中由直线刃型位错引起的应力场为

$$
\begin{cases}
\sigma_{rr} = -\dfrac{Gb}{2\pi(1-\nu)}\sin\theta\left(\dfrac{1}{r}-\dfrac{r}{R^2}-\dfrac{r_0^2}{R^3}\right) \\[3mm]
\sigma_{\theta\theta} = -\dfrac{Gb}{2\pi(1-\nu)}\sin\theta\left(\dfrac{1}{r}-\dfrac{3r}{R^2}+\dfrac{r_0^2}{r^3}\right) \\[3mm]
\sigma_{zz} = \nu(\sigma_{rr}+\sigma_{\theta\theta}) \\[3mm]
\sigma_{r\theta} = \sigma_{\theta r} = \dfrac{Gb}{2\pi(1-\nu)}\cos\left(\dfrac{1}{r}+\dfrac{r}{R^2}+\dfrac{r_0^2}{r^3}\right)
\end{cases}
\tag{1-31}
$$

3. 混合位错线的应力场

对直线混合位错而言，其应力场由两部分组成。如图 1-13(b)所示，一是由螺型位错分量 $(b_s = b\cos\theta)$ 引起的应力场；二是由刃型位错分量 $(b_e = b\sin\theta)$ 引起的应力场。所以，对于一个直线混合位错，可以分别按照上述方法求出螺型位错应力场分量和刃型位错应力场分量，再将两者相加。虽然其具体计算过程比较复杂，但总的特点仍是

$$
\sigma \propto \frac{1}{r}
\tag{1-32}
$$

对于曲线混合位错应力场的计算更为复杂。但有一点要加以注意，即由曲线混合位错给出的应力场在分布上是不均匀的。这是由于曲线混合位错各线段位错结构不同，如图 1-14 所示。随着刃型分量的增加，正应力场的影响逐渐增大。

1.3.3　位错的弹性应变能

1. 直线位错的弹性应变能

位错的能量又称为位错的自能，是对位错周围的原子离开平衡位置而具有较高势能总和的反映。一般以单位长度位错线所存储的能量 (W/L) 来表征。在计算位错线的能量时，要考虑位错畸变所涉及的范围。一般而言，位错线的总能量 $(W/L)_T$ 由位错芯部的能量 $(W/L)_m$ 和其周围区域的弹性应变能 $(W/L)_s$ 两部分组成：

$$
\left(\frac{W}{L}\right)_T = \left(\frac{W}{L}\right)_m + \left(\frac{W}{L}\right)_s
\tag{1-33}
$$

位错中心的能量难以准确估算。一般认为，位错中心的能量占位错总能量的
1/10～1/5，故常可以忽略不计，而以弹性应变能代表位错的自能。

位错的弹性应变能可由单元体能量的积分求得。按照弹性理论，已知弹性体
变形时，单位体积内的应变能或应变能密度是应力和应变乘积的1/2。

由于螺型位错的畸变有轴对称性，可将单元体取为半径为 r 和厚度为 dr 的柱
形壳层，所以存储在此单元体内的单位长度位错线的应变能为

$$\left(\frac{\mathrm{d}W}{L}\right)_{\mathrm{s}} = \frac{1}{2}\cdot 2\pi r\mathrm{d}r(\sigma_{\theta z}\varepsilon_{\theta z} + \sigma_{z\theta}\varepsilon_{z\theta}) = 4\pi r\mathrm{d}r G\varepsilon_{z\theta}^2 = \frac{Gb^2}{4\pi r}\mathrm{d}r \tag{1-34}$$

设位错中心半径为 r_0，位错应力场作用范围为 R，在单位长度螺型位错线的应变
能为

$$\left(\frac{W}{L}\right)_{\mathrm{s}} = \int_{r_0}^{R}\frac{Gb^2}{4\pi r}\mathrm{d}r = \frac{Gb^2}{4\pi}\ln\frac{R}{r_0} \tag{1-35}$$

对于刃型位错，采用上述方法比较复杂。比较简单的方法是根据产生刃型位
错的连续介质模型和应力对位移所做的功来计算。如图 1-19(b)所示，在切开面
（$y = 0$）上的位移为 b，所施加的切应力为

$$\sigma_{yx} = \frac{Gb}{2\pi(1-\nu)}\frac{1}{x} \tag{1-36}$$

则在单位面积上所做的功为

$$\int_0^b \sigma_{yx}\mathrm{d}b = \frac{Gb^2}{4\pi(1-\nu)}\frac{1}{x} \tag{1-37}$$

于是，在刃型位错应力场作用范围内，形成单位长度刃型位错线所做的功为

$$\left(\frac{W}{L}\right)_{\mathrm{s}} = \frac{Gb^2}{4\pi(1-\nu)}\int_{r_0}^{R}\frac{\mathrm{d}x}{x} = \frac{Gb^2}{4\pi(1-\nu)}\ln\frac{R}{r_0} \tag{1-38}$$

对于直线混合位错，由于两个位错分量的伯格斯矢量相互垂直，在两个分量
之间没有弹性交互作用，所以整个位错的应变能就是两个位错自能之和。如果直
线混合位错的伯格斯矢量与位错线的夹角为 θ，则该混合位错的刃型分量为
$b\sin\theta$，螺型分量为 $b\cos\theta$。故直线混合位错单位长度的应变能为

$$\left(\frac{W}{L}\right)_{\mathrm{s}} = \left[\frac{Gb^2\sin^2\theta}{4\pi(1-\nu)} + \frac{Gb^2\cos^2\theta}{4\pi}\right]\ln\frac{R}{r_0} = \frac{Gb^2(1-\nu\cos^2\theta)}{4\pi(1-\nu)}\ln\frac{R}{r_0} \tag{1-39}$$

从以上分析结果可见，位错的弹性应变能与位错中心半径 r_0 和晶体尺寸 R 呈对数关系，其敏感性较小。但当 $R \to 0$ 或 $r_0 \to 0$ 时，W/L 会出现奇异现象。所以，很难说位错具有一定的特征能量。在晶体中有一个位错的情况下，可取 R 约为到表面的最短距离。当晶体中含有许多混乱分布位错时，位错易于形成彼此的长程应力场相互抵消的组态，使各位错的能量减少，故可取 R 约等于位错间平均距离的 1/2。通常将 r_0 取为 $5b$ 左右。

在相同的 r_0 和 R 值下比较时，刃型位错的应变能约为螺型位错的 1.5 倍。混合位错的应变能介于具有相同强度的刃型位错与螺型位错的应变能之间。一般而言，位错的弹性应变能对位错的性质不十分敏感。在对 R 和 r_0 合理取值的条件下，可将位错的应变能写成

$$\frac{W}{L} = \alpha G b^2 \tag{1-40}$$

式中，$\alpha = 0.5 \sim 1.0$。应该注意的是，应变能的分布具有不均匀性。离位错中心越近，应变能密度越高；离位错中心越远，则应变能密度越低。但应变能不是集中在位错中心的地方，如果取 $R = 1\mathrm{cm}$，$r_0 = 10^{-7}\,\mathrm{cm}$，则有 1/2 以上的应变能集中在 $R = 10^{-4}\,\mathrm{cm}$ 以外的区域内。

2. 一对异号位错的应变能

一个单独位错的应变能随着到位错距离的增大而按对数规律增加。但是，对于一对平行的异号位错来说，情况便有所不同。因为这两个异号位错的应力场方向相反，在远处两者的应力场大体上彼此相消，结果便使应力场和应变场局限在位错附近。

前已指出，对于一根位错线，其应力分量与距离呈反比关系[见式(1-12)和式(1-27)]。但可以证明，由两个平行的异号位错所构成的应力场与到位错距离的平方成反比。假如两根符号相反的螺型位错都平行于 z 轴，间距为 d。将一根的坐标取为 $x = d/2$，$y = 0$；另一根的坐标取为 $x = -d/2$，$y = 0$，则沿 x 轴距位错较远处的复合切应力便为

$$\sigma_{\theta z} = \pm \frac{Gb}{2\pi} \left[\left(x - \frac{d}{2}\right)^{-1} - \left(x + \frac{d}{2}\right)^{-1} \right] \tag{1-41}$$

将此式近似简化便得到

$$\sigma_{\theta z} = \pm \frac{Gbd}{2\pi x^2} \tag{1-42}$$

3. 位错环的应变能

由于位错环属于曲线位错，其应变能的计算比较困难。在粗略计算时，忽略 $1-\nu$ 对位错应力场的影响。不言而喻，位错环的应力场随距离下降的趋势要比一对异号平行位错更加剧烈。距位错环稍远处，其应力场便显著减少，可以忽略不计。

设位错环的半径为 R_0，则对靠近位错环的区域（$r_0 < r < R_0$，r_0 为位错中心半径）而言，临近的位错环线段可以近似地看成直线，其应力场要受到另外一个符号相反的对边位错线段的作用。因而该区域的应力场可以看成由一对符号相反的位错线段共同作用的结果，要比一根位错线段时小。

因此，一般而言，位错环的应变能小于直线位错。位错环在单位长度上的应变能可以近似地表达如下：

$$\frac{W}{L} = \frac{Gb^2}{4\pi} \ln \frac{R_0}{r_0} \tag{1-43}$$

由于对数项中的变数影响较小，位错环的应变能对其本身的尺寸不敏感，而主要取决于伯格斯矢量。

1.3.4　位错的线张力

位错同任何热力学系统一样，有降低自身势能的趋势。这主要表现在位错线的能量随其长度缩短而减小。故可将位错线张力定义为

$$T = \frac{\delta W}{\delta l} \tag{1-44}$$

式中，δl 为位错线长度增量；δW 为由长度增量 δl 引起的位错线能量的增量。所以，位错的线张力在数值上等于单位长度位错线的能量。和液体的表面张力相似，位错的线张力是一种组态的作用力，作用方向是沿着位错线的方向。对于曲线位错而言，线张力沿着位错线的切线方向。

位错的线张力的数值和位错线的具体形状有关。前已述及，位错的能量为其应力场中畸变能的总和，而应力场的状况又取决于位错线的形状。对于任意形状的位错线，由于远处的应力场要相互抵消一部分，其线张力总要小于直线位错。可以对任意形状位错的线张力作如下粗略估计[3]。

如图 1-26 所示，设想将一根位错线弯成波浪形，波长为 λ，使位错线的长度从直线时的 l 增加为 $l+dl$，则可以将弯曲后位错的应力场分成远程（$r > \lambda$）和近程（$r < \lambda$）两部分。在远程区域，由于位错弯曲造成偏远和偏近现象，则该区域的

应力场会相互抵消一部分，使这个区域中的总能量为

$$W_1 = \frac{Gb^2 l}{4\pi K} \ln \frac{R}{\lambda} \tag{1-45}$$

式中，K 为与位错性质有关的系数，$1-\nu < K < 1$。近程区域，位错线的能量和长为 $l+\mathrm{d}l$ 的直位错线相近，即

$$W_2 = \frac{Gb^2}{4\pi K}(l + \mathrm{d}l) \ln \frac{\lambda}{r_0} \tag{1-46}$$

又因弯曲前长度为 l 的直线位错的能量为

$$W_0 = \frac{Gb^2}{4\pi K} l \ln \frac{R}{r_0}$$

则弯曲后的能量增加为

$$T\mathrm{d}l = W_1 + W_2 - W_0 = \frac{Gb^2}{4\pi K} \mathrm{d}l \ln \frac{\lambda}{r_0} \tag{1-47}$$

故

$$T = \frac{Gb^2}{4\pi K} \ln \frac{\lambda}{r_0} \tag{1-48}$$

当 $\lambda = 100 r_0$ 时，得

$$T \approx \frac{1}{2} Gb^2 \tag{1-49}$$

这个数值常作为线张力的粗略估算值。

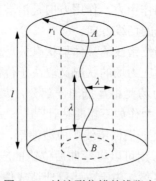

图 1-26　波浪形位错的线张力

在线张力的作用下，曲线位错的各段均受到径向回复力，以使位错线在切应力作用下保持平衡，成为曲线状。如图 1-27(a) 所示，位错线弧长为 ds，曲率半径为 R，在曲率中心处所张开的角度为 $d\theta = ds/R$。作用在这段位错线上的由外加切应力 σ 所引起的径向向外的力是 $\sigma b ds$，而由于在圆弧两端的线张力 T 所引起的反向回复力是 $2T\sin(d\theta/2) \approx Td\theta$。在平衡时，便有

$$\sigma b ds \approx T d\theta$$

或

$$\sigma b ds \approx T \frac{ds}{R}$$

所以

$$\sigma b \approx \frac{T}{R} \tag{1-50}$$

取 $T \approx \dfrac{1}{2}Gb^2$，则得

$$\sigma \approx \frac{Gb}{2R} \tag{1-51}$$

所以，位错在切应力作用下弯曲时，其曲率半径 R 与切应力 σ 成反比。由线张力作用于单位长度曲线位错的回复力为

$$\frac{\vec{F}}{L} = \frac{\vec{T}}{R} \tag{1-52}$$

式中，L 为位错线长度。对于任意形状的曲线位错，可以由下式求出线张力作用于单位长度位错线上的回复力

$$\frac{\vec{F}}{L} = T \frac{d^2\vec{r}}{dr^2} \tag{1-53}$$

式中，$\vec{r}$ 为位错线上任意一点的径向坐标。显然，如图 1-27(b) 所示，该点的单位切向矢量 $\vec{t} = \dfrac{d\vec{r}}{dr}$，相应的曲率半径 $\vec{R} = \dfrac{dr}{d\vec{t}} = \dfrac{dr^2}{d^2\vec{r}}$。于是，便可由式(1-52)得到式(1-53)。

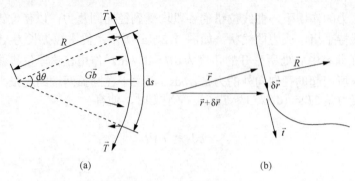

(a)　　　　　　　　　　　　　　　(b)

图 1-27　位错线弯曲

在实际晶体中，位错线可呈任意曲线状。但在线张力作用下有拉直的趋势，故可以把位错线看成拉紧的橡皮条，以其两端的直线距离近似代表位错线的长度。这样可使问题明显简化，给理论处理带来很大方便。另外，也不难证明，在线张力与外加切应力的共同作用下，曲线位错易呈直线、圆形位错圈以及螺旋蜷线等稳定形状。

1.4　作用在位错上的力

当晶体受外力作用时，其中的位错要运动，从而引起晶体变形，消耗外力做功。对位错而言，好像受到了力的作用，推动它前进。但实际上，位错运动的实质是点阵畸变区的迁移。位错是一种点阵畸变区，而不是一个具有一定质量的物质实体，不可能有一种实在的力作用其上。作用在位错上的力是一种组态力。建立这个概念的基础是，含有位错的系统的能量与位错的位置有关。在力学上，如果系统中的一个质点移动距离 ∂x 时，系统的能量减少 ∂W，便有力 $F_x = -\partial W / \partial x$ 沿着 x 方向作用在这个质点上。较普遍地可以写成

$$F_i = -\frac{\partial W}{\partial x_i} \tag{1-54}$$

式中，$x_i = x, y, z$。作用在位错上的力就是这样规定的。引入这一概念在处理许多问题时都极为方便。

力可以由于各种原因作用到位错线上。外加应力、各种来源的内应力，以及自由表面或相界面等都能提供对位错产生作用力的条件。外加应力可以是正应力，也可以是切应力。内应力的来源有溶质原子、第二相粒子以及其他位错等。

计算作用在位错上的力时，可采用虚功原理法。先假设晶体在外加应力 σ 作用下产生微量变形，求出外加应力所做的变形功 dW；再假设在晶体变形过程中位

错在力 F 的作用下移动了 $\mathrm{d}x$ 的距离，力 F 所做的功为 $F\mathrm{d}x$，于是

$$\mathrm{d}W = F\mathrm{d}x \tag{1-55}$$

由此便可求出作用在位错上的力 F。下面利用这种方法求出各种情况下作用在位错上的力。

1.4.1　作用在刃型位错上的力

1. 滑移力

如图 1-28 所示，晶体中有一正刃型位错。将位错线取为指向 z 轴的正方向。若在切应力 σ_{yx} 的作用下使位错在 x 方向移动 $\mathrm{d}x$，在位错掠过的面积内上层晶体相对于下层晶体要产生伯格斯矢量大小的位移，则变形功为

$$\mathrm{d}W = \sigma_{yx}Lb\mathrm{d}x$$

式中，L 为位错线长度。又设位错线受作用力 F，则在位错移动 $\mathrm{d}x$ 过程中所做的功为 $F\mathrm{d}x$。于是，便得到

$$\frac{F}{L} = \sigma_{yx}b \tag{1-56}$$

这便是由外切应力作用在刃型位错线上的力的表达式。一般文献中，谈到作用在位错线上的力时，如不特别指出，都是指作用在单位长度位错线上的力。式(1-56)中 σ_{yx} 和 b 的符号有正负之分，从而影响 F/L 的方向和位错运动的方向。

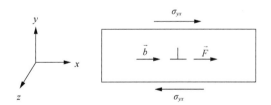

图 1-28　作用在刃型位错线上的滑移力

由于外加切应力作用于刃型位错上的力平行于滑移面，而垂直于位错线，故称为滑移力。可以用下面的公式加以表达：

$$\frac{\vec{F}}{L} = \sigma_{yx}b \cdot \vec{i} \tag{1-57}$$

式中，$\vec{i}$ 为 x 轴的单位矢量。

2. 攀移力

　　如图 1-29 所示，在正应力 σ_{xx} 的作用下，有可能使正刃型位错沿垂直于滑移面的方向向下运动（负攀移）。刃型位错攀移时，要涉及物质迁移或原子扩散。在 σ_{xx} 的作用下，刃型位错的受拉区体积膨胀，易于诱发晶体中原子向插入面下端扩散。反之，如果晶体中有均匀的压应力场，则在 $-\sigma_{xx}$ 作用下，刃型位错受拉区体积压缩，有利于在插入面下端形成空位，引起正攀移。在一般条件下，原子扩散较难发生，攀移过程难以进行，正应力的作用主要表现为对刃型位错施加垂直于滑移面的作用力，称为攀移力。

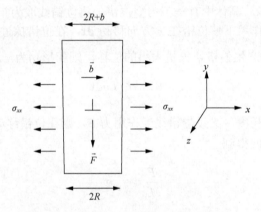

图 1-29　作用在刃型位错线上的攀移力

　　在 σ_{xx} 的作用下，正刃型位错向下攀移 $\mathrm{d}y$ 距离时，相当于在位错插入面的下方新插入厚度为 b 的一层原子。相应地，要使晶体受影响部分的宽度增加一个原子层厚。于是，便可以求出由 σ_{xx} 所做的变形功为

$$\mathrm{d}W = \sigma_{xx}bL\mathrm{d}y$$

同时，攀移力 F 使位错线向下移动 $\mathrm{d}y$ 距离时，所做的功为 $-F\mathrm{d}y$。因此，可得

$$-F\mathrm{d}y = \sigma_{xx}bL\mathrm{d}y$$

所以

$$\frac{F}{L} = -\sigma_{xx}b \tag{1-58}$$

当把坐标系取为使位错线指向 z 轴的正方向时，可写成如下的矢量形式：

$$\frac{\vec{F}}{L} = -(\sigma_{xx} \cdot b) \cdot \vec{j}$$

式中，$\vec{j}$ 为 y 轴的单位矢量。σ_{xx} 和 b 的方向都可变，使相应的攀移力可以为正，也可以为负。所以，同切应力的影响不同，正应力对刃型位错造成垂直于滑移面的作用力。拉应力促使刃型位错作负攀移，压应力促使刃型位错作正攀移。

由于攀移涉及原子扩散，在一定温度下临界攀移力 F_c 将取决于点缺陷(空位或间隙原子)的形成能的大小，如下式所示：

$$\frac{F_c}{L} = \frac{U_f}{b^2} \tag{1-59}$$

式中，U_f 为点缺陷的形成能，温度越高，U_f 越低，相应使临界攀移力 F_c 下降。所以，一般攀移易于在高温下发生。

1.4.2　作用在螺型位错上的力

如图 1-30 所示，晶体中有一右手螺型位错，可以用类似虚功原理方法证明，切应力 σ_{yz} 作用在位错线上的力有如下表达式：

$$\frac{F}{L} = \sigma_{yz} b \tag{1-60}$$

或矢量表达式

$$\frac{\vec{F}}{L} = (\sigma_{yz} \cdot b) \cdot \vec{i} \tag{1-61}$$

式中，$\vec{i}$ 为 x 轴的单位矢量。可见，作用在螺型位错上的力也是一种滑移力，在数值上等于外切应力与伯格斯矢量的乘积，其作用方向也与位错线垂直。

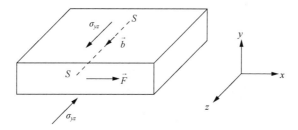

图 1-30　作用在螺型位错线上的滑移力

同样，若晶体中受到切应力 σ_{xz} 作用，可在 y 方向产生作用在位错线上的滑移力

$$\frac{\vec{F}}{L} = -(\sigma_{xz} \cdot b) \cdot \vec{j} \tag{1-62}$$

式中，$\vec{j}$ 为 y 轴的单位矢量。

同刃型位错不同，螺型位错不具有多余的半原子面，所以正应力作用下不会产生攀移力。

1.4.3 作用在混合位错上的力

设有一直线混合位错位于滑移面上，将位错线取为指向 z 轴的正方向，并使 y 轴与滑移面相垂直，则可将此混合位错分解为

$$\vec{b} = b_x \vec{i} + b_z \vec{k}$$

式中，$\vec{i}$ 为 x 轴的单位矢量；$\vec{k}$ 为 z 轴的单位矢量。

在任意一种外加应力场作用下，晶体中任一点的应力状态可由三个正应力分量（σ_{xx}、σ_{yy}、σ_{zz}）和三个切应力分量（σ_{xy}、σ_{yz}、σ_{xz}）加以表达。显然，在上述坐标取法中，y 轴垂直于滑移面，晶体在 y 方向上没有变形，使 σ_{yy} 不做功。在 z 方向上晶体虽然运动，但 σ_{zz} 与 $-\sigma_{zz}$ 做功抵消。所以，仅有四个分量的应力对混合位错产生作用力。其中，σ_{yx} 对刃型分量位错产生 x 方向滑移力，σ_{xx} 对刃型分量位错产生 y 方向攀移力；σ_{yz} 对螺型分量位错产生 x 方向滑移力；σ_{xz} 对螺型分量位错产生 y 方向滑移力。于是，综合的结果是作用在直线混合位错上的力得到如下表达式：

$$\frac{\vec{F}}{L} = (\sigma_{yx} b_x + \sigma_{yz} b_z) \cdot \vec{i} - (\sigma_{xx} b_x + \sigma_{xz} b_z) \cdot \vec{j} \tag{1-63}$$

式中，各应力分量和伯格斯矢量分量的符号应根据所加应力的方向及坐标的取法加以确定。取坐标时，应使 z 轴平行于位错线和 y 轴垂直于滑移面。

对于任意形状的位错线，其在复杂应力场作用下的所受到的作用力可以用 Peach-Koehler 方程来表达[4, 5]。

如图 1-31 所示，假设晶体中有一段位错元 $\mathrm{d}\vec{l}$，其伯格斯矢量为 $\vec{b}$，在外加应力场 σ 中受到的作用力为 $\mathrm{d}\vec{F}$，移动的距离为 $\mathrm{d}\vec{s}$，则力所做的功为

$$W_1 = \mathrm{d}\vec{F} \cdot \mathrm{d}\vec{s} \tag{1-64}$$

取位错线扫过的面元面积 $\mathrm{d}\vec{l} \times \mathrm{d}\vec{s}$ 的法向矢量为 $\vec{n}$，其作用力矢量为 $\vec{T}$，可表达为

$$\vec{T} = \sigma \cdot \vec{n}$$

位错扫过面元时产生的相对移动距离为 $\vec{b}$，则此时所做的功为

$$W_2 = \vec{b} \cdot \vec{T} = \vec{b} \cdot (\sigma \cdot \vec{n}) = (\vec{b} \cdot \sigma) \cdot \vec{n}$$

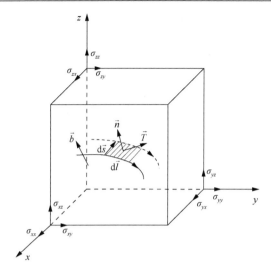

图 1-31　外加应力场中的位错面元运动

由于 $\vec{n} = \mathrm{d}\vec{l} \times \mathrm{d}\vec{s}$，则

$$W_2 = (\vec{b} \cdot \sigma) \cdot (\mathrm{d}\vec{l} \times \mathrm{d}\vec{s})$$

又由于一个矢量与张量的点乘结果为矢量，并根据点乘与叉乘可以交换的法则，上式可以表达为

$$W_2 = \left[(\vec{b} \cdot \sigma) \times \mathrm{d}\vec{l} \right] \cdot \mathrm{d}\vec{s} \tag{1-65}$$

根据虚功原理，结合式 (1-64) 和式 (1-65) 可得

$$\mathrm{d}\vec{F} \cdot \mathrm{d}\vec{s} = \left[(\vec{b} \cdot \sigma) \times \mathrm{d}\vec{l} \right] \cdot \mathrm{d}\vec{s}$$

从而可求出任意位错线在复杂应力场中所受作用力的一般数学表达式为

$$\mathrm{d}\vec{F} = (\vec{b} \cdot \sigma) \times \mathrm{d}\vec{l} \tag{1-66}$$

从式 (1-66) 可知：① $\mathrm{d}\vec{F} \perp \mathrm{d}\vec{l}$，即无论是刃型位错、螺型位错还是混合位错，也无论位错线是什么形状，位错线在应力场中所受到的力总是垂直于位错线。② 单位长度位错线上的作用力大小等于外加应力与位错线伯格斯矢量的乘积，可以用如下简单形式表示：

$$\frac{F}{L} = \sigma b \tag{1-67}$$

若取 $\vec{i}$、$\vec{j}$、$\vec{k}$ 分别为 x、y、z 轴单位矢量；b_x、b_y、b_z 分别为伯格斯矢量的三个分量，同时把应力场写成张量形式：

$$\sigma = \begin{vmatrix} \sigma_{xx} & \sigma_{xy} & \sigma_{xz} \\ \sigma_{yx} & \sigma_{yy} & \sigma_{yz} \\ \sigma_{zx} & \sigma_{zy} & \sigma_{zz} \end{vmatrix}$$

则式(1-66)可以表达为

$$\mathrm{d}\vec{F} = \begin{pmatrix} b_x & b_y & b_z \end{pmatrix} \begin{vmatrix} \sigma_{xx} & \sigma_{xy} & \sigma_{xz} \\ \sigma_{yx} & \sigma_{yy} & \sigma_{yz} \\ \sigma_{zx} & \sigma_{zy} & \sigma_{zz} \end{vmatrix} \begin{pmatrix} \vec{i} \\ \vec{j} \\ \vec{k} \end{pmatrix} \times \mathrm{d}\vec{l} \tag{1-68}$$

若令 t_x、t_y、t_z 为位错线切向单位矢量的三个分量，则作用在单位长度位错线上的力可以表达为

$$\frac{\vec{F}}{L} = \begin{vmatrix} \vec{i} & \vec{j} & \vec{k} \\ G_x & G_y & G_z \\ t_x & t_y & t_z \end{vmatrix} \tag{1-69}$$

$$= (G_y t_z - G_z t_y) \cdot \vec{i} + (G_z t_x - G_x t_z) \cdot \vec{j} + (G_x t_y - G_y t_x) \cdot \vec{k}$$

式中

$$\begin{cases} G_x = \sigma_{xx} b_x + \sigma_{xy} b_y + \sigma_{xz} b_z \\ G_y = \sigma_{yx} b_x + \sigma_{yy} b_y + \sigma_{yz} b_z \\ G_z = \sigma_{zx} b_x + \sigma_{zy} b_y + \sigma_{zz} b_z \end{cases} \tag{1-70}$$

这便是位错在应力场所受作用力的一般表达形式，称为 Peach-Koehler 方程。

1.5　位错间的作用力

晶体中位错间的作用力来源于彼此通过应力和应变场产生弹性交互作用。设晶体中同时存在两个位错，其各自的应变能分别为 W_1 和 W_2，则系统的总应变能为

$$W_\mathrm{T} = W_1 + W_2 - W_{12} \tag{1-71}$$

式中，W_{12} 称为位错间的交互作用能，其物理意义可以看成一个位错的应力场在

另一个位错形成过程中所做的功。如图 1-32 所示，设在坐标原点 O 与 (x, y) 处各有一个刃型位错，则可以把 (x, y) 处位错的形成看成沿 A 面割一道缝，并使割缝的两面彼此沿 x 方向整体位移量为 b。由于位于原点的刃型位错具有应力分量 σ_{yx}，便会在 (x, y) 处位错形成过程中做功：

$$W_{12} = \int_A \sigma_{yx} b \mathrm{d}A \tag{1-72}$$

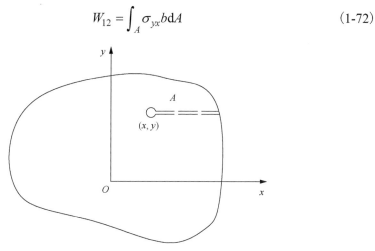

图 1-32　位错间的相互作用力

显然，这种能量变化与两位错间相对位置有关。两位错相距越近，交互作用越强。于是由式 (1-54) 可知，它们之间的作用会表现为一种力，并在数值上等于交互作用能随两位错相对位置变化率的负值，即

$$\frac{F}{L} = -\frac{\partial W_{12}}{\partial x} \tag{1-73}$$

所以，位错间的作用力也是一种组态作用力，可以从系统的弹性应变能变化中求得。但这种求法比较麻烦，比较简单的求法是将一个位错看成应力源以给出应力场，再求另一位错在这个应力场中所受到的作用力。计算时，可以借助 Peach-Koehler 方程。下面讨论几种典型情况。

1.5.1　平行螺型位错间的作用力

如图 1-33 所示，两个相互平行的同号螺型位错间距为 r，其伯格斯矢量为 b 和 b'。将坐标原点取在 S 位错处，并令位错线指向 z 轴的正方向，则在圆柱坐标中，S 位错的应力场为

$$\sigma_{\theta z} = \frac{Gb}{2\pi} \frac{1}{r}$$

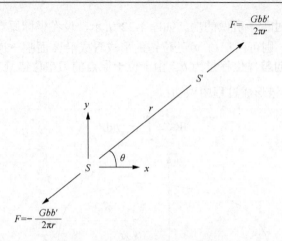

图 1-33　平行螺型位错间的作用力

于是，便可由式(1-67)进而求出由 S 位错的应力场作用到 S' 位错上的力在数值上为

$$\frac{F}{L} = \sigma_{\theta z} b' = \frac{Gbb'}{2\pi r} \tag{1-74}$$

在直角坐标系中，S 位错的应力场为

$$\sigma_{xz} = \sigma_{zx} = -\frac{Gb}{2\pi}\frac{y}{x^2+y^2}$$

$$\sigma_{yz} = \sigma_{zy} = \frac{Gb}{2\pi}\frac{x}{x^2+y^2}$$

$$\sigma_{xx} = \sigma_{yy} = \sigma_{zz} = \sigma_{xy} = \sigma_{yx} = 0$$

代入 Peach-Koehler 方程便可求出作用在 S' 位错上的力

$$\frac{\vec{F}}{L} = (\sigma_{yz}b)\cdot\vec{i} - (\sigma_{xz}b)\cdot\vec{j}$$

$$= \left(\frac{G\cdot b\cdot b'}{2\pi}\frac{x}{x^2+y^2}\right)\cdot\vec{i} + \left(\frac{G\cdot b\cdot b'}{2\pi}\frac{y}{x^2+y^2}\right)\cdot\vec{j}$$

又 $x^2+y^2=r^2$，$x=r\cos\theta$ 及 $y=r\sin\theta$，则

$$\frac{\vec{F}}{L} = \frac{Gbb'}{2\pi r}(\vec{i}\cos\theta + \vec{j}\sin\theta) \tag{1-75}$$

可见，两个平行的螺型位错间仅有径向中心作用力。此外，两位错同号时为斥力。反之，两位错异号时为吸力。

1.5.2　平行刃型位错间的作用力

如图 1-34 所示,两个相互平行的同号刃型位错间距为 r,其伯格斯矢量为 b 和 b'。将坐标原点取在 1 位错处,并令 z 轴平行于位错线。由 Peach-Koehler 方程可得位错 1 的应力场作用在位错 2 上的力为

$$\frac{\vec{F}}{L}=(\sigma_{yx}b'_x+\sigma_{yz}b'_z)\vec{i}-(\sigma_{xx}b'_x+\sigma_{xz}b'_z)\vec{j}$$

将式中有关位错 1 的各应力分量按式 (1-26) 代入,并变换成圆柱坐标时,则得

$$\frac{\vec{F}}{L}=\frac{Gbb'}{2\pi(1-\nu)r}\left[\cos\theta(\cos^2\theta-\sin^2\theta)\vec{i}+\sin\theta(1+2\cos^2\theta)\vec{j}\right] \tag{1-76}$$

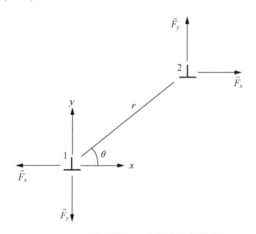

图 1-34　平行同号刃型位错间的作用

可见,$\theta=0$ 时,两同号位错间有径向中心斥力。$\theta\neq0$ 时,位错 2 在位错 1 的应力场中同时受到水平方向上的滑移力和垂直方向上的攀移力两种作用。

在式 (1-76) 中,θ 角的变化实际上反映位错 2 在位错 1 的应力场中所处的位置的变动。下面讨论 θ 角的变化对两平行刃型位错间作用力的影响。

(1) 滑移力与 θ 角的关系如下:

$$\frac{\vec{F}_x}{L}=\frac{Gbb'}{2\pi(1-\nu)r}\cos\theta(\cos^2\theta-\sin^2\theta)\vec{i}$$

可见,如图 1-35(a) 所示,当 $\theta<45°$ 时,滑移力为正,使两个同号位错相互排斥;当 $\theta>45°$ 时,滑移力为负,使两同号位错相互吸引。当 $\theta=45°$ 和 $\theta=90°$ 时,滑移力为零,两位错处于相对平衡状态。其中,$\theta=45°$ 时为亚稳态平衡;$\theta=90°$ 时

为稳态平衡。因而，同号刃型位错趋向于垂直排列。若两刃型位错的符号相反，则 $\theta = 45°$ 时为稳态平衡，而 $\theta = 90°$ 时为亚稳态平衡。

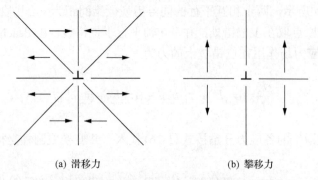

(a) 滑移力　　　　　　　　　　(b) 攀移力

图 1-35　刃型位错与周围同号刃型位错间的作用力

(2) 攀移力与 θ 角关系如下：

$$\frac{\vec{F}_y}{L} = \frac{Gbb'}{2\pi(1-\nu)r} \sin\theta(1 + 2\cos^2\theta)\vec{j}$$

可见，如图 1-35(b) 所示，$\theta = 0 \sim \pi$ 时，位错 1 施于同号位错 2 上的攀移力为正，使位错 2 趋于向上攀移；$\theta = \pi \sim 2\pi$ 时，攀移力为负，使位错 2 趋于向下攀移。所以，两同号刃型位错间的攀移力也使两者相互排斥。反之，若两刃型位错的符号相反，则趋于使两者在垂直于滑移面的方向上相互吸引。

在直角坐标系中，可将平行刃型位错间的作用力表达如下：

$$\begin{cases} \dfrac{F_x}{L} = \pm \dfrac{Gb \cdot b'}{2\pi(1-\nu)} \cdot \dfrac{x(x^2 - y^2)}{(x^2 + y^2)^2} \\ \dfrac{F_y}{L} = \pm \dfrac{Gb \cdot b'}{2\pi(1-\nu)} \cdot \dfrac{y(3x^2 + y^2)}{(x^2 + y^2)^2} \end{cases} \tag{1-77}$$

式中，正号表示 $\vec{b}$ 和 $\vec{b}'$ 同向；负号表示反向。通常刃型位错仅能在包含位错线与伯格斯矢量的平面内滑移，故 $\dfrac{F_x}{L}$ 对刃型位错的行为产生重要影响。若以 $\dfrac{Gbb'}{2\pi(1-\nu)} \dfrac{1}{y}$ 为度量 $\dfrac{F_x}{L}$ 的单位，以 y 为度量 x 的单位，则可获得 $\dfrac{F_x}{L}$ 与 x 的关系曲线，如图 1-36 所示。当 $x>0$ 时，同号位错在 $x<y$ 时相互吸引，而在 $x>y$ 时相互排斥；反之，异号位错在 $x<y$ 时相互排斥，而在 $x>y$ 时相互吸引。故同号位错以 $x=0$ 为稳态平衡位置，而 $x = \pm y$ 时为不稳定平衡位置；异号位错的情况相反。

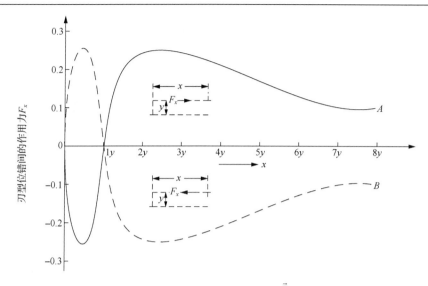

图 1-36　平行刃型位错之间作用力 $\dfrac{\vec{F_x}}{L}$ 的变化

曲线 A 表示同号位错间相互作用，曲线 B 表示异号位错间相互作用

1.5.3　两相互垂直螺型位错间的作用力

如图 1-37 所示，螺型位错 1 与 z 轴重合，伯格斯矢量为 $\vec{b}$。螺型位错 2 位于 $z=0$ 的平面上，伯格斯矢量为 $\vec{b'}$。两位错的间距为 d，并相互垂直。对于不平行的两位错间的作用力，比较方便的是用 Peach-Koehler 方程[式(1-69)]加以计算，

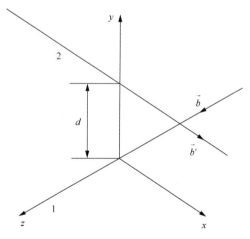

图 1-37　相互垂直的两螺型位错的几何关系

由于位错 2 平行于 x 轴，而且是直线位错，则 $t_x=1$，$t_y=0$，$t_z=0$；$b'_x=b'$，$b'_y=0$，

$b'_z = 0$。于是，可将 Peach-Koehler 方程化简为

$$\frac{\vec{F}}{L} = G_z \cdot \vec{j} - G_y \cdot \vec{k} \tag{1-78}$$

考虑到螺型位错 1 的应力场中 $\sigma_{xy} = 0$，$\sigma_{yy} = 0$，代入式 (1-70) 得 $G_y = 0$。

于是式 (1-74) 又化简为

$$\frac{\vec{F}}{L} = G_z \cdot \vec{j} \tag{1-79}$$

由式 (1-70) 可知

$$G_z = \sigma_{zx} \cdot b'_x + \sigma_{zy} \cdot b'_y + \sigma_{zz} \cdot b'_z$$

而且 $y=d$ 及 $\sigma_{zx} = -\frac{Gb}{2\pi} \cdot \frac{y}{x^2 + y^2}$，则

$$\frac{\vec{F}}{L} = G_z \cdot \vec{j} = -\frac{Gbb'}{2\pi} \cdot \frac{d}{x^2 + d^2} \cdot \vec{j} \tag{1-80}$$

可见，两相互垂直的螺型位错之间作用力的特点是，符号相同时存在吸引力，而符号相反时存在斥力。

在两个螺型位错都很长的情况下，位错 1 作用在位错 2 上的合力由 $x = -\infty \sim \infty$ 进行积分求得

$$\vec{F} = -\frac{Gbb'}{2\pi} \cdot \vec{j} \tag{1-81}$$

这说明，两相互垂直长螺型位错间总作用力与位错间距 d 无关。

1.5.4 螺型位错与相互垂直的刃型位错间的作用力

如图 1-38 所示，螺型位错与 z 轴重合，伯格斯矢量为 $\vec{b}$。刃型位错位于 $z=0$ 的平面内，伯格斯矢量为 $\vec{b}'$。两位错的间距为 d，并相互垂直。采用 1.5.3 节同样的方法，可以求得由螺型位错作用到刃型位错上的力为

$$\frac{\vec{F}}{L} = -G_y \cdot \vec{k} \tag{1-82}$$

由式 (1-70) 知

$$G_y = \sigma_{yx}b'_x + \sigma_{yy}b'_y + \sigma_{yz}b'_z$$

式中，$b'_x = 0$，$b'_y = 0$，$b'_z = b'$。又由螺型位错的应力场知，$\sigma_{yx} = 0$，$\sigma_{yy} = 0$，

$\sigma_{yz} = \dfrac{Gb}{2\pi} \cdot \dfrac{x}{x^2 + y^2}$，而且 $y=d$，则

$$\frac{\vec{F}}{L} = -\frac{Gbb'}{2\pi} \cdot \frac{x}{x^2 + d^2} \cdot \vec{k} \tag{1-83}$$

可见，由螺型位错作用到相互垂直刃型位错上的力平行于 z 轴。这种作用力对 $+x$ 和 $-x$ 相对称，使合力为零，但有力矩作用到刃型位错线上。其结果是使位错线发生扭曲，如图 1-39 所示。

反之，图 1-39 中刃型位错也可以对螺型位错产生作用力。可以证明，其表达式为

$$\frac{\vec{F}}{L} = -\frac{Gbb'}{2\pi(1-\nu)} \cdot \frac{z(z^2 - d^2)}{(d^2 + z^2)^2} \cdot \vec{i} \tag{1-84}$$

可见，由刃型位错作用到相互垂直螺型位错上的力平行于 x 轴，其方向随着 z 轴的符号而发生改变使合力为零，但有力矩作用在螺型位错上。所以，在这种情况下也使螺型位错发生扭曲。

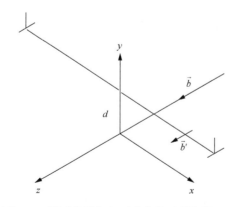
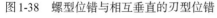
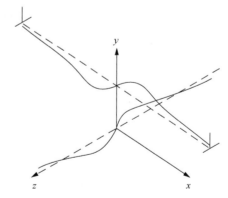

图 1-38　螺型位错与相互垂直的刃型位错　　　图 1-39　螺型位错与相互垂直的刃型位错相互
　　　　　　　　　　　　　　　　　　　　　　　　　作用使位错线扭曲

上述几种典型情况表明，位错间存在着相互作用力，其大小和方向都可由 Peach-Koehler 方程求得。一般而言，不管两位错线分布的几何关系如何，任一位错线的某一段都会受到来自其他位错的作用力。

1.6 位错与界面的交互作用

人们对晶体材料试样进行透射电子显微镜观察时发现，相对于样品晶粒内部的位错密度，其表面或界面附近晶体中的位错密度较低，就好似界面对其附近的位错有力的作用。从位错的弹性能表达式可知，位错的自能是位错到自由表面距离的函数。离表面越近，位错的自能越小；到达自由表面时，位错自能消失。这种情况表明，位错与自由表面存在交互作用，以吸引位错移向自由表面。此外，位错距表面越近，这种交互作用越强。为了形象地表达这种位错与界面的交互作用，Koehler 引入了镜像位错与镜像力的概念[5, 6]。这是一种巧妙的处理问题的方法，收到了良好的效果。

所谓镜像位错是假定在自由表面之外，有一个异号位错位于同表面内位错以自由表面为镜面的镜像位置上。如果把这两个位错看成处于同一无限大的弹性介质中，便可由前者对于后者产生吸引力，称为镜像力。实际上，下面将会看到，镜像位错和镜像力是从满足界面处的边界条件而必然引出的概念。

1.6.1 位错与自由表面的交互作用

1. 对螺型位错的镜像力

如图 1-40(a) 所示，S 为平行于自由表面的螺型位错，到自由表面距离为 $+l$，其伯格斯矢量为 $\vec{b}$。显然，对自由表面而言，边界条件是应力为零。由于螺型位错无正应力场，这一点可以自然满足。但螺型位错 S 会在表面引起切应力 σ_{xz}，由式(1-13)可知

$$\sigma_{xz} = -\frac{Gb}{2\pi} \cdot \frac{y}{l^2 + y^2}$$

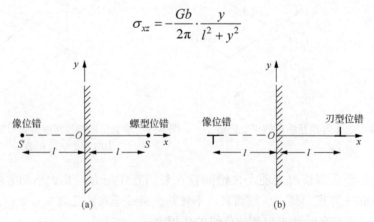

图 1-40 自由表面与螺型位错(a)和刃型位错(b)的交互作用

为了满足边界条件，可以设想在自由表面外也充满相同的弹性介质，并在距表面 $-l$ 处有一异号螺型位错 S'，其伯格斯矢量为 $-\vec{b}$。于是 S' 可在 $x=0$ 的表面上产生切应力 σ'_{xz}：

$$\sigma'_{xz} = \frac{Gb}{2\pi} \cdot \frac{y}{l^2 + y^2}$$

由于在原自由表面处 σ_{xz} 和 σ'_{xz} 大小相等而符号相反，原自由表面处总的切应力为零。可见，从满足自由表面的边界条件出发，便要求镜像位错存在。

在螺型位错 S 和异号螺型位错 S' 之间存在着径向中心吸引作用，并可由式 (1-74) 得出位错 S 所受到的镜像力为

$$\frac{F}{L} = -\frac{Gb^2}{4\pi} \cdot \frac{1}{l} \tag{1-85}$$

于是，在这种镜像力的作用下，螺型位错 S 趋于移向自由表面。

2. 对刃型位错的镜像力

刃型位错的应力场中除切应力外，还有正应力，使得对其镜像力的计算比较复杂，难以只通过附加一个镜像位错满足表面边界条件。如图 1-40(b) 所示，在距表面 $+l$ 处有平行于表面的刃型位错，伯格斯矢量为 $\vec{b}$。若将其应力场与镜像位错的应力场相加，除 σ_{xy} 外各应力在表面处均为零，即 $\sigma_{xx} = \sigma_{xz} = 0$，而表面处有

$$\sigma_{xy} = \frac{Gb}{\pi(1-\nu)} \frac{l(l^2 - y^2)}{r^4}$$

式中，$r = (l^2 + y^2)^{1/2}$。于是，为满足边界条件，需附加应力函数 ϕ，以给出

$$\sigma_{xy}(0, y) = -\frac{Gb}{\pi(1-\nu)} \frac{l(l^2 - y^2)}{r^4}$$

和 $\sigma_{xx}(0, y) = \sigma_{xz}(0, y) = 0$。

可以证明，此应力函数具有如下形式：

$$\varphi(x) = \frac{Gb}{\pi(1-\nu)} \frac{lxy}{(x-l)^2 + y^2} \tag{1-86}$$

由此应力函数可以给出切应力为

$$\sigma_{xy} = -\frac{Gbl}{\pi(1-\nu)r^6} \Big[(l-x)^4 + 2x(l-x)^3 - 6xy^2(l-x) - y^4 \Big] \tag{1-87}$$

于是为满足边界条件，刃型位错周围的应力场应由三部分组成。一是刃型位错本身的应力场，二是镜像位错的应力场，三是由应力函数给出的应力场。因此，自由表面与刃型位错的交互作用，便可以镜像位错和附加的应力函数作用于刃型位错上的力来表征。

由式(1-87)可知，在$(+l,0)$处，由附加的应力函数给出$\sigma_{yx}=0$，即应力函数不对刃型位错产生x方向的作用力（$F_x/L=\sigma_{yx}b$）。所以经过上述数学处理仍然可以证明，自由表面对与其平行的刃型位错的作用力正好等于镜像位错对真位错的吸引力，并可由下式表达：

$$\frac{\vec{F}_x}{L}=-\frac{Gb^2}{4\pi(1-\nu)}\frac{1}{l} \tag{1-88}$$

1.6.2　不同弹性介质界面与位错的交互作用

上面讨论的自由表面与位错的交互作用只是一种特殊情况。通常在界面两侧是不同性质的弹性介质，具有不同的切变模量。如图 1-41 所示，A 代表平行于 z 轴的右手螺型位错，距界面距离为 a。介质1和2的切变模量分别为 G_1 和 G_2。显然，由于界面所带来的边界条件需满足 $\sigma_{xz}^1=\sigma_{xz}^2$ 和 $u_z^1=u_z^2$。然而，界面两侧介质切变模量不同，很难同时满足这两个条件。若使界面两侧介质在界面处应力相等，位移或应变不等，反之亦然。因此为了同时满足这两个边界条件，需要引入两个镜像位错 B 和 C。

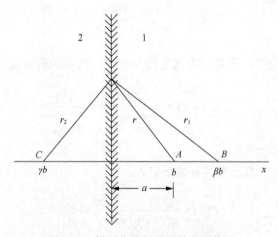

图 1-41　螺型位错与界面的交互作用

可以设想，第一步假设介质2的切变模量也是 G_1，并在 A 的镜像位置 C 处引入一个镜像位错，其伯格斯矢量为 $\gamma\cdot\vec{b}$。从式(1-10)可以求得由位错 A 和 C 在界

面处的位移为

$$u_z^1 = \frac{b}{2\pi}\left(\arctan\frac{y}{x-a} + \gamma\arctan\frac{y}{x+a}\right) \tag{1-89}$$

相应在界面处造成的切应力为

$$\sigma_{xz}^1 = -\frac{G_1 yb}{2\pi\left[(x-a)^2 + y^2\right]} - \frac{\gamma G_1 yb}{2\pi\left[(x+a)^2 + y^2\right]} \tag{1-90}$$

再设想，第二步假设介质 1 和 2 的切变模量都是 G_2，并在 A 处再引入一个镜像位错 B，其伯格斯矢量为 $\beta \cdot \vec{b}$。或者如图 1-41 所示，将 B 位错放于 A 位错附近，但令 $r = r_1 = r_2$。由式(1-10)求得在界面处产生的位移为

$$u_z^2 = \frac{\beta b}{2\pi}\arctan\frac{y}{x-a} \tag{1-91}$$

相应由位错 B 在界面产生的切应力为

$$\sigma_{xz}^2 = -\frac{\beta G_2 yb}{2\pi\left[(x-a)^2 + y^2\right]} \tag{1-92}$$

于是根据界面边界条件，在 $x = 0$ 处，令 $u_z^1 = u_z^2$，则得

$$\beta = 1 - \gamma \tag{1-93}$$

又在 $x = 0$ 处，令 $\sigma_{xz}^1 = \sigma_{xz}^2$，得

$$G_1(1+\gamma) = G_2\beta \tag{1-94}$$

所以，由式(1-93)和式(1-94)求解，得

$$\begin{cases} \gamma = \dfrac{G_2 - G_1}{G_2 + G_1} \\[2mm] \beta = \dfrac{2G_1}{G_2 + G_1} \end{cases} \tag{1-95}$$

显然，只要按以上要求选择两个镜像位错，便可以与真位错一起造成满足界面边界条件的位移场和应力场。由此便可以进一步判断界面与位错的交互作用。

由式(1-95)可知，$G_2 \to 0$ 时，$\gamma \to -1$ 和 $\beta \to 2$。这相当于界面是自由表面的情况，故可以参照式(1-81)求出界面对螺型位错 A 的镜像力。另外，$G_2 \to \infty$ 时，

$\gamma \to 1$ 和 $\beta \to 0$，则可以把界面与位错 A 的交互作用简化为位错 A 同镜像位错 C 的作用。此时，由于 C 和 A 是同号位错，故界面对位错 A 表现为排斥作用。一般情况是，$G_2 > G_1$ 时，界面对位于介质 1 中的螺型位错表现排斥作用；反之，$G_2 < G_1$ 时，界面对位于介质 1 中的螺型位错有吸引作用。这一点从位错的应变能角度也易于理解。位于界面附近的位错有位移和应变场，并可在界面两侧延伸。其结果自然是在弹性模量大的介质中，由单位位移或应变所引起的应变能较大。因此，从减小位错的应变能角度出发，必然使位于硬介质(弹性模量大)中的位错受界面吸引，而位于软介质(弹性模量小)中的位错被界面推开。

对于刃型位错同界面的交互作用也有类似的结果[6]。

研究位错与界面的交互作用具有实际意义。例如，一般氧化物的切变模量要比金属大得多，使金属表面氧化物成为位错运动的势垒，易于将位错推向晶体内部。若没有氧化物表层，晶体表面附近的位错易于逸出表面。

参 考 文 献

[1] Burgers J M. Some considerations on the fields of stress connected with dislocations in a regular crystal lattice [M]. Nederland: Koninklijke Nederlandse Akademie van Wetenschappen, 1939, (42): 335-389

[2] Frank F C. Crystal dislocations - Elementary concepts and definitions [J]. Philosophical Magazine Series 7, 1951, 42 (331): 809-819

[3] Friedel J. 位错 [M]. 王煜译. 北京: 科学出版社, 1980: 46-47

[4] Weertman J, Weertman J R. Elementary Dislocation Theory [M]. London: The Macmillan Company, Collier-Macmillan Ltd, 1971: 54-70

[5] Koehler J S. On the dislocation theory of plastic deformation [J]. Physics Review, 1941, 60: 397-410

[6] Dundurs J, Sendeckyj G P. Behavior of an edge dislocation near a bimetallic interface [J]. Journal of Applied Physics, 1965, 36 (10): 3353-3354

第 2 章 晶体中的位错行为

在第 1 章中讨论位错行为时，把介质看成均匀的各向同性的弹性体。这种连续介质模型的局限性是很明显的，由于忽略了晶体的点阵结构，无法正确反映位错线附近的情况。通常计算时，总是设想将位错线附近半径为 r_0 以内的区域挖去。否则，应用弹性力学将遇到难以克服的困难。

实际晶体都具有一定的点阵结构。因此，有必要进一步分析晶体结构对位错行为的影响，包括点阵周期性以及点阵类型等的影响。这对于深入理解晶体材料的强化机制具有极重要的意义。

2.1 派-纳位错模型与派-纳力

最早是 Peierls[1] 和 Nabarro[2] 两个人相继考虑了晶体点阵的周期性对位错中心区原子结构的影响，建立了位错的点阵模型。下面介绍派-纳模型的基本概念及有关结果。

2.1.1 派-纳位错模型

1. 刃型位错的派-纳模型

如图 2-1(a) 所示，设想将具有简单立方结构的完整晶体沿滑移面割开，并相对移动 $b/2$，则滑移面上下同号原子的相对位移表达如下：

$$\phi_x^0 = \begin{cases} -\dfrac{b}{2}, & x > 0 \\ +\dfrac{b}{2}, & x < 0 \end{cases}$$

若再令滑移面上层原子沿 x 轴位移 u_x，而滑移面下层原子作等量而反向的位移 $-u_x$，达到如图 2-1(b) 所示的平衡位置形成刃型位错。其结果是使滑移面上下同号原子的相对位移如下：

$$\phi_x(x) = \begin{cases} 2u_x - \dfrac{b}{2}, & x > 0, u_x > 0 \\ 2u_x + \dfrac{b}{2}, & x < 0, u_x < 0 \end{cases} \tag{2-1}$$

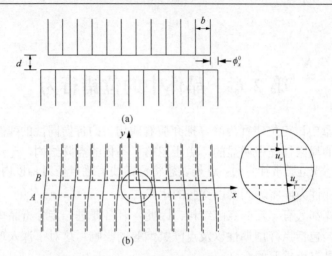

图 2-1　两块简单立方晶体构成的刃型位错

由于在 $x = \pm\infty$ 处位错的影响消失,滑移面上下同号原子应对齐,以使 $\phi_x(\infty) = 0$,即

$$u_x(+\infty) = -u_x(-\infty) = -\frac{b}{4} \tag{2-2}$$

这就是 $u_x(x)$ 所必须满足的边界条件,如图 2-2 所示。

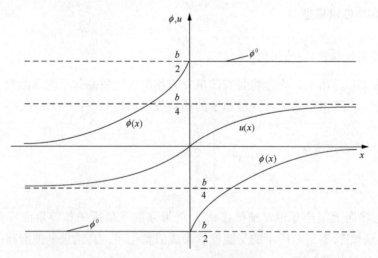

图 2-2　刃型位错的位移函数

为求得 $u_x(x)$ 与 x 关系的解析式,可以把如图 2-1(b)所示的具有位错的晶体看成两个半晶体(A 以下和 B 以上),并受到切应力 σ_{xy} 的作用而拼成整体结构。再假定 A 面以下和 B 面以上的晶体都为各向同性的连续介质,而且 A 面和 B 面之间

的切应力是两个面上原子相对位移 ϕ 的非线性函数。Peierls 采用了周期为 b 的正弦函数，于是得出作用于 A 面上的切应力 σ_{yx} 与位移 u_x 的关系如下：

$$\sigma_{yx}(x,0) = C\sin\frac{2\pi\phi_x}{b} = -C\sin\frac{4\pi u_x}{b} \tag{2-3}$$

由于 ϕ 很小，也可以将 $\sigma_{yx}(x,0)$ 用胡克定律表达为

$$\sigma_{yx}(x,0) = 2G\varepsilon_{yx} = \frac{G\phi_x}{d}$$

式中，d 为面间距。由此可以定出常数 C，即

$$C = \frac{Gb}{2\pi d} \tag{2-4}$$

所以

$$\sigma_{yx}(x,0) = -\frac{Gb}{2\pi d}\sin\frac{4\pi u_x}{b} \tag{2-5}$$

另外，按照 Eshelby 的方法[3]，可以把强度为 b 的单位位错线看成沿滑移面连续分布强度为无穷小的许多弹性位错。若将在 x' 处 $\mathrm{d}x'$ 范围内的伯格斯矢量写为 $b'(x')\mathrm{d}x'$，则相应的位移为 $2\left(\mathrm{d}u_x\big/\mathrm{d}x\right)\mathrm{d}x'$，那么

$$b = \int_{-\infty}^{+\infty} b'(x')\mathrm{d}x' = -2\int_{-\infty}^{+\infty}\left(\frac{\mathrm{d}u_x}{\mathrm{d}x}\right)_{x=x'}\mathrm{d}x' \tag{2-6}$$

按照式 (1-56)，可以求出 $x' \sim x' + \mathrm{d}x'$ 间隔内强度为 $b'(x')\mathrm{d}x'$ 的位错在滑移面一点 $(x,0)$ 上的切应力为

$$\frac{Gb'\mathrm{d}x'}{2\pi(1-\nu)}\cdot\frac{1}{x-x'} = \frac{G}{\pi(1-\nu)}\left(\frac{\mathrm{d}u_x}{\mathrm{d}x}\right)_{x=x'}\frac{1}{x-x'}\mathrm{d}x'$$

于是整个位错的贡献为这些无穷小弹性位错的贡献之和，即

$$\sigma_{yx}(x,0) = \int_{-\infty}^{+\infty}\frac{G}{\pi(1-\nu)}\left(\frac{\mathrm{d}u_x}{\mathrm{d}x}\right)_{x=x'}\frac{1}{x-x'}\mathrm{d}x' \tag{2-7}$$

比较式 (2-5) 和式 (2-7)，可以得到积分方程

$$\int_{-\infty}^{+\infty}\left(\frac{\mathrm{d}u_x}{\mathrm{d}x}\right)_{x=x'}\frac{1}{x-x'}\mathrm{d}x' = \frac{(1-\nu)b}{2d}\cdot\sin\frac{4\pi u_x}{b} \tag{2-8}$$

这就是派-纳模型的基本方程。在 Peierls 的原始文献中得到了这个基本方程及其解，但是没有推导方法。后来 Nabarro 重新推导出此方程。满足如式 (2-2) 所示边界条件的情况下，这一方程的解为

$$u_x = \frac{b}{2\pi}\arctan\frac{x}{\xi} \tag{2-9}$$

式中，ξ 称为位错的半宽度

$$\xi = \frac{d}{2(1-\nu)} \tag{2-10}$$

当 $x = \pm\xi$ 时，$u_x = \pm\frac{b}{8} = \frac{1}{2}u_x(+\infty)$，故以 2ξ 确定刃型位错严重错排区域（$-\xi < x < \xi$）。在此范围内线弹性力学失效。将这样的位错称为 Peierls 位错，以与连续介质模型位错相区别。后者常称作 Volterra 位错。

将式 (2-9) 代入式 (2-7)，可求出任意 Peierls 位错的应力场为

$$\sigma_{yx}(x, 0) = -\frac{Gb}{2\pi(1-\nu)}\frac{x}{x^2 + \xi^2} \tag{2-11}$$

而且，由式 (2-6) 和式 (2-9) 可得

$$b' = \frac{b}{\pi}\frac{\xi}{x'^2 + \xi^2} \tag{2-12}$$

可以证明，这种位错对应于如下应力函数：

$$\begin{aligned}\varphi &= \frac{G}{2\pi(1-\nu)}\int_{-\infty}^{+\infty} b'y\ln\left[(x-x')^2 + y^2\right]^{1/2}\mathrm{d}x' \\ &= \frac{Gb\xi y}{4\pi^2(1-\nu)}\int_{-\infty}^{+\infty}\frac{y\ln\left[(x-x')^2 + y^2\right]^{1/2}}{x'^2 + \xi^2}\mathrm{d}x'\end{aligned} \tag{2-13}$$

这样，就可以得到[4]

$$\varphi = \frac{Gb}{4\pi(1-\nu)}y\ln\left[x^2 + (y+\xi)^2\right] \tag{2-14}$$

于是，由式 (1-22) 可以得到 Peierls 刃型位错的应力场如下：

$$\sigma_{xy} = -\frac{Gb}{2\pi(1-\nu)}\left\{\frac{x}{x^2 + (y+\xi)^2} - \frac{2xy(y+\xi)}{\left[x^2 + (y+\xi)^2\right]^2}\right\}$$

$$\sigma_{xx} = \frac{Gb}{2\pi(1-\nu)} \left\{ \frac{3y+2\xi}{x^2+(y+\xi)^2} - \frac{2y(y+\xi)^2}{\left[x^2+(y+\xi)^2\right]^2} \right\} \tag{2-15}$$

$$\sigma_{yy} = \frac{Gb}{2\pi(1-\nu)} \left\{ \frac{y}{x^2+(y+\xi)^2} - \frac{2x^2y}{\left[x^2+(y+\xi)^2\right]^2} \right\}$$

$$\sigma_{zz} = \nu(\sigma_{xx}+\sigma_{yy}) = -\frac{Gb\nu}{\pi(1-\nu)}\frac{y+\xi}{x^2+(y+\xi)^2}$$

比较式 (2-15) 与式 (1-26) 可见，当 $r = \left(x^2+y^2\right)^{\frac{1}{2}} \gg \xi$ 时，Peierls 位错的应力场与 Volterra 位错的应力场相同。这里需要注意的是，式 (2-15) 与式 (1-26) 给出的应力场符号相反，原因在于两个模型中位错的伯格斯矢量符号相反。这样，派-纳位错模型消除了连续介质模型在位错中心的奇异性。

2. 螺型位错的派-纳模型

对于螺型位错也可以做类似刃型位错的处理[3]。如图 2-3 (a) 所示，两个半无限大晶体起始位移为

$$\phi_x^0 = \begin{cases} \dfrac{b}{2}, & x>0 \\[2mm] -\dfrac{b}{2}, & x<0 \end{cases}$$

则可沿 z 方向位移 u_z 形成右手螺型位错，如图 2-3 (b) 所示。显然，u_z 和 x 的关系与如图 2-2 所示 u_x 与 x 的关系相似。

设想由许多无穷小位错在滑移面上连续分布构成单体位错，各无穷小位错的伯格斯矢量为 $b'(x')\mathrm{d}x' = -2\left(\dfrac{\partial u_z}{\partial x}\right)_{x=x'}\mathrm{d}x'$，式中 u_z 是与下部晶体有关的位移。由式 (1-13) 可得作用于滑移面上的切应力为

$$\sigma_{yz}(x,0) = -\frac{G}{2\pi}\int_{-\infty}^{+\infty}\frac{b'\cdot\mathrm{d}x'}{x-x'} = -\frac{G}{\pi}\int_{-\infty}^{+\infty}\left(\frac{\partial u_z}{\partial x}\right)_{x=x'}\frac{1}{x-x'}\mathrm{d}x' \tag{2-16}$$

另外，利用与刃型位错相似的处理方法，可以由滑移面上下两层原子错排求出切应力为

$$\sigma_{yz}(x,0) = -\frac{Gb}{2\pi d}\sin\frac{4\pi u_z}{b} \tag{2-17}$$

式中，d 为晶面间距。由式(2-16)和式(2-17)可得

$$\int_{-\infty}^{+\infty}\left(\frac{\mathrm{d}u_x}{\mathrm{d}x}\right)_{x=x'}\frac{1}{x-x'}\mathrm{d}x' = \frac{b}{2d}\sin\frac{4\pi u_z}{b} \tag{2-18}$$

于是，对于螺型位错，满足边界条件的解为

$$u_z(x,0) = -\frac{b}{2\pi}\arctan\frac{x}{\eta} \tag{2-19}$$

式中，$\eta = \dfrac{d}{2}$，为螺型位错的半宽度。同刃型位错的半宽度相比，有如下关系：

$$\eta = (1-\nu)\xi \tag{2-20}$$

所以，螺型位错的宽度 2η 要比刃型位错小。

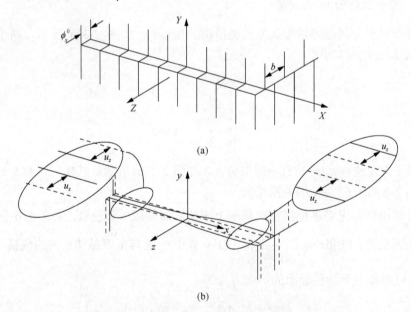

图 2-3　两块简单立方晶体构成的螺型位错

　　实际上，由于上述推导过程中假定滑移面上切应力和位移的关系符合正弦函数，不完全符合实际情况，求出的位错宽度偏小。但不管怎么样，派-纳模型是对位错结构进行理论处理的一次很好尝试，为进一步推算位错运动的点阵阻

力提供基础。

2.1.2　Peierls 位错能量与派-纳力

1. Peierls 位错的能量

在派-纳模型中，位错的能量由两部分组成：一是晶体的弹性能，存在于两半晶体之中；二是沿滑移面上下两层原子的相互作用能，称为错排能。这样位错的能量就可以表示为

$$W = W_{\text{s}} + W_{\text{m}} \tag{2-21}$$

式中，W_{s} 为弹性能；W_{m} 为错排能。前者与 Volterra 位错的应变能一致，而后者主要同滑移面两侧原子键合平衡的破坏有关，是 Volterra 位错芯部能量的反映。

Peierls 位错的弹性能可以采用和连续介质模型相类似的办法来计算。对如图 2-1 所示的刃型位错而言，存储在上半部晶体中的弹性能等于作用在表面上的力产生位移 u_x 所做的功。由 δx 乘以 z 方向上单位长度的单元面积上切应力所做的功为

$$\delta W_{\text{s}} = \int_0^{u_x} \sigma_{xy}(x,0)\delta x \mathrm{d}u = \sigma_{xy}(x,0)u_x \delta x \tag{2-22}$$

于是，经过上下两个半晶体表面在 $x = -R \sim +R$ 取积分，并将 σ_{xy} 和 u_x 分别以式 (2-11) 和式 (2-9) 代入，得

$$W_{\text{s}} = \frac{Gb^2}{4\pi^2(1-\nu)} \int_{-R}^{R} \frac{\omega \cdot \arctan \omega}{1+\omega^2} \mathrm{d}\omega$$

式中，$\omega = x / \xi$。当 R 很大时，$\arctan \omega \to \pm \dfrac{\pi}{2}$，$1+\omega^2 \to \omega^2$。进一步求得

$$W_{\text{s}} = \frac{Gb^2}{4\pi(1-\nu)} \ln \frac{R}{2\xi} \tag{2-23}$$

此式与式 (1-38) 类似。

同样，对如图 2-3 所示螺型位错的弹性能有

$$W_{\text{s}} = \frac{Gb^2}{4\pi} \ln \frac{R}{2\eta} \tag{2-24}$$

下面来计算滑移面上的错排能。对如图 2-1 所示的刃型位错而言，在滑移面上的局部切应变可以表达为

$$\varepsilon_{xy}(x,0) = \frac{\phi_x}{2d} = \frac{2u_x + b/2}{2d}$$

因局部应变能包含两部分贡献，即

$$\sigma_{xy}\mathrm{d}\varepsilon_{xy} + \sigma_{yx}\mathrm{d}\varepsilon_{yx} = 2\sigma_{xy}\mathrm{d}\varepsilon_{xy}$$

故存储于单元体(高为 d，宽为 δx，在 z 方向为单位长度)中的错排能为

$$
\begin{aligned}
\delta W_{\mathrm{m}}(x) &= 2\int d\delta x\sigma_{xy}\mathrm{d}\varepsilon_{xy} = 2\int_{b/4}^{u_x}\delta x\sigma_{xy}\mathrm{d}u_x \\
&= -\frac{Gb\delta x}{\pi d}\int_{b/4}^{u_x}\sin\frac{4\pi u_x}{b}\mathrm{d}u_x \\
&= \frac{Gb^2\delta x}{4\pi^2 d}\left(1 + \cos\frac{4\pi u_x}{b}\right)
\end{aligned}
\tag{2-25}
$$

式中，σ_{xy} 由式(2-5)给出。因此，单位长度位错在滑移面上总的错排能为

$$
\begin{aligned}
W_{\mathrm{m}} &= \frac{Gb^2}{4\pi^2 d}\int_{-\infty}^{+\infty}\left(1 + \cos\frac{4\pi u_x}{b}\right)\mathrm{d}x \\
&= \frac{Gb^2}{2\pi^2 d}\int_{-\infty}^{+\infty}\cos^2\left[\arctan\left(\frac{x}{\xi}\right)\right]\mathrm{d}x \\
&= \frac{Gb^2}{2\pi^2 d}\int_{-\infty}^{+\infty}\frac{\xi^2\mathrm{d}x}{x^2 + \xi^2} \\
&= \frac{Gb^2}{4\pi(1-\nu)}
\end{aligned}
\tag{2-26}
$$

对于螺型位错的错排能可由下式给出：

$$W_{\mathrm{m}} = \frac{Gb^2}{4\pi} \tag{2-27}$$

若将式(2-23)与式(2-26)进行比较，可以看出，位错中心区域的能量(即错排能)在总能量中所占比例不大。由于在通常晶体中，$\ln\left(\dfrac{R}{2\xi}\right) \approx 10$，所以位错中心区域的能量只占总能量的 1/10 左右。

2. 派-纳力

上面位错错排能的计算由于用积分代替求和，不能反映出位错线附近原子排列情况对错排能影响的细节。很显然，错排能的数值与位错线和原子列的相对位置有关，当位错线相对于原子列移动时，位错线附近的错排情况就会有所改变，因而影响错排能的数值。Nabarro 计算错排能时引入了参数 α ，以 αb 表示位错中心到对称位置的距离(图 2-4)。由于晶体结构的影响，错排能必然是 α 的函数。当取位错中心为原点时，滑移面两侧原子面上各原子的位置可以近似地表示为

$$x = \left(\frac{1}{2}n + \alpha \right)b, \quad n = \pm 1, \pm 2, \pm 3, \cdots$$

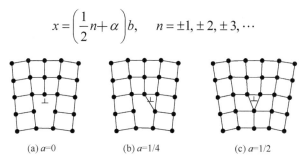

(a) $\alpha=0$　　　　(b) $\alpha=1/4$　　　　(c) $\alpha=1/2$

图 2-4　位错在晶体中的位移场

由于 $\delta x = b$ 时，式(2-25)表示滑移面上下一对原子列的错排能，所以一列原子的错排能便为

$$\delta W_{\mathrm{m}} = \frac{Gb^3}{8\pi^2 d}\left(1 + \cos\frac{4\pi u_x}{b} \right) \tag{2-28}$$

将各列原子的错排能叠加便可以求出整个滑移面中的错排能，即

$$W(\alpha) = \frac{Gb^3}{8\pi^2 d}\sum_{n=-\infty}^{n=+\infty}\left\{ 1 + \cos 2\left[\arctan\left(\alpha + \frac{1}{2}n \right)\left(\frac{b}{\xi} \right) \right] \right\} \tag{2-29}$$

式中，u_x 由式(2-9)求出，并由 α 表示各原子列到位错的距离。

再用傅里叶积分理论可以进一步求出刃型位错总错排能的近似值[2]：

$$\begin{aligned}
W(\alpha) &= \frac{Gb^2}{4\pi(1-\nu)} + \frac{Gb^2}{2\pi(1-\nu)}\exp\left(-\frac{4\pi\xi}{b} \right)\cos(4\pi\alpha) \\
&= \frac{Gb^2}{4\pi(1-\nu)} + \frac{W_{\mathrm{P}}}{2}\cos(4\pi\alpha)
\end{aligned} \tag{2-30}$$

式中，W_{P} 通常称为派-纳能垒，用以表示位错的周期性势垒。这里所求出的错排能包含两项。第一项与式(2-26)所示的一级近似结果相同，与位错线的位置无关，

并在数值上构成错排能的主要部分；第二项由于 $\exp(-4\pi\xi/b)$ 因子的影响，在数值上要小得多，但它是 α 的周期函数，具体反映了位错线在晶体中移动时所引起的能量起伏。

这样，由于位错线的能量是 α 的周期函数，使位错线沿滑移面移动时，应通过一系列能量的峰和谷的位置。对于单位长度的刃型位错线，翻越派-纳能垒所需要克服的阻力可由下式求出

$$
\begin{aligned}
\frac{F}{L} &= -\frac{\partial W}{\partial x} = -\frac{\partial W}{\partial \alpha}\frac{\partial \alpha}{\partial x} = -\frac{1}{b}\frac{\partial}{\partial \alpha}\left[\frac{W_{\mathrm{P}}}{2}\cos(4\pi\alpha)\right] \\
&= -\frac{W_{\mathrm{P}}}{2b}\left[-4\pi\sin(4\pi\alpha)\right] \\
&= -\frac{1}{2b}\cdot\frac{Gb^2}{\pi(1-\nu)}\exp\left(-\frac{4\pi\xi}{b}\right)\left[-4\pi\sin(4\pi\alpha)\right]
\end{aligned}
\tag{2-31}
$$

即

$$
\frac{F}{L} = \frac{2Gb}{1-\nu}\exp\left(-\frac{4\pi\xi}{b}\right)\sin(4\pi\alpha)
$$

当 $\sin(4\pi\alpha)=1$ 时，$\dfrac{F}{L}$ 达到极大值，称为派-纳力。相应的最大切应力阻力称为派-纳应力，由下式给出

$$
\sigma_{\mathrm{P}} = \frac{1}{b^2}\left[\frac{\partial W(\alpha)}{\partial \alpha}\right]_{\max} = \frac{2\pi W_{\mathrm{P}}}{b^2} = \frac{2G}{1-\nu}\exp\left(-\frac{4\pi\xi}{b}\right)
\tag{2-32}
$$

派-纳应力相当于理想晶体中移动单一位错所需的临界切应力。这种力来源于点阵的周期结构，由位错前方和后方的原子偏离了周期场内的等效位置所致。所以派-纳力实质上是晶体点阵结构对位错运动的最大阻力。螺型位错的派-纳应力与式(2-32)相类似。

对派-纳力进行精确计算尚困难，目前还没有满意的结果。主要原因在于对位错中心的结构及原子间相互作用力的表达式尚不清楚。派-纳模型只能给出定性的结果。按式(2-32)估算，一般派-纳应力为 $10^{-4}\sim 10^{-2}G$，低于理想晶体的临界切应力，所以证实了位错易动的原始设想。考虑到派-纳力在数值上仅有定性意义，也可以用经验公式表达[5]。对于错排能及点阵阻力的变化周期有等于点阵周期或为其 1/2 两种可能，故相应有如下表达式：

$$
W(\alpha) = \frac{W_{\mathrm{P}}}{2}\left(1-\cos\frac{2\pi\alpha b}{a}\right) = W_{\mathrm{P}}\sin^2\frac{\pi\alpha b}{a}
\tag{2-33}
$$

和

$$\sigma(\alpha) = \frac{1}{b^2}\frac{\partial W(\alpha)}{\partial \alpha} = \frac{\pi W_P}{\alpha b}\sin\frac{2\pi\alpha b}{a} \tag{2-34}$$

式中，$a = b/2$ 或 b，取决于错排能变化周期。$W(\alpha)$ 和 $\sigma(\alpha)$ 的变化趋势如图 2-5 所示。于是，派-纳力的经验表达式为

$$\sigma_P = \frac{\pi W_P}{\alpha b} \tag{2-35}$$

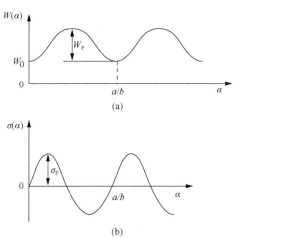

图 2-5　错排能与点阵阻力的变化周期

从派-纳力的分析中可以得出如下结论。

（1）位错宽度的影响。由式（2-32）可见，位错宽度增加使派-纳应力降低。由此便不难理解刃型位错的易动性要比螺型位错大。其原因同刃型位错的宽度较大有关。这一点通过比较式（2-10）与式（2-20）可以看出。

（2）位错伯格斯矢量的影响。位错伯格斯矢量的大小实际上反映了晶体在滑移方向上原子间距的大小。由式（2-32）可见，伯格斯矢量减小时，位错的派-纳应力降低。因此，位错易沿晶体密排方向滑移。

（3）晶面间距的影响。由式（2-10）与式（2-20）表明，晶面间距增大时，有利于位错宽度的增加，导致派-纳应力下降。这一方面说明晶体的密排面易于滑移，另一方面也说明，同体心立方点阵相比，面心立方点阵具有密排面，其派-纳能垒与派-纳应力较低。

2.2　位错的弯折与割阶

本节主要讨论位错线的拐折现象。在实际晶体中，位错线的拐折有弯折和割

阶两种形式。下面介绍其形成机制和有关特性。

2.2.1 弯折

1. 弯折的形成及种类

如果位错线的一部分发生了拐折，而拐折部分仍与原位错处在同一滑移面上，称此拐折为弯折。在晶体中，位错线出现弯折的重要原因是其能量随在滑移面上位置的不同而发生周期性变化。如图 2-6 所示，在 0K 下沿 x 方向分布的位错由于线张力的作用易呈直线状，躺在能谷的位置上。然而，温度不等于 0 K 时，位错线易呈弯折状，某些部分位于势能谷中，另一部分却跨越派-纳能垒。按照弯折形成特点的不同，可将常见的弯折分成以下三种类型。

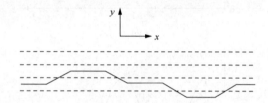

图 2-6　温度与派-纳能垒对晶体中位错形状的影响
实线表示位错线；虚线表示能峰

1) 几何性弯折

如图 2-7 所示，晶体中位错线的形状与其取向位置有关，并主要由两方面因素决定。一方面位错线在派-纳能垒的作用下，趋于尽可能躺在势能谷中，使弯折的宽度为零，如图中 A 所示；另一方面位错在线张力的作用下尽可能缩短自身的长度，趋于呈直线状以使弯折宽度增加，如图中 B 所示。实际上，位错线的形状常介于两者之间，表现出一定的弯折宽度，如图中 C 所示。因此，弯折宽度 m 可以用下式表达：

$$m = d\left(\frac{W_0}{2W_P}\right)^{\frac{1}{2}} \tag{2-36}$$

式中，d 为弯折的高度；W_0 为单位长度位错线的能量，在数值上等于线张力；W_P 为位错的派-纳能垒。若一般以 $W_P = \frac{1}{1000}W_0$ 代入上述方程，则 $m = 22d$。弯折的形成能也与位错线张力和派-纳能垒有关，如下式所示：

$$W_k = \frac{2d}{\pi}(2W_P W_0)^{\frac{1}{2}} \tag{2-37}$$

可见，同螺型位错相比，刃型位错派-纳能垒较低，其弯折形成能较小（为螺型位错的 1/8～1/4）。所以，一般而言，刃型位错更容易形成弯折。

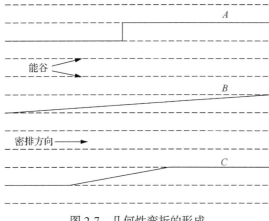

图 2-7 几何性弯折的形成
实线表示位错线；虚线表示能谷

影响形成几何性弯折趋势的因素可以用下式表示：

$$C_k \propto \frac{\theta}{d} \tag{2-38}$$

式中，C_k 为几何性弯折的浓度，可以用单位长度位错线上的弯折数量来表征；θ 为位错线与原子密排方向的夹角；d 为沿滑移方向上的晶面间距，即派-纳能谷的间距。由于 θ 角增大时，几何性弯折的浓度增加，会使弯折相互联结，导致各段弯折的独立性下降，其结果易使位错线呈波浪状，如图 2-8 所示。当晶体中位错密度较高（$\geqslant 10^7 \text{cm}^{-2}$）时，位错线易呈连续曲线状；只有在位错密度较小（$10^2 \sim 10^3 \text{cm}^{-2}$）时，才能在透射电子显微镜下看到位错呈直线状，主要沿低指数晶面分布。这是因为位错密度较高时，位错的交互作用增大，而且与派-纳能谷呈大角度倾斜的位错数量增多，致使派-纳能垒对位错线形状的影响降低到次要地位。只有在位错数量较少时，派-纳能垒的影响才得以表现出来。

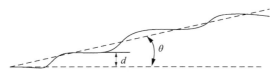

图 2-8 与派-纳能谷呈大角度倾斜的位错线的形状

2）热学性弯折

如图 2-6 所示，在 0K 下因派-纳能垒的影响，位错呈直线状躺在能谷中。温度升高时，由于热激活加剧，局部位错线翻越派-纳能垒，从一个密排原子列横跨到邻近密排原子列上去。这样便可形成一对弯折，如图 2-9 所示，称为热学性弯折对。在弯折对中，两个弯折具有相同的伯格斯矢量，而位错线的方向相反，彼此相互吸引。由于形成的弯折对要使位错线的长度和能量增加，需要一定的激活能。故可将热学性弯折对的平衡浓度与温度的关系表达如下：

$$C_k^+ C_k^- = \frac{1}{a^2} \exp\left(-\frac{2W_k}{kT}\right) \tag{2-39}$$

式中，C_k^+ 和 C_k^- 分别为正、负弯折浓度；k 为玻尔兹曼常量；a 为同号平衡弯折在位错线方向上的间距；$2W_k$ 为弯折对的形成能，在数值上等于弯折对中两个弯折的自能与交互作用能之和，即

$$2W_k = 2W_f + W_{int} \tag{2-40}$$

式中，W_f 为单个弯折的自能；W_{int} 为两个弯折的交互作用能。可以证明，对如图 2-9（a）所示的螺型位错而言，形成高度为 d 的刃型弯折对时，其 W_f 和 W_{int} 的表达式为

$$W_f = \frac{Gb^2 d}{4\pi(1-\nu)}\left[\ln\frac{d}{\xi} - (1-\nu)\right] \tag{2-41}$$

和

$$W_{int} = \frac{Gb^2 d^2}{8\pi L}\frac{1+\nu}{1-\nu} \tag{2-42}$$

式中，ξ 为刃型位错的半宽度；L 为弯折对中两位错弯折的间距。

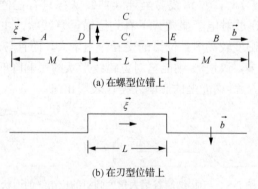

(a) 在螺型位错上

(b) 在刃型位错上

图 2-9　热学性弯折的形成

由式（2-42）还可以求出弯折对中两弯折之间的吸引力与其间距的二次方成反比，即

$$\frac{F_{\text{int}}}{L} = -\frac{\text{d}W_{\text{int}}}{\text{d}L} = -\frac{Gb^2 d^2}{8\pi L^2}\frac{1+\nu}{1-\nu} \tag{2-43}$$

可见，这种吸引力的特点是随着弯折之间距离的增加而迅速减小。这一点与一般平行位错之间的作用力与间距的一次方成反比有所不同。

对于如图 2-9(b) 所示的刃型位错，形成热学性弯折对时具有螺型位错的性质，也有类似的 W_{f} 和 W_{int} 的表达式为

$$W_{\text{f}} = \frac{Gb^2 d}{4\pi}\left[\ln\frac{d}{\eta} - \frac{1}{(1-\nu)}\right] \tag{2-44}$$

和

$$W_{\text{int}} = -\frac{Gb^2 d^2}{8\pi L}\frac{1-2\nu}{1-\nu} \tag{2-45}$$

式中，η 为螺型位错的半宽度。

3) 交割性弯折

除了上述两种类型的弯折，还可以通过位错交截形成弯折。如图 2-10 所示，两个刃型位错相互垂直并且具有相互平行的伯格斯矢量时，其滑移面相互垂直。在外力作用下运动相遇并交截后，AB 位错上出现拐折 PP'，XY 位错上出现拐折 QQ'。其中 PP' 的方向和长度取决于 XY 位错上的伯格斯矢量 $\vec{b}_1$；QQ' 的方向和长度取决于 AB 位错上的伯格斯矢量 $\vec{b}_2$。又由伯格斯矢量的守恒性可知，这两段拐折的伯格斯矢量分别与所在的位错相同，因而均属螺型位错，可以各自在原位错的滑移面上滑移。所以，由位错 AB 和 XY 交截所形成的两段拐折均为弯折。

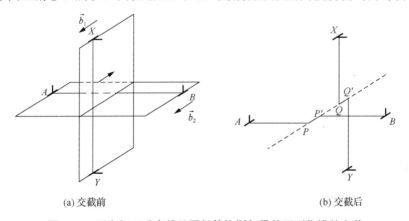

(a) 交截前　　　　　　　　　　　　　　(b) 交截后

图 2-10　两个相互垂直并且平行伯格斯矢量的刃型位错的交截

2. 弯折的特性

弯折的出现为位错运动克服点阵阻力提供了有利途径。如图 2-6 所示，躺在派–纳能谷中的直线位错运动时，需要整体翻越派–纳能垒。然而，一旦在位错线上形成弯折或弯折对，可通过弯折的侧向移动使位错线局部不断连续地翻越能垒，以达到位错线整体从一个能谷移动到下一个能谷的同样效果。同位错线的整体移动相比，弯折侧向移动所需克服的点阵阻力要小得多。这是因为弯折位于严重错排区，附近的原子离开了平衡位置，可为弯折的移动提供预位移，致使弯折的可动性增大。所以通常认为，弯折的形成有利于提高位错的可动性。

随着温度升高，热激活作用加强，热学性弯折对易于形成。对于体心立方点阵晶体来说，因派–纳能垒较高，在低温下位错易躺在能谷；而在温度升高时，可由热学性弯折对的形成与侧向移动，使位错线比较易于翻越派–纳能垒，所以，体心立方点阵晶体易于表现出屈服强度随温度上升而显著下降的现象。相比之下，面心立方点阵晶体的派–纳能垒较低，屈服强度随温度变化趋势不明显。这种变化趋势差别表现为体心立方晶体对冷脆敏感性大，而面心立方晶体对冷脆敏感性小。

另外，弯折还有形成后易于消失的特性，即存在不稳定性。这一方面是因为温度升高时，热激活作用增强，相对使派–纳能垒的影响减小，导致弯折在线张力的作用下易于消失；另一方面是由于弯折与位错线处于同一滑移面上，也易于通过位错线的滑移而使弯折消失。所以，弯折一般不阻碍位错的滑移。

2.2.2　割阶

1. 割阶的形成

位错线的一部分发生了拐折，而拐折部分与位错所处的滑移面相互垂直时称为割阶。或者，广义而言，只要位错线的拐折部分有垂直于滑移面分量时便为割阶。可见，形成割阶的结果是使位错线的一部分从所在的滑移面抬高或降低了一个高度，移到了另一个平行的面上去，如图 2-11 所示。若割阶的高度等于晶面间距，称为单位割阶或简称为割阶。有时割阶的高度可能等于几个面间距，称为超割阶。不难看出，由于位错线张力和同号割阶间的排斥作用等，超割阶的形成受到一定限制。

常见的割阶有以下两种形式。

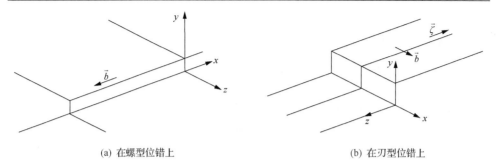

(a) 在螺型位错上　　　　　　　　　　(b) 在刃型位错上

图 2-11　位错线上的割阶

1）位错交截性割阶

晶体位错的分布纵横交错，使位错在外力作用下沿滑移面运动时，不可避免地要与其他穿过滑移面的位错（称为林位错）相交。由于位错交截的结果，除可能形成如图 2-10 所示的弯折外，还常常形成割阶。下面列举几种典型的形成割阶的位错交截情形。

（1）相互垂直的刃型位错的交截。

如图 2-12 所示，两个刃型位错的位错线、伯格斯矢量以及滑移面都相互垂直时，由于位错 XY 运动的结果，会使位错 AB 上形成拐折 PP'。其长度和方向都与 $\vec{b}_1$ 相同，而伯格斯矢量仍为 $\vec{b}_2$，故相应的滑移面应为 PXY 面。当位错 AB 在 PAB 面上滑移时，PP' 同时可在 Pxy 面上滑移。显然，因 PP' 垂直于位错 AB 的滑移面，应为割阶；又由于 PP' 的产生不影响位错 AB 的滑移，可称为非障碍性割阶。然而，当割阶 PP' 产生时，毕竟要增加位错 AB 的长度和自能，使交截成为能量增加的过程，需外力做功。

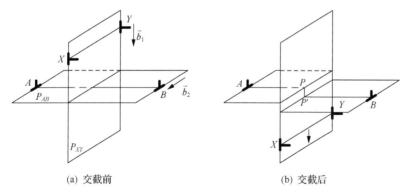

(a) 交截前　　　　　　　　　　(b) 交截后

图 2-12　位错线与伯格斯矢量均相互垂直的两个刃型位错的交割

（2）相互垂直的刃型位错与螺型位错的交截。

如图 2-13(a)所示，刃型位错 AB 在螺型位错 XY 螺旋面上滑移。在与螺型位错相交以前，位错 *AB* 全部处于同一层原子面上；而在相交后，*AB* 位错要分属于两层原子面，即 *B* 端在上层，*A* 端在下层。于是，便使位错 *AB* 产生拐折 *PP′*，如图 2-13(b) 所示。显然，其性质为割阶。

对于螺型位错 *XY* 而言，在受到刃型位错 *AB* 交截后，也有拐折 *QQ′* 出现。由于其大小和方向与 $\vec{b}_1$ 相同，而伯格斯矢量为 $\vec{b}_2$，因此，此拐折应为一小段刃型位错。若螺型位错 *XY* 在 *QQ′* 的滑移面内滑移，此拐折的性质应为弯折。

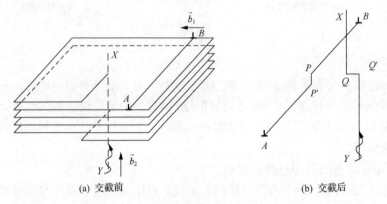

(a) 交截前　　　　　　　　　　(b) 交截后

图 2-13　相互垂直的刃型位错与螺型位错的交截

(3) 相互垂直的螺型位错的交截。

如图 2-14 所示，两个相互垂直的螺型位错交截后，各自产生了一个拐折。每个拐折的方向和大小都与另一个位错的伯格斯矢量相同，而拐折的伯格斯矢量仍与所在位错相同。其结果促使两个螺型位错上的拐折都与自身的伯格斯矢量相垂直，成为刃型位错。于是在两螺型位错的滑移面相互垂直的条件下，两个拐折的性质都是割阶。这时，两个割阶都只能沿所在的螺型位错滑移，而难以随螺型位错一起运动。当位错 *AB* 带动割阶一起在水平方向上运动时，割阶的运动方向与其自身的滑移面相垂直，要涉及攀移及原子扩散过程。这样的割阶称为障碍性割阶。

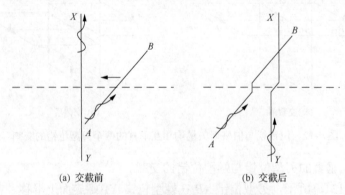

(a) 交截前　　　　　　　　　　(b) 交截后

图 2-14　相互垂直的螺型位错的交截

　　上述分析表明，两个位错相互交截时可以形成割阶或弯折，要取决于两个位错的性质以及伯格斯矢量的相互关系等，应视具体情况加以判定。

　　2) 热学性割阶

　　如图 2-15 所示，在一排空位向多余半原子面下端扩散时，可使一部分位错线上升一个原子面高度，相应形成两个垂直于滑移面的台阶。由于这种局部攀移是在扩散过程得以进行的条件下发生的，故将形成的这对台阶称为热学性割阶对。其中两个割阶的伯格斯矢量相同，而位错线的方向相反，故有正负割阶之分。

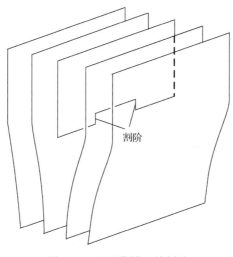

图 2-15　刃型位错上的割阶

　　同热学性弯折对相类似，热学性割阶对的平衡浓度随温度升高而增大，如下式所示：

$$C_j^+ C_j^- = \frac{1}{a^2} \exp\left(-\frac{2W_j}{kT}\right) \tag{2-46}$$

式中，C_j^+ 和 C_j^- 分别为正、负割阶的浓度，以单位长度位错线上的割阶数表示；a 为沿刃型位错线方向上原子间距；$2W_j$ 为割阶对的形成能。

　　也同热学性弯折对相类似，对热学性割阶对的形成能可用下式表达：

$$2W_j = 2W_f + W_{int} \tag{2-47}$$

式中，W_f 为割阶的平均自能；W_{int} 为割阶间的交互作用能。当割阶对的高度为 d 时，可以近似认为

$$W_f = \frac{Gb^2 d}{4\pi(1-\nu)} \tag{2-48}$$

和

$$W_{int} = -\frac{Gb^2 d^2}{8\pi L(1-\nu)} \tag{2-49}$$

式中，L 为割阶对中两个割阶的间距。由式(2-49)还可以进一步求得异号割阶间的吸引力(或同号割阶间的斥力)为

$$F_{int} = \frac{Gb^2 d^2}{8\pi L^2(1-\nu)} \tag{2-50}$$

可见割阶间的相互作用力也与弯折间的作用力相类似，与间距 L 的平方成反比。

一般而言，同弯折对相比，割阶对的热平衡行为有许多相似之处。但热学性割阶对形成时涉及扩散过程，使其形成能要远大于热学性弯折对的形成能。因此，在相同条件下，热学性割阶对的浓度要低得多。

2. 割阶的特性

割阶与弯折在可动性上有很大差别。这是因为弯折仍位于原位错的滑移面上，易于滑移，有较大的易动性；而割阶垂直于滑移面，难以随其所在的位错运动。割阶只能以攀移方式运动，涉及原子扩散，故可动性较差，常常表现为位错运动的障碍。下面分析两种典型割阶的运动特性。

1) 螺型位错的割阶

如图 2-11(a)所示，在螺型位错上所形成的拐折具有双重性。当螺型位错在 $y=0$ 的面上滑移时，所形成的拐折位于 $z=0$ 的面上，应为割阶阻碍位错滑移。然而，当螺型位错以 $z=0$ 面为滑移面时，此拐折又成为弯折，有很大的易动性。弯折可在螺型位错滑移过程中消失，或者螺型位错不动而弯折沿 x 方向做侧向移动。所以，一般而言，螺型位错上的拐折只有成为割阶时才能阻碍位错滑移。

2) 刃型位错的割阶

如图 2-11(b)所示，刃型位错上出现的拐折是一刃型割阶。其滑移面为 $z=0$ 面，可沿 x 方向滑移。但在晶体中，刃型位错的滑移为 $y=0$ 的晶面时，$z=0$ 的晶面便不一定是易滑移面。按照连续介质模型，带有割阶的刃型位错的运动可以通过刃型位错在 $y=0$ 面上滑移和割阶在 $z=0$ 面上滑移来进行。然而，在晶体中割阶却难以随同刃型位错一起运动。所以，一般而言，在连续介质中，刃型位错上的割阶不影响位错运动；而在晶体中，刃型位错上的割阶却阻碍所在位错的运动。

2.3 全位错的能量条件与滑移系统

晶体中的位错有全位错与部分位错之分。一般将伯格斯矢量等于晶体的最短点阵矢量的位错称为全位错；而将伯格斯矢量小于最短点阵矢量的位错称为部分位错。当全位错从一个平衡位置移到另一个平衡位置时，不会引起晶体点阵结构的改变。相反，全位错沿滑移面运动时，可使所扫过的区域的原子恢复到完整的点阵排列。本节讨论全位错存在的能量条件，以及全位错滑移与晶体滑移系统的关系。

2.3.1 Frank 能量准则

晶体中点阵矢量有许多个，但全位错的伯格斯矢量必须是点阵矢量中最短的一个，或至少是最短的几个中的一个。这是由位错的能量条件所决定的。由式 (1-39) 可以看出，位错的能量正比于 b^2。Frank[6]提出可以忽略 θ 角的变化对位错能量的影响，而用 b^2 作为评价位错稳定性的准则。所以位错的伯格斯矢量 $\vec{b}_1$ 较大时，便可能发生分解，形成两个具有较小伯格斯矢量 $\vec{b}_2$ 和 $\vec{b}_3$ 的位错。位错分解反应的判据是

$$b_1^2 > b_2^2 + b_3^2 \tag{2-51}$$

或者相反，也可以按以下条件发生位错的合成反应 (图 2-16)：

$$b_1^2 + b_2^2 > b_3^2 \tag{2-52}$$

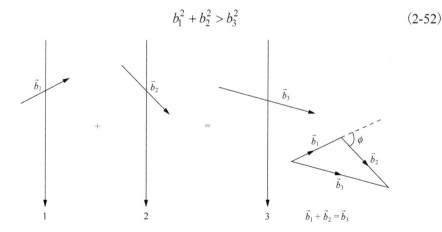

图 2-16 位错的合成反应

因此，从能量角度考虑，全位错的伯格斯矢量只能是少数几个最短的点阵矢量，以尽可能降低位错的自能。伯格斯矢量较大或为最短点阵矢量的倍数时，会发生分解反应，难以单独存在。

　　几种常见晶体的最短点阵矢量示于表 2-1。在面心立方(FCC)点阵中,最短点阵矢量为 $\frac{1}{2}\langle110\rangle$,相应位错的能量仅为 $\langle110\rangle$ 位错的 1/2。所以,$\frac{1}{2}\langle110\rangle$ 位错是 FCC 点阵中常见的全位错,而 $\langle110\rangle$ 型位错则很少观察到。在体心立方(BCC)点阵中,$\frac{1}{2}\langle111\rangle$ 是最短的点阵矢量,使 $\frac{1}{2}\langle111\rangle$ 位错的能量最低而成为常见的全位错。在密排立方(HCP)点阵中,最短的点阵矢量是 $\frac{1}{3}\langle11\bar{2}0\rangle$,因而常见的全位错便是 $\frac{1}{3}\langle11\bar{2}0\rangle$ 位错。

表 2-1　常见晶体的最短点阵矢量

点阵类型	最短点阵矢量	次短点阵矢量
FCC	$\frac{1}{2}\langle110\rangle$,　$b=\frac{\sqrt{2}}{2}a$	$\langle100\rangle$,　$b=a$
BCC	$\frac{1}{2}\langle111\rangle$,　$b=\frac{\sqrt{3}}{2}a$	$\langle100\rangle$,　$b=a$
HCP	$\frac{1}{3}\langle11\bar{2}0\rangle$,　$b=a$	$\langle0001\rangle$,　$b=c$

2.3.2　晶体的滑移系统

　　晶体的滑移系统与全位错的滑移密切相关。晶体的滑移面应与全位错的滑移面一致,而滑移方向要与全位错的伯格斯矢量平行。确定晶体的滑移系统关键在于判定全位错的伯格斯矢量及其滑移面。

1. 晶体的滑移方向

　　实验观察表明,晶体滑移方向通常是原子排列最密集的晶向,与最短点阵矢量的方向相一致。由 Frank 准则可知,只有当伯格斯矢量等于最短点阵矢量时全位错的能量最低,才能在晶体中稳定存在。此外,随着伯格斯矢量的减小,派-纳力降低,有利于位错运动。因此在外力作用下,总是由具有最短伯格斯矢量的全位错滑移造成塑性变形的效果。

　　由表 2-1 可知,FCC 和 BCC 晶体具有单一的滑移方向,分别为 $\langle110\rangle$ 和 $\langle111\rangle$。HCP 晶体的滑移方向主要为 $\langle11\bar{2}0\rangle$,但在高温下也可观察到 $\langle11\bar{2}3\rangle$ 为滑移方向。

2. 晶体的滑移面

　　晶体通常以密排面为滑移面。这是由于密排面的间距较大,位错在其上运动时阻力(派-纳应力)最小。同时,全位错也可能沿密排面扩展成层错(如 2.6 节所述），密排面将易于成为扩展位错固有的滑移面。

在 FCC 晶体中，以 {111} 晶面的面间距最大，$d = \frac{\sqrt{3}}{3}a$；{100} 晶面的面间距次之；$d = \frac{1}{2}a$；再次为 {110} 晶面，$d = \frac{1}{2\sqrt{2}}a$。所以，FCC 晶体的滑移面比较固定，以 {111} 晶面为主。但在某些 FCC 晶体高温变形时，也可以观察到 {100} 和 {110} 成为滑移面。

在 BCC 晶体中，没有最突出的密排晶面；相对而言，比较密排的晶面是 {110}。由于 2.10 节中所述的理由，除 {110} 晶面以外，{112} 晶面也可能成为层错面。因而，{110} 和 {112} 都是常见的滑移面。此外，在较高温度或较低的形变速度下，还发现 {123} 晶面也会成为滑移面。但是，BCC 点阵中只有一种密排方向，可使三个 {110} 晶面、三个 {112} 晶面和六个 {123} 晶面相交于同一 ⟨111⟩ 方向，故在螺型位错发生交滑移的情况下，常使滑移线呈波浪状。所以相对来说，BCC 晶体的滑移面较不固定，常随晶体的成分、取向、温度和形变速度等因素的变化而变化。例如，对纯铁而言，室温变形时，其滑移面主要取决于最大切应力分量；而在低温下变形或有硅合金化时，滑移将被局限在特定的 {110} 晶面上。

在 HCP 晶体中，密排面随 c/a 值的变化而变化。当 $c/a > 1.633$ 时，基面 {0001} 是最密排的晶面；而当 $c/a < 1.633$ 时，密排面改为以棱柱面 $\{10\bar{1}0\}$ 以及棱锥面 $\{10\bar{1}1\}$ 为主。因此，对 c/a 值较大的晶体，如 Zn 和 Cd 等，其主要滑移面是 {0001} 晶面；而 c/a 值较小的晶体，如 Ti 和 Zr 等，主滑移面是 $\{10\bar{1}0\}$，次滑移面是 $\{10\bar{1}1\}$。对于 Co 和 Mg 而言，虽然 c/a 值略小于 1.633，却因 {0001} 面的层错能较低，而仍以 {0001} 面为主要滑移面。唯独 Be 的情况较为特殊，其 c/a 值较低，却仍以基面滑移为主，原因尚不清楚。

因此，影响晶体滑移面的主要因素为晶面间距和层错能两个方面。一般而言，晶面间距最大的晶面或具有低层错能的晶面易成为滑移面。若两种因素共同作用，趋势会更加明显。

2.4　扩散滑移与扩散攀移

如 2.2 节所示，在一定温度下，位错中的弯折和割阶会达到某一平衡浓度。当外加应力较小时，虽然其平衡浓度没有明显变化，但弯折和割阶却可能发生扩散漂移而导致位错的滑移或攀移。当外加应力较大时，弯折和割阶可能被拖向位错的端部产生塞积，导致两种变形机制：一是当位错端部的钉扎松弛时间较短时，由弯折或割阶的成核和侧向扩散传播控制位错运动；二是当钉扎松弛时间较长时，钉扎的拖曳作用是位错运动速率的控制因素。本节主要涉及弯折和割阶的扩散与漂移过程，及其对位错运动的影响。显然，这对于加深理解晶体的高温变形及低温变形行为具有重要意义。

2.4.1　弯折的扩散滑移

按照扩散理论，位错上的弯折在热激活的作用下随机运动时，可由下式给出扩散系数：

$$D = \beta a^2 \omega \tag{2-53}$$

式中，a 为原子跳动距离；ω 为原子跳动频率；β 为取决于可能跳动的位置数量的系数。在某一时间 t 以后，原来位于 $x = 0$ 处的弯折可能移动的均方根扩散距离由下式给定

$$\bar{x} = \langle x^2 \rangle^{\frac{1}{2}} = \sqrt{2Dt} \tag{2-54}$$

当受到力 F 作用时，有利于弯折从一个位置跳动到另一个位置，而难以做反方向的跳动，使在受力方向的漂移速率 v_D 为

$$v_D = \frac{D}{kT} F \tag{2-55}$$

式中，F 为一般的热力学力，如可由下式给出

$$F = -\frac{\partial}{\partial x}\left(kT \ln \frac{c}{c_0}\right) = -\frac{kT}{c}\frac{\partial c}{\partial x} \tag{2-56}$$

这是将力 F 定义为化学势的负导数。

如图 2-17 所示，在螺型位错上，有一高度为 h 的弯折。设此弯折移动的激活能为 W_m，相应的跳动频率为

$$\omega \approx v_D \cdot \exp\left(-\frac{W_m}{kT}\right) \tag{2-57}$$

式中，v_D 为 Debye 频率。由式 (2-53) 和式 (2-57) 得出弯折的扩散系数为

$$D_k = v_D \cdot \beta a^2 \cdot \exp\left(-\frac{W_m}{kT}\right) \tag{2-58}$$

又在切应力 σ 的作用下，弯折受侧向（x 方向）力的作用，即

$$F = \sigma bh \tag{2-59}$$

于是，将式(2-59)代入式(2-55)得出弯折的侧向运动速度如下：

$$v_k = D_k \frac{\sigma bh}{kT} \tag{2-60}$$

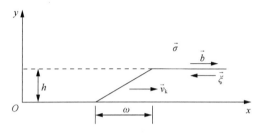

图 2-17　位于滑移面 (Oxy) 内的弯折在应力 $\vec{\sigma}_{zx}$ 的作用下以速度 $\vec{v}_k$ 运动

可见，虽然弯折的侧向运动也需要克服一定的位垒，但由于沿非密排方向运动，所需热激活能显著减小。因而，对立方系晶体而言，即使降低温度接近 0K 时，弯折仍有足够大的可动性。这便使低应力和较低温度下，位错的运动主要以弯折运动方式进行。此外，若假设弯折运动的热激活能忽略不计，弯折的可动性将主要取决于声子散射所引起的阻尼的大小。因此，对宽度为 ω 和高度为 h 的弯折的滑移速度可用下式估算：

$$v_k = \frac{\sigma b\omega}{Bh} \tag{2-61}$$

式中，B 为位错运动的阻尼系数。

在已知弯折侧向(x 方向)运动速度的基础上，还可以进一步求出螺型位错在垂直于其自身方向上的运动速度。如图 2-18 所示，位错线上各弯折的高度为 h 和间距为 l 时，整个位错的运动速度 v 与弯折的速度 v_k 的关系如下：

$$v = \frac{h}{l} v_k \tag{2-62}$$

于是，便可由式(2-60)进而求出

$$v = D_k \frac{\sigma bh^2}{lkT} \tag{2-63}$$

可见，位错线上弯折数量越多(或间距 l 越小)，位错线的运动速度越大。

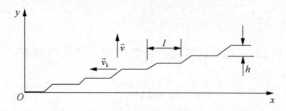

图 2-18　在倾斜的螺型位错上包含一些间距为 l 的弯折

　　含有弯折的螺型位错两端固定时，在应力作用下可由弯折运动向前弓弯，如图 2-19 所示。在应力作用下，各弯折开始侧向运动并在钉扎 A 处塞积，使靠近另一钉扎点 B 附近出现较长的位于派-纳能谷的直位错线段。然后，又在此直的位错线段上形成新的弯折对(如 D 处)，并通过其中两弯折向相反方向侧向运动而使位错线进一步向前弓弯。这种机制可能是在低温下受切应力作用时，使螺型位错线在滑移面上不断向前弓弯的一种常见的情况。最后，在外力作用下，位错线的弯曲程度越来越大，在线张力的作用下成为连续的曲线状。

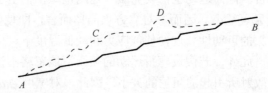

图 2-19　倾斜位错 AB 以弯折运动和萌生机制向前弓弯到 ABC 组态

2.4.2　位错的扩散攀移

　　刃型位错攀移的元过程是点缺陷(空位或填隙原子)的产生或湮没。刃型位错攀移时，除了受弹性应力，还可受渗透力作用。这是由位错线附近点缺陷的浓度差所引起的一种攀移力。如图 2-20 所示，若从无应力作用的晶体表面取一排原子放于刃型位错芯并沿位错线排列，会使位错向上攀移一个原子高度 h。在位错芯受拉应力 σ_{xx} 的条件下，这会使单位长度位错线的能量发生变化，即

$$\frac{\delta W}{L} = -\sigma_{xx} bh \qquad (2\text{-}64)$$

由此，单位长度位错线所受攀移力为

$$\frac{F_y^{\mathrm{el}}}{L} = \sigma_{xx} b \qquad (2\text{-}65)$$

相类似地，若 $\sigma_{xx} = 0$，而将位错线附近晶格结点上的原子移到位错线上，也可使位错攀移距离 h。但由于 $\sigma_{xx} = 0$，不引起弹性能变化，却伴随空位的形成，使单

位长度位错线攀移引起的自由能变化为

$$\frac{\delta G}{L} = \frac{\overline{G}bh}{\upsilon_a} \tag{2-66}$$

式中，υ_a 为原子体积(约为 b^3)；$\overline{G}$ 为空位的化学势，由下式给出

$$\overline{G} = kT \ln \frac{c}{c^0} \tag{2-67}$$

式中，c^0 和 c 分别为完整晶体和实际晶体中的空位浓度。于是，由式(2-66)给出的自由能变化引起作用于单位长度位错线上的渗透力为

$$\frac{F_y^{os}}{L} = -\frac{\overline{G}b}{\upsilon_a} = -\frac{kTb}{\upsilon_a} \ln \frac{c}{c^0} \tag{2-68}$$

而且，由作用于位错芯上的正应力 σ_{xx} 和空位浓度的变化产生总的攀移力可用下式表达：

$$\frac{F_y}{L} = \frac{F_y^{el}}{L} + \frac{F_y^{os}}{L} = \sigma_{xx} \cdot b - \frac{kTb}{\upsilon_a} \ln \frac{c}{c^0} \tag{2-69}$$

在平衡时，$F_y = 0$，则在位错附近空位的局部平衡浓度应为

$$c = c^0 \exp\left(\frac{\sigma_{xx}\upsilon_a}{kT}\right) \tag{2-70}$$

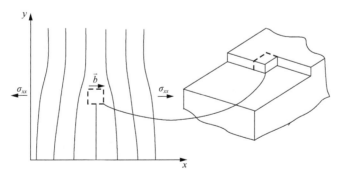

图 2-20　由晶体自由表面取一个原子堆垛到刃型位错线上使位错攀移的示意图

这样一来，若在位错附近相对于 c^0 出现空位的过饱和或非饱和，便会出现空位的扩散流动以减小空位的化学势梯度。为维持位错附近的局部平衡浓度，其结果通过空位的产生或湮没而使刃型位错攀移。但同空位的形成能相比，形成填隙原子所需能量要大得多，故一般认为刃型位错攀移以空位扩散机制为主。温度越高，位错攀移越易进行。

位错攀移速率应由空位在晶体内的体积扩散系数决定。空位的体积扩散系数（D_υ）与原子的自扩散系数 D_s 有如下关系：

$$D_s = \upsilon_a c^0 D_\upsilon \tag{2-71}$$

则可以证明，对位错攀移速率可近似表达如下：

$$v = \frac{D_s \upsilon_a (\sigma_{xx} b)}{b^2 kT} \tag{2-72}$$

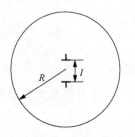

图 2-21　圆柱体中心附近两个异号位错

而且，考虑到晶体内各攀移位错之间的交互作用，尚需在此公式中引入系数 $1/N$，N 为晶体内产生或吸收空位的位错数。由某一位错产生的空位要影响另一位错附近的空位浓度，故对位错的攀移难以单独考虑。如图 2-21 所示，两位错在拉应力 σ_{xx} 作用下都力求产生空位而攀移，并力求在自己周围建立平衡的空位浓度。显然，在两者攀移发生交互作用的情况下，都易于由对方发射空位而使自己的平衡空位浓度得以保持，相应使攀移速度减慢一倍。在估算塞积位错的攀移松弛过程的速率时，适当引入系数也很重要。

2.4.3　割阶位错的扩散攀移

在一般情况下，整段刃型位错线要攀移比较困难，而通过萌生割阶对和单个割阶沿位错线侧向移动来实现攀移会容易得多。如图 2-22 所示，可由空位在刃型位错线上 A 处形成初始的割阶，或在 B 处使割阶左移，导致相应的位错线段攀移一个原于高度 h（约等于 b）。所以，割阶位错的攀移也同点缺陷扩散有关。在点缺陷不断与割阶发生交互作用的情况下，割阶可自位错线的一端移至另一端，从而使整个位错线攀移。

设 x 为位错线上割阶间的平均距离，割阶浓度为 c_j，则

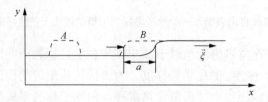

图 2-22　由空位在刃型位错线上形成割阶对和引起割阶

沿位错线移动，$\vec{b} = (0, 0, -b_z)$

$$c_j = \frac{1}{x} \tag{2-73}$$

若割阶沿位错线运动的平均速率为 v_j，则位错攀移的速率为

$$v = bc_j v_j \tag{2-74}$$

可见，影响位错攀移的主要因素是 c_j 和 v_j。在热平衡时，割阶浓度为

$$c_j = \exp\left(-\frac{W_j}{kT}\right) \tag{2-75}$$

式中，W_j 是割阶的形成能。割阶移动速率主要取决于割阶和点缺陷的交互作用，以及点缺陷的扩散等。

如图 2-23 所示，在攀移力 F/L 的作用下，使高度为 h 的割阶沿位错线向右移动时，作用在割阶上的力为

$$F_j = \frac{Fh}{L} \tag{2-76}$$

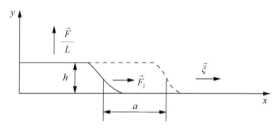

图 2-23　在攀移力作用下使割阶右移，$\vec{b} = (0, 0, b_z)$

割阶每移动一步都要向周围基体中发射一空位，而且此空位尚需继续迁移一个原子间距，以防被重新吸收。因此，对割阶移动的激活能应为 $W_\upsilon + W_\upsilon'$，W_υ 为空位的形成能，W_υ' 为空位的迁移能。对割阶移动距离 a 时发射空位所需的能量也可以由攀移力所做的弹性功加以计算：

$$W = \frac{Fha}{L} = \frac{F}{L}\frac{\upsilon_a}{b} \tag{2-77}$$

于是，便可由式 (2-70) 求出割阶附近空位的平衡过饱和浓度 c'，即

$$c' = c - c^0 = c^0\left[\exp\left(\frac{F\upsilon_a}{LbkT}\right) - 1\right]$$

当攀移力较小时，可以近似得出

$$c' = c^0 \frac{F\upsilon_{\mathrm{a}}}{LbkT} \tag{2-78}$$

可以认为，在割阶周围半径为 b 的范围内，均达到此空位浓度；而在此范围以外，随距离 r 的增加使空位浓度逐渐减小，直至 c^0。故可把割阶看成发射空位的点源，能造成如下稳态扩散场：

$$c - c^0 = c' \frac{b}{r} \tag{2-79}$$

又按 Fick 第一定律，空位的扩散通量应为

$$J = c v_{\mathrm{D}} = -D_\upsilon \frac{\partial c}{\partial r} \tag{2-80}$$

则可得空位流量为

$$I = -4\pi r^2 D_\upsilon \frac{\partial c}{\partial r} = 4\pi D_\upsilon c' b \tag{2-81}$$

因此，割阶沿位错线的移动速率为

$$v_{\mathrm{j}} = I \cdot a = 4\pi D_\upsilon \cdot c^0 \frac{F\upsilon_{\mathrm{a}}}{LbkT} \cdot b \cdot a = \frac{4\pi D_{\mathrm{s}} a F}{LkT} \tag{2-82}$$

式中，$D_{\mathrm{s}} = \upsilon_{\mathrm{a}} c^0 D_\upsilon$，称为原子的自扩散系数。可见，决定割阶移动或割阶位错攀移速率的主要因素是空位或原子的体扩散速率，因而温度升高使割阶的攀移加剧。

2.4.4 位错芯扩散引起的攀移

上面分析刃型位错的扩散攀移时，只着眼于空位或填隙原子的体积扩散，而忽略了位错中心扩散的影响。实际上，由于位错中心的扩散通道效应，会使空位扩散的激活能降低，加速割阶沿位错的侧向运动。所以，使用式 (2-82) 计算割阶的可动性可能偏低。

若设空位与位错线的结合能为 ΔW_υ，则空位在位错线上的形成能应为 $W_\upsilon - \Delta W_\upsilon$。相应地，空位沿位错中心的迁移能可表达为 $W_\upsilon' - \Delta W_\upsilon'$，并对空位沿位错芯的扩散系数用下式表达：

$$D_{\mathrm{c}} = a^2 v \exp\left(-\frac{W_\upsilon' - \Delta W_\upsilon'}{kT}\right) \tag{2-83}$$

当空位从位错中心逸出进入基体时，所需要的能量为 $\Delta W_\upsilon + W_\upsilon'$。于是，可求出空位逸出前在位错中心平均停留时间为

$$\tau = \frac{1}{v} \exp\left(\frac{\Delta W_v + W_v'}{kT}\right) \tag{2-84}$$

并且，可由下式求出空位在位错中心的平均自由程

$$\bar{Z} = (2D_c\tau)^{\frac{1}{2}} = \sqrt{2}a \exp\left(\frac{\Delta W_v + \Delta W_v'}{2kT}\right) \tag{2-85}$$

或者令 $\Delta W_s = \Delta W_v + \Delta W_v'$，用以表示空位在基体晶体与位错中心的体自扩散激活能之间的差别时，可写成

$$\bar{Z} = \sqrt{2}a \exp\left(\frac{\Delta W_s}{2kT}\right) \tag{2-86}$$

这一参数的物理含义是空位在位错中心有很高的扩散速率，会使位错割阶在长度为 $\bar{Z}$ 的范围内与物质保持相对平衡。只有当空位沿着中心的移动距离超过 $\bar{Z}$ 以后，才能逸出而进入基体。所以，若把割阶看成空位的点发射源，可造成具有以下特征的稳态扩散场[7]：

$$c - c^0 = \frac{c'\bar{Z}}{r\ln(\bar{Z}/b)} \tag{2-87}$$

这同式 (2-79) 相比较，相差系数为

$$\frac{\bar{Z}}{b\ln(\bar{Z}/b)} \approx \frac{1}{\ln(\bar{Z}/b)} \exp\left(\frac{\Delta W_s}{2kT}\right)$$

因此，相应使式 (2-82) 变为

$$v_j == \frac{4\pi D_s aF}{LkT\ln(\bar{Z}/b)} \exp\left(\frac{\Delta W_s}{2kT}\right) \tag{2-88}$$

可见，位错中心的通道扩散效应将有利于加速位错攀移。

在某些情况下，刃型位错攀移主要由位错中心扩散控制。如图 2-24 所示，在线张力作用下，伯格斯矢量垂直于纸面的曲线刃型位错可通过攀移而变直。若以 L 表示位错上弓弯线段的长度，则在 $\bar{Z} > L/2$ 的情况下，可由 B 处位错发射空位沿位错线移动到 A 处，相应使 A 区物质转移到 B 区。所以，攀移机制由位错中心扩散控制。反之，在 $\bar{Z} < L/2$ 的情况下，体扩散将成为攀移的主要控制机制。再如，棱柱位错环在较高温度下，可因线张力作用通过向周围基体发射空位而攀移收缩；在较低温度下体扩散难以进行时，可通过位错中心扩散机制使棱柱位错环

在所在的平面上移动,如图 2-25 所示。这也是通过空位沿位错中心移动使 B 区物质迁移到 A 区的结果,相应的激活能 W_c 要远小于体扩散激活能 W_s。

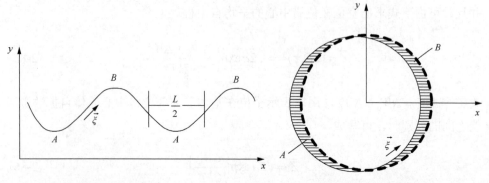

图 2-24　具有伯格斯矢量 $\vec{b} = (0, 0, b_z)$ 的曲线刃型位错　　图 2-25　棱柱位错环通过位错中心扩散,将 B 处物质转移到 A 处而沿环所在平面移动,$\vec{b} = (0, 0, b_z)$

　　了解位错中心扩散的特点对于深入理解位错割阶间的相互作用也具有重要意义。由于位错中心扩散易于进行,可使作用在刃型位错线上某一点的局部应力对于在距离 $\bar{Z}$ 以内的其他各点也有效。如在图 2-26 中,割阶受局部力 F_j 作用左移时,要发射空位使之达到过饱和。在割阶 B 与割阶 A 相距小于 $\bar{Z}$ 的情况下,过饱和空位有可能沿位错中心扩散到达割阶 B 处。其结果便相当于由割阶 A 处的过饱和空位对割阶 B 产生"渗透力",使之右移。在割阶 B 上无外力作用时,最后可由"渗透力"与两割阶间的斥力相平衡而使割阶 B 停止运动。据估算,当 $kT \approx 0.05\text{eV}$ 时,为平衡两割阶间的斥力所需的空位过饱和高达 $c / c^0 \approx 5$。因此,一般认为,即使在"渗透力"较大的情况下,超割阶也不会很稳定。

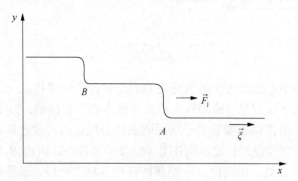

图 2-26　位于刃型位错线上的两个割阶位错伯格斯矢量为 $\vec{b} = (0, 0, b_z)$

2.5　割阶位错的滑动

在位错线上带有割阶是晶体中常见的一种位错组态。在外力作用下，这种位错组态如何运动对晶体的力学行为具有重要影响。割阶位错的滑动机制比较复杂，要涉及滑移和攀移两种不同的位错运动方式的综合作用。按照割阶位错在滑动过程中与周围基体发生物质交换的情况，又常将割阶位错的滑动分为保守性滑动和非保守性滑动两种。下面分别加以简要介绍。

2.5.1　保守性滑动

这是割阶位错在比较低的温度下，因原子扩散难以进行而常采取的一种以滑移为主的运动形式。割阶虽然是位错线的一部分，具有与所在位错相同的伯格斯矢量，但其滑移面却有所不同。一般而言，割阶的滑移面不是晶体中的易滑移面。因而，只有对短割阶而言，才有可能在应力集中的作用下强制地使其在不太合适的滑移面上滑动。如图 2-27 所示，在刃型位错上有间距为 l 的短割阶时，可在外加应力的作用下由位错线拖着割阶向前滑动。因割阶的可动性较差，而使割阶间的位错线呈现弓弯状。若外加切应力为 σ，割阶高度为 b，由作用于割阶间位错线上的力 σbl 可对割阶产生单位长度上为 σl 的作用力。显然，这要比作用在单位长度位错线上的力 σb 大得多，因而有可能使割阶在其滑移面上克服其派-纳力而做保守运动。其特点是，刃型位错上的割阶的滑动方向与伯格斯矢量方向相同。

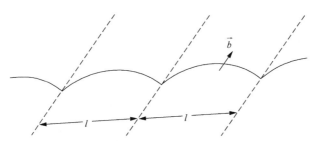

图 2-27　带有短割阶的刃型位错保守滑移机制

螺型位错上的割阶的保守运动则有所不同，表现为割阶的滑动方向与位错线的走向相同。如图 2-28(a) 和 (b) 所示，若螺型位错上割阶间距不等，在平行于伯格斯矢量的切应力作用下会使螺型位错各段的弓弯程度出现差异。显然，在曲率半径 R 相同的情况下，割阶的间距越大，相应位错的弓弯程度也越大。于是由图 2-28(c) 可见，两侧弧长不等的割阶要受到线张力在 $\vec{b}$ 方向上的分量不平衡而引起的侧向力，即

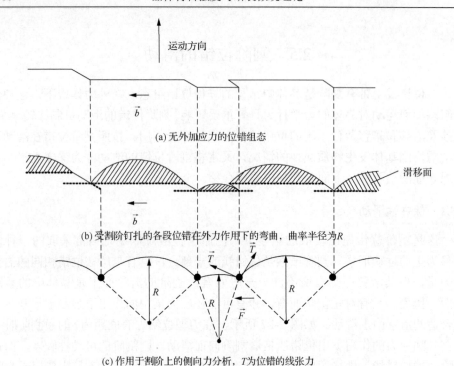

(a) 无外加应力的位错组态

(b) 受割阶钉扎的各段位错在外力作用下的弯曲，曲率半径为R

(c) 作用于割阶上的侧向力分析，T为位错的线张力

图 2-28　带有间距不等的割阶的螺型位错的侧向运动及其聚合机制

$$F = T(\cos\theta_S - \cos\theta_L) \tag{2-89}$$

式中，T 为位错的线张力；θ_S 和 θ_L 分别为相应于短和长的位错线段的线张力的投影角。在这种侧向力的作用下，可使两相距较近的割阶更加靠近，最后相遇抵消（两割阶符号相反）或合并成超割阶（两割阶符号相同）。

随着螺型位错上割阶聚合反应的不断进行，割阶间距渐趋均匀，并最终有可能使割阶间各位错段在外加切应力的作用下弯成半圆形。这一方面使割阶上所受的平行于伯格斯矢量的力得以消除，割阶侧向移动停止；另一方面又有利于位错偶极子的形成，如图 2-29 所示。这是由于螺型位错上的割阶是刃型的，可以通过上述聚合反应很快地由单位割阶合并成一定长度的长割阶。当螺型位错滑移时，此长割阶只能攀移，从而对螺型位错本身的运动有较大阻力。这样便使得滑移时割阶两侧的螺型位错线中落后的部分变成一对位于两平行滑移面上的异号刃型位错，即构成位错偶极子。这也是一种很重要的位错组态，在变形后的晶体中经常可以观察到。从原子模型角度上看，若图 2-29 中割阶高度为一个原子间距，位错偶极子相当于由一串连续空位组成的空位链；若割阶高度为几个原子间距，则为由空位组成的薄片或空位盘。

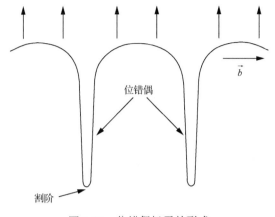

图 2-29　位错偶极子的形成

在下面讨论割阶位错的非保守性滑动时,将会看到若螺型位错上割阶较短(如仅有 1～2 个原子高)时,有可能在外力作用下使割阶发射点缺陷而攀移,并随同螺型位错前进。这样在螺型位错滑移时,便不会形成位错偶极子,如图 2-30(a)所示。在割阶高度较大时,又可能使割阶两侧的位错线独立在各自的滑移面上滑移,难以构成一个整体的位错组态,如图 2-30(b)所示。只有在割阶高度处于中等长度的情况下,才易于形成如图 2-30(c)所示的位错偶极子。这是因为割阶高度较大时,由外加切应力 σ 作用在割阶两侧单位长度位错线上的力 σb 和在两滑移面上的两异号刃型位错间的吸引力[见式(1-77)]相比易于满足以下关系:

$$\sigma b > \frac{Gb^2}{2\pi(1-\nu)y} \tag{2-90}$$

式中, y 为割阶高度。所以,当割阶高度太大时,外力大于位错间的吸引力,位错偶极子便难以稳定存在。

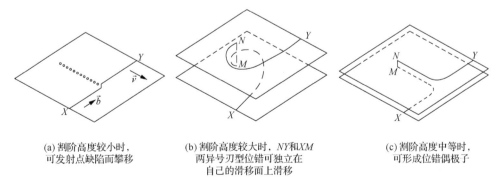

(a) 割阶高度较小时,
可发射点缺陷而攀移

(b) 割阶高度较大时, NY 和 XM
两异号刃型位错可独立在
自己的滑移面上滑移

(c) 割阶高度中等时,
可形成位错偶极子

图 2-30　割阶高度对螺型位错滑动行为的影响

2.5.2　非保守性滑动

1. 滑动速度

在外力作用下使刃型割阶随同螺型位错运动时，割阶必须发射点缺陷。带有割阶的螺型位错的运动要由割阶间的位错线滑移和割阶攀移两种运动方式共同完成，如图 2-31 所示。实质上，这是一种由扩散过程所控制的位错滑动，常称为非保守性滑动。从能量上看，要形成一个填隙原子所需的能量为空位形成能的 2～4 倍，使割阶攀移易于以发射或吸收空位方式进行。每发射一个空位，可使高度为 h 的割阶前进距离为

$$\delta x = \frac{\upsilon_a}{bh} = a \tag{2-91}$$

相应地，在长度为 l 的位错线段上引起的自由能变化为

$$\delta F = kT \ln \frac{c}{c_0} - \sigma bla \tag{2-92}$$

在局部平衡条件下，$\delta F = 0$，则

$$\frac{c}{c_0} = \exp\left(\frac{\sigma bla}{kT}\right) \tag{2-93}$$

于是，可参照式 (2-78) 和式 (2-82) 求出割阶漂移速率

$$v_j = \frac{4\pi D_s}{h}\left[\exp\left(\frac{\sigma bla}{kT}\right) - 1\right] \tag{2-94}$$

又由于带割阶的螺型位错的滑移速率与割阶的速率相等，便得出

$$v = \frac{4\pi D_s}{h}\left[\exp\left(\frac{\sigma bla}{kT}\right) - 1\right] \tag{2-95}$$

所以，割阶位错的非保守性滑移速度在低应力范围内，应为

$$v \approx \frac{4\pi D_s \sigma bla}{hkT} \tag{2-96}$$

而在高应力范围内，应为

$$v \approx \frac{4\pi D_s}{h}\exp\left(\frac{\sigma bla}{kT}\right) \tag{2-97}$$

上述表达式是假设割阶附近能够保持空位过饱和局部平衡的条件下得出的。这只是在扩散过程能够充分进行的条件下才有可能。然而在高应力范围内，割阶移动速度很快，难以建立稳态的扩散方程，使热激活成为重要的控制因素。如图 2-32 所示，刃型割阶钉扎的螺型位错从 A 状态到 C 状态时，要在割阶处形成空位并通过位垒 B。其概率正比于 $\exp[-(W^* - \sigma bla^*)/(kT)]$，其中 W^* 为热激活能，a^* 为割阶运动到位垒 B 的顶点的距离。此外，要使形成的空位进入基体，必须从状态 C 到 D 之间越过位垒 E。否则，空位又可能被重新吸收，使位错回到原来的 A 位置。

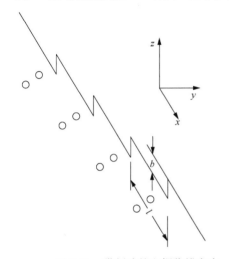

图 2-31　带割阶的左螺位错向右
滑动时发射空位

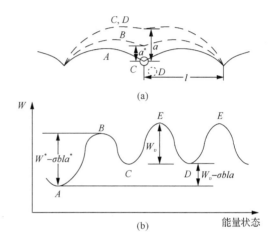

图 2-32　带割阶的螺型位错的热激活滑动
过程及相应的能量变化

按照如图 2-32 所示的能量分布，可对高应力下割阶的热激活滑移速度做如下估算。位错在 C 状态下，单位长度位错线上的割阶数可以由下式给出

$$n_j = \frac{1}{l}\exp\left(-\frac{W - \sigma bla}{kT}\right)$$

其中，在单位时间内，能成功进入 D 状态的割阶数为 n_j 与空位跳动频率的乘积，即 $n_j \nu \exp(-W_\upsilon'/kT)$。其与 al 的乘积即位错的速度：

$$v = a\nu\exp\left(-\frac{W_\upsilon + W_\upsilon'}{kT}\right)\exp\left(\frac{\sigma bla}{kT}\right) \approx \frac{D_s}{a}\exp\left(\frac{\sigma bla}{kT}\right) \tag{2-98}$$

可见，此式同式 (2-97) 相近，主要反映高应力诱发割阶位错激活滑动的作用。

如果割阶位错在滑动过程中所发生的能量变化如图 2-33 所示，将使越过热激活位垒 B 的频率成为位错速率的控制因素，从而给出以下滑移速度表达式：

$$v \approx a v_{\mathrm{d}} \exp\left(-\frac{W^* - \sigma b l a^*}{kT}\right) \tag{2-99}$$

式中，v_{d} 为弯曲的位错线段的振动频率。由于 bla^* 具有体积的量纲，常称为激活体积 V^*。但这不是具有确切物理意义的体积概念，而只是一个用于描述割阶位错热激活能的几何参数。

2. 临界切应力

若外加切应力足够大，也可以使割阶位错在无热激活的条件下发生非保守性滑动。由图 2-32(b) 可见，若外加切应力足够大，有可能使 $(W_{\upsilon} - \sigma b l a) + W_{\upsilon}' < 0$，则不需要热激活作用便可使割阶稳定地发射空位。或者，如图 2-33 所示，若满足

$$W^* - \sigma b l a^* < 0$$

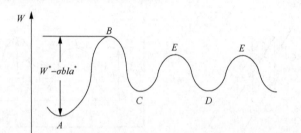

图 2-33　割阶位错在热激活过程中的另一种可能的能量变化形式

也可以使割阶位错在无热激活的条件下发生非保守性滑动。因此，所需的临界切应力将主要取决于 W^* 或 $W_{\upsilon} + W_{\upsilon}'$，可以用下式近似表达：

$$\sigma_{\mathrm{c}} = \frac{W^*}{bla^*} \approx \frac{W_{\upsilon} + W_{\upsilon}'}{bla} \tag{2-100}$$

显然，由此式和式(2-91)可见，割阶高度越大，为使割阶位错做非保守性滑动所需要的临界切应力 σ_{c} 也越大。

2.6　面心立方晶体中的层错和部分位错

实际的晶体结构大多是密排点阵，可以看成由密排面按一定堆垛方式堆垛而成。若在堆垛过程中，堆垛次序发生变化，便会破坏点阵的周期性，形成一种称为层错的晶体缺陷。

如图 2-34 所示，理想的 FCC 点阵正好符合原子钢球模型。可以由密排面(111)

按一定次序堆垛而成。在由 A 原子排成第一层后，第二层上有两个可供选择的位置，如图中的 B 和 C 所示。在排布第二层原子时，可任选其中之一。若第二层以 B 原子排布，第三层以 C 原子排布，则恰好构成三层为一循环周期，即

$$\cdots ABC \quad ABC \quad ABC \cdots$$

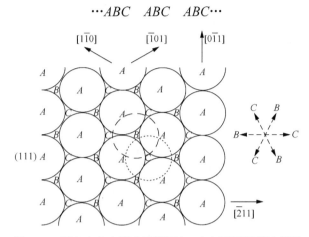

图 2-34　面心立方点阵中密排面(111)上原子排列示意图

这便是理想的 FCC 点阵的周期性堆垛结构。这一点可在$(0\bar{1}1)$面上的投影看得更清楚，如图 2-35 所示。整个晶体可以看成由许多分别标以 a 和 b 的平行$(0\bar{1}1)$面所组成，a 面和 b 面上原子排列情况完全相同，仅在$[\bar{2}11]$方向上相互错开了一个$\frac{a}{4}[\bar{2}11]$的距离。这些$(0\bar{1}1)$面的间距是$\frac{a}{4}[0\bar{1}1]$。在堆垛的层与层之间，最近邻的原子排成一条直线，使$[0\bar{1}1]$与底面(111)成一定角度。这种堆垛层的周期性可能会因偶尔有一层原子不按照规定方式堆积而遭到破坏。于是，在这一层之间便会形成层错，作为一种面缺陷而存在。

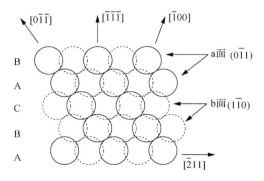

图 2-35　面心立方点阵中原子在$(0\bar{1}1)$面上的投影

　　层错的主要影响在于破坏了晶体的正常堆垛周期性。在层错区内，每一个密排面本身的原子近邻关系没有改变，受到破坏的只是密排面之间原子的相互关系。实质上，这是改变了层错区内密排面的能量状态。通常将形成单位面积层错所需增加的能量称为层错能。一般说来，层错能越低，形成层错的概率越大。

　　层错作为晶体缺陷的重要性，不仅在于改变密排面（一般为滑移面）的能量状态，从而影响全位错的宽度及运动特性，还会影响位错的结构形式，使全位错分解成部分位错。因此，深入研究层错和部分位错的形成机制与特性，对于加深理解晶体的力学行为具有重要意义。

2.6.1　FCC 点阵中层错的类型

　　在面心立方点阵中，层错有内禀（intrinsic）和外延（extrinsic）两种基本类型。前者着眼于在正常的堆垛次序中去掉一层密排原子，而后者则为在正常的堆垛次序中增加一层密排原子。具体形成堆垛层错的方法可有以下几种。

1. 抽出型层错

　　若在正常的(111)面堆垛次序中，抽出一层原子（如 C 层原子），再将以上各层原子垂直落下一层原子位置，则可使堆垛次序变为

$$\cdots ABC \quad AB \ \vdots \ ABC \quad ABC \quad A \cdots$$

这样变动的结果使不同层中原为一倾斜直线的最近邻原子列出现一两原子厚的曲折，如图 2-36 所示。相应可产生一个原子层的孪晶层，常称为单堆垛层错。同样，若将 A 层或 B 层抽出，也可得到相同的堆垛层错。

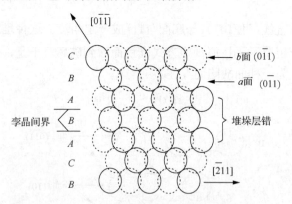

图 2-36　FCC 点阵中用抽出方式形成层错

2. 插入型层错

　　若在正常的(111)面堆垛次序中，插入一层密排面（如 A 层原子），其余一律不

加改动，可使堆垛次序变为

$$\cdots ABC\ AB\ A\ C\ ABC\ A\cdots$$

这样变动的结果可使不同层中最近邻原子列出现一个三原子厚的曲折，相应产生一个两原子厚的孪晶层，如图 2-37 所示。这种类型的层错也常称为双堆垛层错。同样，也可以在 A、B 层之间插入 C 层原子，或在 C、A 层之间插入 B 层原子，得到相同的结果。

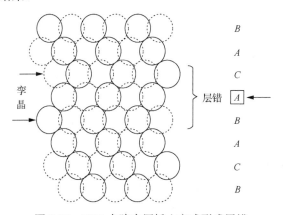

图 2-37　FCC 点阵中用插入方式形成层错

3. 滑移型层错

若在 (111) 面上把任意一层原子，如在 C 位置上的第三层原子 (图 2-34)，沿 $[2\bar{1}\bar{1}]$ 方向滑移 $\frac{1}{6}[2\bar{1}\bar{1}]$ 到 A 位置，相应以上各层原子逐层移动一个位置，则堆垛次序变动如下：

$$\cdots ABC\ ABC\ ABC\ A\cdots$$
$$\downarrow\downarrow\downarrow\downarrow\downarrow$$
$$A\ BCA\ B\cdots$$

于是可得到与抽出型层错相同的结果，属内禀型层错，即

$$\cdots ABC\ AB\ \vdots\ ABC\ AB\cdots$$

由于其形成是通过滑移，又常称为滑移型层错。

若再将这种滑移型层错中心下方的各原子层相对于 B 层原子沿 $[\bar{2}11]$ 方向逐层滑移 $\frac{1}{6}[\bar{2}11]$，可使堆垛次序进一步作如下变动：

$$\vdots$$
$$\cdots A\ B\ C\ A\ B\ \vdots\quad A\ B\ C\ A\ B \cdots$$
$$\downarrow\ \downarrow\ \downarrow\ \downarrow$$
$$C\ A\ B\ C$$

所得结果便与插入型层错相同，即

$$\vdots$$
$$\cdots C\ ABCB\ ABC\ AB\cdots$$
$$\vdots$$

这相当于在正常的堆垛次序中插入了一层 B 原子。可见，由某一层原子(如 B 层)两侧的晶体各做相反方向滑移，也可以形成双堆垛外延型层错。

所以，实际上，可以把堆垛层错看成由一个完整的晶体分成上下两半做相对位移而成。为了有助于描述层错以及部分位错的特性，有时要用到以下三个矢量。

(1) $\vec{t}$ 矢量。它是晶体中点阵位移矢量的最小矢量，即距离最近、环境完全相同(容许有弹性应变)的两原子间连线。若以点阵常数为长度单位，可将面心立方点阵的 $\vec{t}$ 矢量表示为 $\vec{t}=\frac{1}{2}\langle110\rangle$。全位错的伯格斯矢量等于 $\vec{t}$ 矢量，部分位错的伯格斯矢量小于 $\vec{t}$ 矢量。

(2) $\vec{f}$ 矢量。它是形成层错时两部分晶体的相对位移矢量。以 $\vec{f}$ 矢量描述层错就好像用伯格斯矢量描述位错一样。

(3) $\vec{n}$ 矢量。它是表示相邻密排面间距的矢量。在面心立方点阵中，可写成 $\vec{n}=\frac{1}{3}\langle111\rangle$。

显而易见，根据以上 $\vec{f}$ 矢量的定义，可将上述抽出型位错看成下半部晶体不动，上半部晶体对下半部晶体做垂直向下位移一层距离，故 $\vec{f}=-\vec{n}=\frac{1}{3}[111]$。同理可知，上述插入型位错的 $\vec{f}=\frac{1}{3}[\bar{1}\,\bar{1}\,\bar{1}]$。对滑移型层错而言，可能同时有几个 $\vec{f}$ 矢量。如图 2-34 所示，$\vec{f}$ 可以分别等于以下三个位移矢量：

$$\vec{a}=\frac{1}{6}[\bar{1}\,\bar{1}2],\quad \vec{b}=\frac{1}{6}[\bar{1}2\bar{1}],\quad \vec{c}=\frac{1}{6}[2\bar{1}\,\bar{1}]$$

由这三个位移矢量都可以形成同样的层错，但 $\vec{f}$ 矢量却不能等于 $-\vec{a}$、$-\vec{b}$ 或 $-\vec{c}$，否则将会导致 AA、BB 或 CC 式堆垛层错出现，而从能量上处于不利状态。

2.6.2　FCC 点阵中的部分位错

晶体中部分位错的存在总是同层错相联系的。一般而言，层错难以在整个密排原子面上产生，而往往存在于局部区域内。于是，便可由层错区域与完整晶体区域的交界或过渡区形成部分位错。同全位错可为任意空间曲线相比，部分位错都限制在密排面内，而且其周围不全为"好"区域所围绕。在部分位错附近，原子的最近邻关系受到了破坏，不像层错部分只破坏次近邻关系而保持最近邻关系不变。部分位错的伯格斯矢量恒为层错的 $\vec{f}$ 矢量之一，只由与其联系的层错形成过程有关的 $\vec{f}$ 矢量所决定。在面心立方晶体中，有两种重要的部分位错，一为 Frank 部分位错，另一为 Shockley 部分位错。下面分别介绍这两种部分位错的形成及特性。

1. Frank 部分位错

Frank 位错可由抽出或插入部分密排原子面而形成。如图 2-38 所示，在正常的堆垛次序中抽掉右半部 B 层原子，再将以上各层垂直落下一层距离时，会在密排面上形成一部分内禀型层错。在其左端与完整晶体的交界附近，原子间畸变较大，形成了一个刃型的部分位错，常称为负 Frank 位错，其特点是位错线与单堆垛层错相连接。

类似地，还可以采用插入一部分密排面的方法形成 Frank 位错，如图 2-39 所示。所不同的只是形成的部分位错为外延型的双堆垛层错与完整晶体部分的交界，常称为正 Frank 位错。

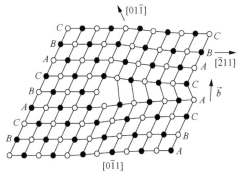

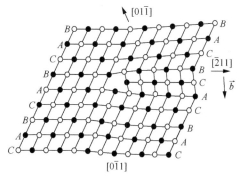

图 2-38　面心立方点阵中的负 Frank 位错　　　　图 2-39　面心立方点阵中的正 Frank 位错

○表示纸面上的原子；●表示纸面后的原子　　　　○表示纸面上的原子；●表示纸面后的原子

Frank 位错的伯格斯矢量也可以作伯格斯回路求得,但回路的起点必须选在层错区,同时回路中所走的路线要沿 $\vec{t}$ 矢量。可以证明,Frank 位错的伯格斯矢量大小等于密排面间距,而方向与层错区在位错线左侧或右侧有关。在一般规定位错线方向为从纸背走向纸面的情况下,可由伯格斯回路得出两种 Frank 位错的伯格斯矢量方向如表 2-2 所示。

Frank 位错的重要特性是只能攀移,而不能滑移。这是由于其伯格斯矢量垂直于密排面。因而,又常称为不动位错。另外,从位错类型而言,Frank 位错属于纯刃型位错,不会涉及螺型位错或混合位错。

在面心立方晶体中,可以通过过饱和空位在 (111) 面上某处聚集形成空位盘,崩塌后造成抽出部分密排面的效果,形成一个负 Frank 位错环,如图 2-40 所示。或者,也可由填隙原子在 (111) 面上聚集,造成插入部分密排面的效果,形成一个正 Frank 位错环,如图 2-41 所示。

表 2-2　Frank 位错的伯格斯矢量

Frank 位错类型	层错在 位错线左侧	层错在 位错线右侧
正	$+\vec{n}$	$-\vec{n}$
负	$-\vec{n}$	$+\vec{n}$

(a) 空位盘形成

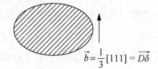

$\vec{b} = \dfrac{1}{3}[111] = \overrightarrow{D\delta}$

(b) 负Frank位错环围绕内禀型层错

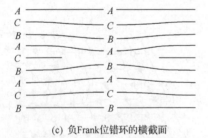

(c) 负Frank位错环的横截面

图 2-40　形成负 Frank 位错环的空位崩塌机制

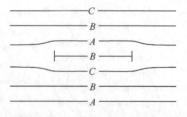

图 2-41　正 Frank 位错环的横截面

2. Shockley 部分位错

同 Frank 位错不同,Shockley 位错是可动的部分位错。其形成与在密排面内局部区域以滑移方式形成一部分层错有关。如图 2-42(a) 所示,在 O 点左侧,令上下两部分晶体水平错动，以使上一层 A 原子进入 B 位置。同时相应地在 A 层以上的 B 层原子进入 C 位置，C 层原子进入 A 位置，以此类推。其结果便改变了左半部晶体的堆垛次序，形成了滑移型的单堆垛层错，即

$$\cdots A \quad B \quad C \quad \vdots \quad B \quad C \quad A \cdots$$

于是，在层错与完整晶体的交界，即滑移区与未滑移区的交界，便形成了部分位错，如图 2-42(b) 所示。其伯格斯矢量为 $\frac{1}{6}[1\bar{2}1]$，称为 Shockley 位错。可以看出，在这个部分位错中，它的伯格斯矢量与位错线相垂直，故为纯刃型部分位错。一般而言，Shockley 位错的性质可为纯刃型位错、纯螺型位错或混合位错，主要取决于位错线与伯格斯矢量的相对取向关系。在这一点上，Shockley 位错与全位错相似，而与 Frank 位错有所不同。

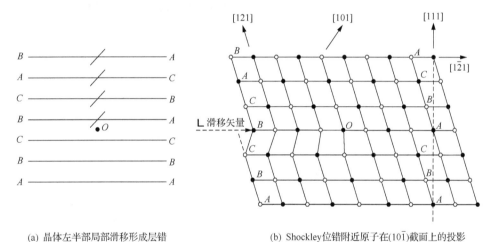

(a) 晶体左半部局部滑移形成层错　　　　　　　　(b) Shockley位错附近原子在(10$\bar{1}$)截面上的投影

图 2-42　面心立方点阵中 Shockley 位错的形成

○代表纸面上的原子　　●代表纸面下的原子

另外，同 Frank 位错相比，Shockley 位错的位错线和伯格斯矢量都在滑移面上，易于滑移，属可滑移型部分位错。但需要注意的是，Shockley 位错作为滑移型层错的边界不能离开滑移面，难以攀移和交滑移。

2.6.3　FCC 点阵中的扩展位错

1. 位错反应判据

通常部分位错在晶体的滑移变形中不会像全位错那样单独地起作用，而是通过与其他部分位错或全位错发生相互作用和转化而表现出来。位错相互转化的重要方

式是发生位错反应，使具有不同伯格斯矢量的位错线合并成为一条位错线，或者将一条位错线分解成两条或更多条位错线，使由一步完成的滑移分成几步来实现。

判断位错反应能否自动进行的条件应为以下两方面。

1）几何条件

由伯格斯矢量守恒的要求出发，反应前诸位错的伯格斯矢量之和要与反应后伯格斯矢量之和相等，即

$$\sum \vec{b}_i = \sum \vec{b}_k \tag{2-101}$$

这一反应方程式一方面是反应的必要条件，另一方面也表达了具体的反应方式。

2）能量条件

位错反应若能自动进行，则反应后的位错总能量不能大于反应前位错的总能量。按照 Frank 定则，可以近似地把一组位错的总能量看成各位错能量的总和，正比于各位错伯格斯矢量的平方和。因此，对位错反应能自动进行的能量判据是

$$\sum b_i^2 > \sum b_k^2 \tag{2-102}$$

这是位错反应的充分条件。通常对于某一位错而言，按式（2-101）从几何上可以有许多可能的分解方式，但只有满足式（2-102）时，分解才能自动进行。

2. 扩展位错

早在 1948 年，Heidenreich 和 Shockley[8]就提出了在面心立方点阵中，一个处在（111）面上的 $\frac{a}{2}\langle 110 \rangle$ 全位错分解成两个 $\frac{a}{6}\langle 112 \rangle$ 部分位错的可能性。经这样分解后，一个全位错变成了两个 Shockley 部分位错，其间一片层错相连，所构成的这样一种组态便称为扩展位错，如图 2-43 所示。从位错能量角度来考虑，伯格斯矢量为 $\vec{b} = \frac{a}{2}[\bar{1}01]$ 的全位错的能量正比于 $\frac{a^2}{2}$，而伯格斯矢量为 $\frac{a}{6}[\bar{1}\bar{1}2]$ 或 $\frac{a}{6}[\bar{2}11]$ 的 Shockley 位错的能量正比于 $\frac{a^2}{6}$，则有

$$\frac{a^2}{2} > \frac{a^2}{6} + \frac{a^2}{6}$$

这符合式（2-102）的条件，使相应的位错反应可自动进行，即

$$\frac{a}{2}[\bar{1}01] \longrightarrow \frac{a}{6}[\bar{1}\bar{1}2] + \frac{a}{6}[\bar{2}11] \tag{2-103}$$

所以，扩展位错总是同位错分解或者位错反应联系在一起的。

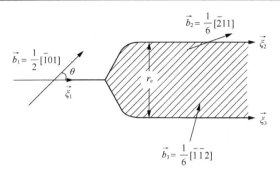

图 2-43　扩展位错

实际上,上述这种分解反应是对密排面上原子滑移途径的一种抽象。如图 2-44 所示,B 层原子从一个 b 位置移动到相邻的 b' 位置时,点阵结构不发生任何变化,相当于一个 $\frac{1}{2}[\bar{1}01]$ 全位错运动的结果。但这样的滑移途径会在垂直于密排面的方向上引起很大的体积变动,使点阵的错排能较大而难以进行。B 层原子先从 b 位置滑移到 b'' 位置,再滑移到另一 b' 位置时,对点阵引起的变动较小,因而易于进行。这种使原子从 b 位置滑移到 b'' 位置的效果相当于 $\frac{1}{6}[\bar{2}11]$ 部分位错的运动;而从 b'' 位置再进入另一 b' 位置时,又相当于 $\frac{1}{6}[\bar{1}\bar{1}2]$ 部分位错的运动。这样一来,从密排原子面的刚球模型也证明,由全位错运动所引起的滑移可分两步进行,即相应由两个 Shockley 位错相继运动加以完成。领先的部分位错要在所掠过的区域内产生层错,再由后续位错运动加以消除,故在两部分位错之间必然要有层错区,形成扩展位错。如图 2-45(a) 所示,在面心立方点阵中,$\frac{1}{2}\langle 0\bar{1}1\rangle$ 全位错的多余半原子面由两个 a 和 b 型的 $(0\bar{1}1)$ 面所组成。前已述及,a 面和 b 面上原子排列相同,仅在某一 $\langle 211\rangle$ 方向上相互错开一个距离 $\frac{a}{4}\langle 211\rangle$,两者间距为 $\frac{a}{4}\langle 011\rangle$。但实际上,这样的位错难以在面心立方点阵中存在,而是分解成两个 Shockley 位错,中间有一个宽度为 r_{e} 的堆垛层错存在,如图 2-45(b) 所示。

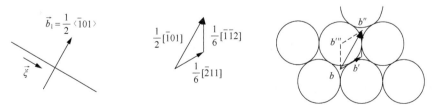

图 2-44　面心立方点阵中(111)面上的位错滑移

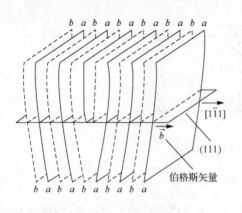 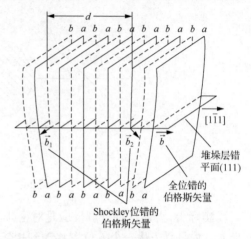

(a) 面心立方点阵中存在的全位错，尚未分解　　(b) 全位错分解成两个Shockley位错

图 2-45　面心立方点阵中扩展位错附近 $(0\bar{1}1)$ 面排布的变化

扩展位错的宽度取决于层错能。层错能提供了将两个部分位错联系在一起、作用在单位长度位错线上的吸引力。在平衡状态下，层错能在数值上应该等于两个部分位错间的斥力。对两个 Shockley 部分位错而言，其伯格斯矢量彼此间成 60° 角，故可由弹性交互作用而产生斥力。设 θ 为全位错的伯格斯矢量和位错线间的夹角，则两部分位错的伯格斯矢量和位错线的夹角分别等于 $\theta-\dfrac{\pi}{6}$ 和 $\theta+\dfrac{\pi}{6}$。若两部分位错的强度均为 b，相应的刃型分量分别为 $b\sin\left(\theta-\dfrac{\pi}{6}\right)$ 和 $b\sin\left(\theta+\dfrac{\pi}{6}\right)$，而相应的螺型分量分别为 $b\cos\left(\theta-\dfrac{\pi}{6}\right)$ 和 $b\cos\left(\theta+\dfrac{\pi}{6}\right)$。在两部分位错间，刃型分量同螺型分量无弹性交互作用，仅有刃型分量同刃型分量及螺型分量同螺型分量产生斥力，可写成

$$\frac{f_1}{L}=\frac{Gb^2}{2\pi r}\cos\left(\theta+\frac{\pi}{6}\right)\cos\left(\theta-\frac{\pi}{6}\right)+\frac{Gb^2}{2\pi(1-\nu)r}\sin\left(\theta+\frac{\pi}{6}\right)\sin\left(\theta-\frac{\pi}{6}\right) \quad (2\text{-}104)$$

另一方面，层错的表面张力为

$$\frac{f_2}{L}=-\frac{\partial U}{\partial r}=-\frac{\partial}{\partial r}(\gamma r)=-\gamma \quad (2\text{-}105)$$

式中，γ 为层错能。于是，根据 $f_1/L+f_2/L=0$ 作为平衡条件，便可定出扩展位错的平衡宽度为

$$r_e = \frac{Gb^2}{8\pi\gamma}\frac{2-\nu}{1-\nu}\left(1-\frac{2\nu}{2-\nu}\cos 2\theta\right) \tag{2-106}$$

可见，扩展位错的宽度随层错能的降低而增大。扩展位错也有刃型和螺型之分，但同螺型位错扩展相比，刃型位错的扩展宽度较大。例如，在 $\nu=\frac{1}{3}$ 的情况下，两种扩展位错的宽度比为 7∶3。

一般认为，$\gamma=40\sim70\ \text{mJ/m}^2$ 时，$r_e=2\sim3b$，能观察到位错扩展；而 $\gamma>70\text{mJ/m}^2$ 时，$r_e<2b$，对位错的扩展可以忽略不计。几种 FCC 金属的层错能及扩展位错宽度如表 2-3 所示。

在面心立方晶体中，一个全位错不能分解成两个 Frank 位错。从能量角度上考虑，这种位错反应将使系统的能量增加。Frank 位错是对密排面抽出或插入一部分而得到的层错区边界，不能用两个 Frank 部分位错表征全位错的运动。若一个全位错分解成一个 Shockley 位错和一个 Frank 位错，反应前后能量相等，例如

$$\frac{1}{2}[01\bar{1}] = \frac{1}{6}[\bar{2}1\bar{1}] + \frac{1}{3}[11\bar{1}]$$

所以，这种反应也不是必然进行的。

表 2-3　常见几种 FCC 金属的层错能与扩展位错宽度

金属	层错能 $\gamma/(10^{-7}\text{J/cm}^2)$	伯格斯矢量 b/Å	扩展位错宽度 r_e /Å	
			螺型	刃型
Al	200	2.86	3	4
Ni	80	2.49	9	30
Cu	40	2.55	11	30
Co	9	2.50	98	440
黄铜	<10	—	—	—
不锈钢	<10	—	—	—

注：1 Å=10^{-10}m。

2.6.4　Thompson 记号

由于形成扩展位错总是要同位错反应相联系，有必要建立一种简便的方法表达面心立方点阵中可能存在的位错反应。其关键是要易于表达 FCC 点阵中的滑移面和滑移方向，这是表达位错反应的基础。Thompson[9]在 1953 年引入了一个基本的参考四面体和一套记号，能给出面心立方点阵中位错线及伯格斯矢量所在面和方向的清晰图像。

如图 2-46 所示，在面心立方点阵中取出 1/8 个单位晶胞，将 D 取在单位晶胞的原点 $(0, 0, 0)$，A 取在 $\left(\dfrac{1}{2}, \dfrac{1}{2}, 0\right)$，$B$ 取在 $\left(\dfrac{1}{2}, 0, \dfrac{1}{2}\right)$，$C$ 取在 $\left(0, \dfrac{1}{2}, \dfrac{1}{2}\right)$，于是，可以 A、B、C、D 为顶点连成四面体。这个四面体的特点如下。

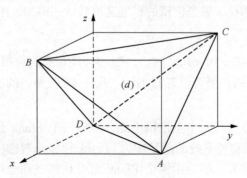

图 2-46　面心立方点阵中的 Thompson 四面体

(1) 四个面代表 FCC 点阵中可能有的四个滑移面 {111}。若考虑晶面指数的正负号，则可能有八个滑移面。

(2) 六个棱代表 FCC 点阵中可能有的六个滑移方向 ⟨110⟩。若考虑晶向指数的正负号，则有 12 个滑移方向。

为了从 Thompson 四面体表示 FCC 点阵的全位错和部分位错，规定与各顶点相对的面分别以 (a)、(b)、(c) 和 (d) 表示，相应各面的中心以希腊字母 α、β、γ 和 δ 代表。若将四面体以 $\triangle ABC$ 为底面展开时，可得如图 2-47 所示的展开图。此时，令

$$(a) = (11\bar{1}), \quad (b) = (1\bar{1}1),$$

$$(c) = (\bar{1}11), \quad (d) = (111)$$

于是，在展开图上，与四面体的六个棱相应的各边代表全位错的伯格斯矢量，如

$$\overrightarrow{AB} = \frac{1}{2}[0\bar{1}1], \quad \overrightarrow{DC} = \frac{1}{2}[011],$$

$$\overrightarrow{AC} = \frac{1}{2}[\bar{1}01], \quad \overrightarrow{BC} = \frac{1}{2}[\bar{1}10],$$

$$\overrightarrow{DB} = \frac{1}{2}[101], \quad \overrightarrow{DA} = \frac{1}{2}[110]$$

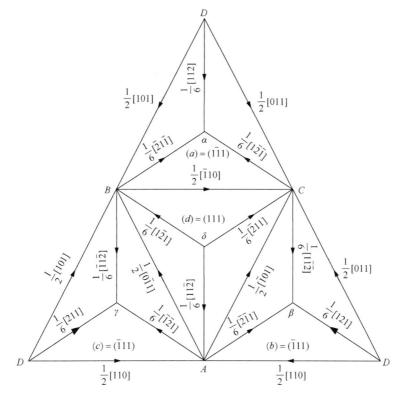

图 2-47　面心立方点阵中的 Thompson 记号

同时，可用四个面上的中心点与顶点的连线表示 Shockley 位错的伯格斯矢量，如

$$\vec{\delta A} = \frac{1}{6}[11\bar{2}], \quad \vec{\delta B} = \frac{1}{6}[1\bar{2}1], \quad \vec{\delta C} = \frac{1}{6}[\bar{2}11]$$

$$\vec{C\beta} = \frac{1}{6}[1\bar{1}2], \quad \vec{D\beta} = \frac{1}{6}[121], \quad \vec{A\beta} = \frac{1}{6}[\bar{2}\bar{1}1]$$

$$\vec{D\gamma} = \frac{1}{6}[211], \quad \vec{A\gamma} = \frac{1}{6}[\bar{1}\bar{2}1], \quad \vec{B\gamma} = \frac{1}{6}[\bar{1}1\bar{2}]$$

$$\vec{B\alpha} = \frac{1}{6}[\bar{2}1\bar{1}], \quad \vec{C\alpha} = \frac{1}{6}[1\bar{2}\bar{1}], \quad \vec{D\alpha} = \frac{1}{6}[112]$$

此外，由四面体四个顶点到它所对应的三角形中点的连线可构成 $\frac{1}{3}\langle 111\rangle$ 类型的矢量，代表着 Frank 位错的伯格斯矢量，如

$$\vec{A\alpha} = \frac{1}{3}[\bar{1}\bar{1}11], \quad \vec{B\beta} = \frac{1}{3}[\bar{1}1\bar{1}]$$

$$\overrightarrow{C\gamma}=\frac{1}{3}[1\bar{1}\bar{1}], \quad \overrightarrow{D\delta}=\frac{1}{3}[111]$$

可见，在 Thompson 记号中用两个字母表示位错的伯格斯矢量。这两个字母（可以是罗马字母，也可以是希腊字母或者两者的混合）的一般规则如下。

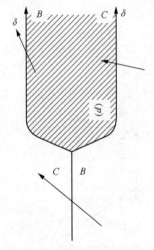

(1) $\overrightarrow{PQ}$ 表示从 P 到 Q 的矢量。

(2) $\overrightarrow{PQ}/\overrightarrow{RS}$ 表示长度为连接 $\overrightarrow{PQ}$ 和 $\overrightarrow{RS}$ 两个矢量中心连线两倍的矢量。

(3) $\overrightarrow{PQ}=-\overrightarrow{QP}$ 。

对于位错反应可用以下两式表达。

(1) $\overrightarrow{PQ}+\overrightarrow{QR}=\overrightarrow{PR}$ 。

(2) $\overrightarrow{PQ}+\overrightarrow{RS}=\dfrac{\overrightarrow{PR}}{\overrightarrow{QS}}$ 。

对于复杂的位错反应，用 Thompson 记号尤为方便。例如，很容易知道，如图 2-48 所示的位错反应为

$$\overrightarrow{BC}\longrightarrow\overrightarrow{B\delta}+\overrightarrow{\delta C}$$

图 2-48　全位错分解反应示意

这表示一个全位错分解成两个 Shockley 位错。由图 2-47 可见，这种位错反应共有 24 个（4 组 {111} 面，每个面上可有六个反应）。

2.7　面心立方晶体中几种重要的位错反应

2.7.1　Lomer 位错

若在同一滑移面 (111) 上两位错的伯格斯矢量分别为 $\vec{b}_1=\dfrac{1}{2}[01\bar{1}]$ 和 $\vec{b}_2=\dfrac{1}{2}[\bar{1}01]$，滑移到彼此靠近并相互平行时，可能发生如下位错反应：

$$\vec{b}_1+\vec{b}_2==\frac{1}{2}[01\bar{1}]+\frac{1}{2}[\bar{1}01]==\frac{1}{2}[\bar{1}10]=\vec{b}_3$$

由 Frank 准则可知，反应的结果使系统能量降低。此外，由图 2-47 可知，这两个全位错发生反应所形成的新位错也是全位错，并位于相同的滑移面 (111) 上。所以，位于同一滑移面上的两个全位错合成后不会改变位错的运动特性。

在相交的两个滑移面上位错发生反应时，情况会有所不同。Lomer[10] 首先讨论了面心立方晶体中如下的一种位错反应。两位错 C_1 和 C_2 分别位于滑移面 ABC

及 BCD 上[图 2-49(a)]。它们都平行于两滑移面的交线 BC，其伯格斯矢量分别为 $\vec{b}_2 = \overrightarrow{DC}$，$\vec{b}_1 = \overrightarrow{CA}$。按照 Thompson 记号识别时，则为

$$\vec{b}_2 = \frac{1}{2}[011], \quad \vec{b}_1 = \frac{1}{2}[10\bar{1}]$$

此外，位错线 C_1 和 C_2 分别位于 $(d)=(111)$ 和 $(a)=(11\bar{1})$ 面上，并都平行于交线 $[\bar{1}10]$。这两个位错可以合并成一个伯格斯矢量为 $\frac{1}{2}[110]$ 的新位错 C_3，它也平行于 $[\bar{1}10]$，即

$$\frac{1}{2}[011] + \frac{1}{2}[10\bar{1}] == \frac{1}{2}[110]$$

或

$$\overrightarrow{DC} + \overrightarrow{CA} == \overrightarrow{DA}$$

显然，这个反应满足位错反应的能量条件及几何条件。换而言之，C_1 和 C_2 两位错会自动地各自在其滑移面上相向运动，最后相遇于 BC 而形成新位错 C_3，伯格斯矢量为 $\overrightarrow{DA}$，即 $b_3 = \frac{1}{2}[110]$。由于 $\overrightarrow{DA} \perp \overrightarrow{BC}$，故新位错 C_3 是纯刃型位错。其滑移面不再是通常的密排面而是 (001) 面，成为不动位错并称为 Lomer 位错。图 2-49(b) 为图 2-49(a) 的侧面图，(a) 和 (d) 两个滑移面都垂直于纸面，它们的交线 BC 亦垂直于纸面，位错 C_1 和 C_2 相吸引至 BC 而成不可动位错。所以，Lomer 位错的特点是两个在相交滑移面上的全位错发生反应，形成全位错成为两个滑移面上其他位错运动的障碍。

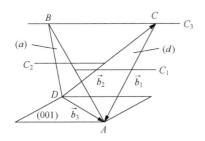

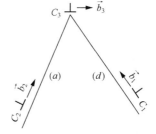

(a) 位于滑移面 ABC 和 BCD 上的两个全位错 C_1 和 C_2 合成在 (001) 面上的全位错 C_3　　　(b) 为 (a) 的侧面图，BC 垂直于纸面

图 2-49　Lomer 位错的形成

2.7.2　压杆位错

由图 2-47 可以看出，在两个相交的滑移面上各有三个 Shockley 位错，各种不

同组合可以发生位错反应。假设在 (d) 面和 (a) 面上各有一个 Shockley 位错，可以证明有以下四种反应能够降低位错的总能量：

$$\frac{1}{6}[\bar{2}11] + \frac{1}{6}[12\bar{1}] = \frac{1}{6}[\bar{1}\bar{1}0] \qquad \left(\overrightarrow{\delta C} + \overrightarrow{C\alpha} = \overrightarrow{\delta\alpha}\right)$$

$$\frac{1}{6}[\bar{2}11] + \frac{1}{6}[2\bar{1}1] = \frac{1}{3}[001] \qquad \left(\overrightarrow{\delta C} + \overrightarrow{\alpha B} = \frac{\overrightarrow{\delta\alpha}}{\overrightarrow{CB}}\right)$$

$$\frac{1}{6}[11\bar{2}] + \frac{1}{6}[112] = \frac{1}{3}[110] \qquad \left(\overrightarrow{\delta A} + \overrightarrow{D\alpha} = \frac{\overrightarrow{\delta D}}{\overrightarrow{A\alpha}}\right)$$

$$\frac{1}{6}[\bar{2}11] + \frac{1}{6}[\bar{1}\bar{1}\bar{2}] = \frac{1}{6}[\bar{3}0\bar{1}] \qquad \left(\overrightarrow{\delta C} + \overrightarrow{\alpha D} = \frac{\overrightarrow{\delta\alpha}}{\overrightarrow{CD}}\right)$$

可以看出，上述位错反应所生成的新位错不是全位错。这四种反应都是由两个部分位错形成一个新的部分位错。此外，新位错线要同时属于两个滑移面，必然是沿着两滑移面的交线，即为 $[1\bar{1}0]$ 或 $[\bar{1}10]$。但新位错线的伯格斯矢量都不在这两个滑移面上，所形成的新位错是一种不可动的部分位错，称为压杆位错。

由两个 Shockley 位错反应形成压杆位错的可能性主要有以下两种情况。一是扩展位错发生弯折。如图 2-50(a) 所示，处于相交滑移面 (c) 和 (d) 上的两段全位错 $\overrightarrow{AB}$ 均已发生扩展，但在 O 点要满足伯格斯矢量守恒条件而成为位错结点。于是，在 O 点附近 $\overrightarrow{\delta B}$ 和 $\overrightarrow{\gamma B}$ 两段 Shockley 位错彼此大体上平行，有可能产生位错反应形成压杆位错，如图 2-50(b) 所示，即

$$\overrightarrow{\delta B} - \overrightarrow{\gamma B} = \overrightarrow{\delta\gamma}$$

同样，在使扩展位错弯折成钝角的情况下，也可能形成压杆位错，如图 2-50(c) 所示。由于压杆位错只在弯折的层错中存在，其几何形貌与固定楼梯上地毯的压条相似，故此得名[11]。二是位于相交滑移面上的两个扩展位错沿着各自的滑移面移动到交线相遇时，由领先的两个 Shockley 位错发生反应形成压杆位错，又常称为 Lomer-Cottrell 位错锁（如 2.7.3 节所述）。

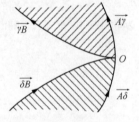

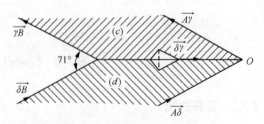

(a) 全位错 $\overrightarrow{AB}$ 在相交滑移面上弯折后扩展　　　　　　(b) 扩展位错弯折成锐角时形成压杆位错

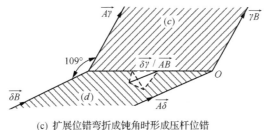

(c) 扩展位错弯折成钝角时形成压杆位错

图 2-50 扩展位错形成压杆位错

另外，在不同面上的一个 Frank 位错和一个 Shockley 位错也可以在两个面的交线上合成一个不动的压杆位错，主要位错反应如下：

$$\frac{a}{6}[\bar{1}\bar{1}2]+\frac{a}{3}[11\bar{1}]=\frac{a}{6}[110] \qquad \overrightarrow{A\delta}+\overrightarrow{\alpha A}=\overrightarrow{\alpha\delta}$$

$$\frac{a}{6}[1\bar{2}1]+\frac{a}{3}[11\bar{1}]=\frac{a}{6}[30\bar{1}] \qquad \overrightarrow{\delta B}+\overrightarrow{\alpha A}=\frac{\overrightarrow{\delta\alpha}}{\overrightarrow{BA}}$$

2.7.3 Lomer-Cottrell 位错锁

如图 2-51 所示，在两个相交的滑移面上各有一个扩展位错，如 (111) 面

$$\frac{1}{2}[01\bar{1}]=\frac{1}{6}[\bar{1}2\bar{1}]+\frac{1}{6}[11\bar{2}]$$

$(11\bar{1})$ 面

$$\frac{1}{2}[101]=\frac{1}{6}[2\bar{1}1]+\frac{1}{6}[112]$$

于是，在两个领先位错滑移到两滑移面交线处相遇时，便会发生如下位错反应：

$$\frac{1}{6}[\bar{1}2\bar{1}]+\frac{1}{6}[2\bar{1}1]=\frac{1}{6}[110]$$

可见，新位错是一个压杆位错。它分别与一片层错在两滑移面上与后续的 Shockley 位错相连，组成了一种特殊的不动位错组态，称为 Lomer-Cottrell 位错锁。这种位错组态又常称为面角位错，既不能滑移也不能攀移，是面心立方晶体中的一种重要的位错运动障碍。

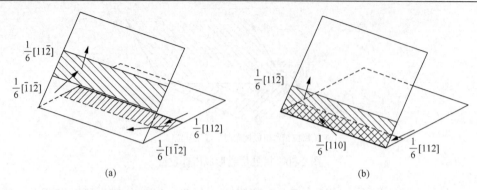

图 2-51　Lomer-Cottrell 位错锁的形成

　　形成 Lomer-Cottrell 位错锁有两种可能方式。一是如上所述，由全位错先分解扩展，再由领先位错发生反应形成压杆位错；二是由两个全位错先合成 Lomer 位错，再分解成一个压杆位错和两个 Shockley 位错，例如，

$$\overrightarrow{AC} + \overrightarrow{CD} \rightarrow \overrightarrow{AD} \longrightarrow \overrightarrow{A\delta} + \overrightarrow{\delta\alpha} + \overrightarrow{\alpha D}$$

可以证明，Lomer 位错分解前 $\sum b_i^2 = a^2 / 2$，分解后 $\sum b_k^2 = 7a^2 / 18$，满足位错反应的充要条件，Lomer 位错分解是可能的。

2.7.4　会合位错

　　实际上，Lomer-Cottrell 位错锁是面心立方晶体中相交滑移面上位错会合发生反应的一种特殊的情况。一般而言，若相交滑移面上各有一个位错线 XY 和 $X'Y'$，其伯格斯矢量 $\vec{b}_1$ 和 $\vec{b}_2$ 间的夹角大于 $\pi/2$，会相互吸引并最后相交于一点，如图 2-52(a) 所示。因图中 A 点为不稳定的四重结点，要力求分解成两个三重结点 B 和 C 以及一段沿滑移面交线的新位错线 BC，见图 2-52(b)。新位错的伯格斯矢量等于两相交位错的伯格斯矢量之和，即

$$\vec{b}_3 = \vec{b}_1 + \vec{b}_2$$

通常，将这种新位错线 BC 称为会合位错。位错线 XY 和 $X'Y'$ 要继续向前滑移，只有会合位错缩合消失才有可能，所需应力较大。所以可以设想，会合位错的产生对变形阻力贡献较大。此外，在一定条件下，通过会合位错反应可形成位错网络，如图 2-53 所示。这是由在 (a) 面上的一组伯格斯矢量为 $\overrightarrow{CD}$ 的位错与 (c) 面上一个伯格斯矢量为 $\overrightarrow{DB}$ 的螺型位错相交截的结果，按下式产生一个会合位错 $\overrightarrow{CB}$，即

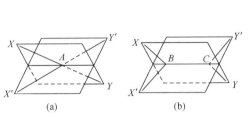

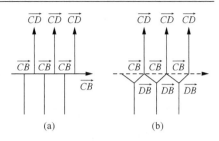

图 2-52　会合位错的形成　　　　　　图 2-53　全位错网络的形成

$$\overrightarrow{CD} + \overrightarrow{DB} \longrightarrow \overrightarrow{CB}$$

于是，在线张力的作用下使位错尽量缩短长度，最后便达到一种平衡的网络组态。

在面心立方晶体中，会合位错也可能发生分解，形成扩展的位错组态，如图 2-54 所示。所涉及的位错反应如下。

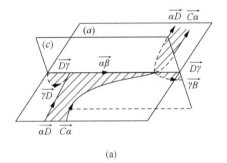

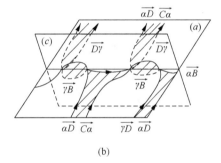

(a)　　　　　　　　　　　　　　　(b)

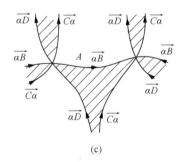

(c)

图 2-54　扩展位错网络的形成

(1) 在 (a) 面上，$\overrightarrow{CD}$ 位错分解，即

$$\overrightarrow{CD} \longrightarrow \overrightarrow{C\alpha} + \overrightarrow{\alpha D}$$

(2) 在 (c) 面上，$\overrightarrow{DB}$ 位错分解，即

$$\overrightarrow{DB} \longrightarrow \overrightarrow{D\gamma} + \overrightarrow{\gamma B}$$

（3）上述四个部分位错中，后三个相遇形成会合位错，见图 2-54（a），即

$$\overrightarrow{\alpha D} + \overrightarrow{D\gamma} + \overrightarrow{\gamma B} \longrightarrow \overrightarrow{\alpha B}$$

由于会合位错 $\overrightarrow{\alpha B}$ 可在（a）面上滑移，在层错表面张力的作用下要沿（a）面拉开，使其结点沿两滑移面向两侧移动，导致位错 $\overrightarrow{D\gamma}$ 和 $\overrightarrow{\gamma B}$ 的线长度越来越短，如图 2-54（b）所示，并随后在（c）面上失去平衡而交滑移至（a）面，形成如图 2-54（c）所示的扩展位错网络。

若会合位错不位于面心立方点阵的滑移面上，便可由位于相交滑移面上两扩展位错发生反应而形成较一般形式的面角位错，如图 2-55 所示。设图中（a）面上的伯格斯矢量为 $\overrightarrow{DC}$ 的位错与（d）面上的伯格斯矢量为 $\overrightarrow{CA}$ 的位错相交截，将按下式产生会合位错 $\overrightarrow{DA}$：

$$\overrightarrow{DC} + \overrightarrow{CA} \longrightarrow \overrightarrow{DA}$$

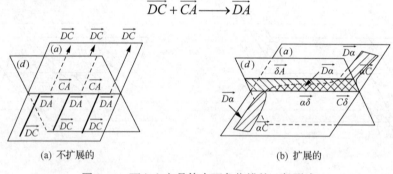

(a) 不扩展的　　　　　　　　　　(b) 扩展的

图 2-55　面心立方晶体中面角位错的一般形式

可由 Thompson 四面体判断，$\overrightarrow{DA}$ 在（100）面上，是不动位错。所得结果与前述 Lomer 位错相同。此外，若反应前两位错都扩展，可得到如下反应：

$$\overrightarrow{D\alpha} + \overrightarrow{\alpha C} + \overrightarrow{C\delta} + \overrightarrow{\delta A} \longrightarrow \overrightarrow{D\alpha} + \overrightarrow{\alpha\delta} + \overrightarrow{\delta A}$$

式中，$\overrightarrow{\alpha\delta}$ 为沿滑移面交线的压杆位错。因此，便可形成如图 2-55（b）所示的面角位错。其几何特点是，层错扩展在相交为锐角的滑移面上，压杆位错 $\overrightarrow{\delta\alpha}$ 的右结点呈扩展状，而左结点为收缩状。这种面角位错组态，也可以看成由会合位错 $\overrightarrow{DA}$ 按上述机制扩展成三个部分位错所致。

2.7.5　扩展偶极子

如图 2-56（a）所示，在相距 h 的两滑移面（d）上，各有一个扩展位错。在 h 较小的情况下，两个扩展位错可能发生交互作用[12]。两扩展位错中的部分位错 $\overrightarrow{\delta A}$ 和 $\overrightarrow{A\delta}$ 可按下式分解：

$$\overrightarrow{\delta A} \longrightarrow \overrightarrow{\delta \gamma} + \overrightarrow{\gamma A}$$
$$\overrightarrow{A\delta} \longrightarrow \overrightarrow{\gamma \delta} + \overrightarrow{A\gamma}$$

$$(2\text{-}107)$$

式中，$\overrightarrow{\delta \gamma}$ 和 $\overrightarrow{\gamma \delta}$ 为压杆位错，分别位于 (d) 和 (c) 面的两交线上，$\overrightarrow{\gamma A}$ 和 $\overrightarrow{A\gamma}$ 为 Shockley 位错，可在 (c) 面上滑移。由于两者的伯格斯矢量相等，而符号相反，相遇时销毁。最后，便形成如图 2-56(b)所示的位错组态，称为扩展偶极子或 Z 型层错偶极子。这种位错组态可在面心立方晶体塑性变形过程中形成，成为位错运动的障碍。

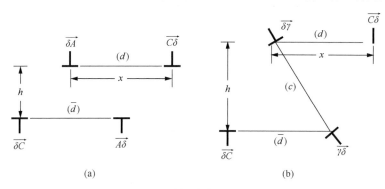

图 2-56　扩展偶极子的形成

2.7.6　扩展位错结点

在面心立方晶体中，位于同一滑移面如 (d) 面上的全位错 $\overrightarrow{AB}$、$\overrightarrow{BC}$ 和 $\overrightarrow{CA}$ 相交于一点，构成三重结点时，在各位错分解形成内禀型层错的条件下，可得到如图 2-57 所示的扩展组态，称为扩展位错结点。如果不受自由表面和其他位错影响，扩展位错结点的平衡组态取决于层错能(趋于使结点收缩)和各位错的自能及交互作用能(趋于使结点扩展)等的综合作用。这种扩展位错结点，可在透射电子显微镜中观察到。扩展位错结点的半径与层错能有关，可用于实验测定层错能[13]。

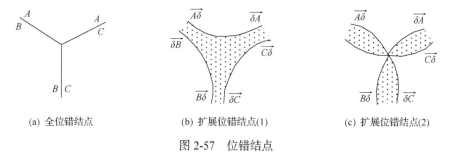

(a) 全位错结点　　　　(b) 扩展位错结点(1)　　　　(c) 扩展位错结点(2)

图 2-57　位错结点

若在图 2-57(b)中，结点处部分位错的曲率半径为 R，趋于使之拉直的线张力为 T，则可由下式求出层错能 γ 值：

$$\gamma = \frac{T}{R} = \frac{\alpha G b^2}{R} \tag{2-108}$$

以往曾认为，外延型层错因层错能较高，一般难以形成。但后来也在具有面心立方点阵的合金中观察到外延型扩展位错结点[14]。有趣的是，在 Ag-In 合金中还观察到内禀型层错和外延型层错组成的层错对[15]。如图 2-58 所示，在层错对中，三个部分位错线相互平行并具有相同的伯格斯矢量。显然，这只有在外延型层错和内禀型层错大体上有相同层错能时才有可能。

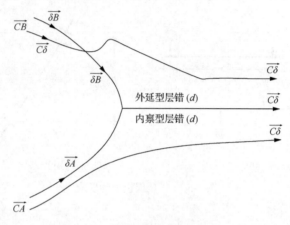

图 2-58　层错对的形成

2.8　面心立方晶体中扩展位错的运动

2.8.1　扩展位错运动的派-纳障碍

定性而言，同全位错相比，扩展位错的错排能较大。扩展位错是全位错分解，使弹性能降低足以补偿层错导致错排能增加的结果。但目前，错排能增加使扩展位错的派-纳位垒增大与否尚不十分清楚。从式 (2-32) 判断，部分位错的伯格斯矢量较小，应使扩展位错的派-纳位垒下降。然而，层错的存在又使问题变得较为复杂化，应视层错能的高低作具体分析。

如图 2-59 所示，在有层错的情况下，会使错排能-位移曲线出现附加的二次最小值。图中以小球代表部分位错，用压缩弹簧表征部分位错间的推斥作用，用作用力 γ 反映层错能的影响。按照这种模型，在层错能高的条件下，两个小球可以刚性间距 r_e 一起运动。层错宽度等于原子间距的整数倍 ($r_e=na$, $n=1, 2, 3, \cdots$) 时，扩展位错运动所需克服的最大有效派-纳位垒应为 $2W_m$；而 $r_e \neq na$ 时，则小于 $2W_m$。W_m 为部分位错运动所需克服的有效派-纳位垒，相应的派-纳应力为 σ_m。

相反，在层错能较小的情况下，两个小球趋于各自占据势垒，而且易于独立运动，可是扩展位错运动所需克服的派-纳位垒和派-纳应力分别减小到 W_m 和 σ_m。若领先部分位错脱离后续部分位错运动，需克服有效派-纳应力为 $\sigma_m + \gamma$，若后续的部分位错独立运动，应为 $\sigma_m - \gamma$。

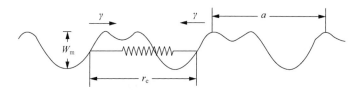

图 2-59　扩展位错运动的刚球-弹簧模型
以小球代表部分位错，弹簧表征部分位错间的作用，作用力 γ 表征层错能的影响

2.8.2　扩展位错的滑移

扩展位错在外力的作用下可以作为一个整体向前滑移。例如，当切应力沿全位错的伯格斯矢量方向如[110]作用时，扩展位错扫过的区域的滑移效果与全位错相同，也为 $\frac{1}{2}$[110]。不同的是扩展位错的滑移是通过部分位错对应的两部分先后完成的。

如图 2-60 所示，在滑移面上有一扩展位错以速度 v_x 运动时，由所加的切应力 σ 作用在两部分位错及全位错上的力分别为 $B = \sigma b_1$、$C = \sigma b_2$ 和 $E = \sigma b_3$；同时，$B + C = E$。作用在两部分位错及全位错上的力还有晶格阻力，分别为 D_1、D_2 和 D_3。两个部分位错间的斥力简写为 A/r，r 为扩展位错宽度。层错能对两个部分位错的作用力表现为使彼此相互吸引，在数值上等于层错能 γ。于是，若扩展位错运动达到稳定状态，扩展位错的宽度为 r_e'，则作用在两部分位错上的力有以下平衡关系：

$$\gamma + B = D_1 + \frac{A}{r_e'}$$

$$\gamma + D_2 = C + \frac{A}{r_e'} \tag{2-109}$$

设 $D_1 = D_2$，便可求得

$$D_1 = D_2 = \frac{1}{2}(B + C)$$

$$r_e' = \frac{A}{\gamma + \frac{1}{2}(B - C)} \tag{2-110}$$

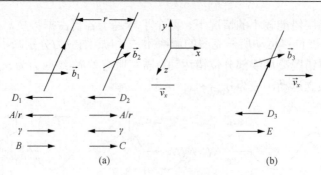

图 2-60 扩展位错以 $\vec{v}_x$ 滑移时受力分析

由上述分析结果可见，运动的扩展位错可以作为一个整体沿着滑移面运动，具有动态的平衡宽度。扩展位错的运动实际上是由领先位错和后续位错运动使层错区位置不断迁移。扩展位错的动态平衡宽度 (r_e') 不一定正好等于静态平衡宽度 (r_e)。在外力作用下，扩展位错的宽度可能发生变化。这主要取决于作用在两部分位错上力的相对大小。当 $B - C > 0$ 时，$r_e' < r_e$，扩展位错区收缩；当 $B - C < 0$ 时，$r_e' > r_e$，扩展位错区变宽。但是，作用在扩展位错上的总力仍与作用在全位错上的力相同 $(E = B + C)$。

2.8.3 扩展位错的交滑移

前已述及，交滑移是指螺型位错从一个滑移面移到另一个相交的滑移面上的运动。然而，在 FCC 晶体中，螺型扩展位错要整体交滑移很难进行。如图 2-61(a) 所示，当领先的部分位错遇到滑移面发生交滑移后，要在交线上形成压杆位错[如图 2-61(a)中 AB 所示]。这种压杆位错将强烈地吸引交滑移移过的部分位错，使经过图 2-61(a) 的状态交滑移到图 2-61(b) 的状态所需要的激活能非常高[16]。所以，在面心立方晶体中，层错面一般都是滑移面，使扩展位错易于整体沿层错面滑移。

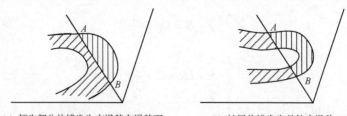

(a) 领先部分位错发生交滑移在滑移面   (b) 扩展位错发生整体交滑移
　　交线处形成压杆位错

图 2-61 面心立方晶体中无束集的交滑移

螺型扩展位错交滑移时必须形成束集，如图 2-62 所示。根据 Stroh[17] 的计算，在面心立方结构中形成单个束集所需的激活能约为 $\frac{1}{10}Gb^2d$，d 为扩展位错的宽度。要发生交滑移时，至少要形成两个束集，以使扩展位错中的一段复合成全位错[图 2-63（a）和（b）]。只有这段全位错能在新的滑移面内受切应力作用发生弓弯，复合才是稳定的，两个束集 A 和 B 不再有相互作用，故扩展位错发生交滑移的激活能为 $\frac{1}{5}Gb^2d$。最后，通过全位错线段 AB 的交滑移并在新滑移面上重新扩展而逐渐使原来的扩展位错过渡到新滑移面上运动，如图 2-63（c）所示。

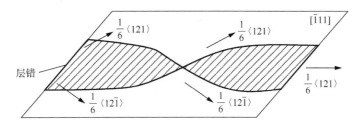

图 2-62　面心立方晶体中扩展位错在有障碍处缩减宽度而形成束集

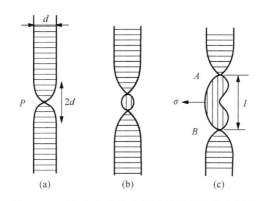

图 2-63　面心立方晶体中螺型扩展位错的交滑移

上述分析表明，扩展位错越宽，或层错能越低，则越不易发生交滑移过程。一般在铜和不锈钢中不发生扩展位错的交滑移，除非在温度高或应力很大时才有可能。铜的滑移线比较直。而铝的层错能较高，使扩展位错宽度较小，易于交滑移，其滑移线常有拐折现象。

除了上述有关扩展位错交滑移的束集机制，Fleischer[16]还提出了一种不需要束集的机制，如图 2-64 所示。图中 $(\bar{1}11)$ 为原滑移面，$(11\bar{1})$ 为交滑移面。在两面相交成钝角的情况下，先由扩展位错的领先部分位错在原滑移面中发生分解，即

$$\frac{a}{6}[12\bar{1}]\longrightarrow \frac{a}{6}[121]+\frac{a}{3}[00\bar{1}] \tag{2-111}$$

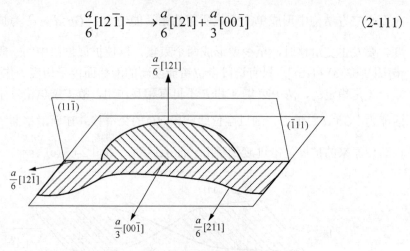

图 2-64　Fleischer 交滑移机制

再由原滑移面上的第二个部分位错同上述分解产物中的不滑移位错相互吸引，按下述位错反应产生新位错 $\frac{a}{6}[21\bar{1}]$：

$$\frac{a}{6}[211]+\frac{a}{3}[00\bar{1}]\longrightarrow \frac{a}{6}[21\bar{1}] \tag{2-112}$$

由上述两种反应形成的 $\frac{a}{6}[121]$ 和 $\frac{a}{6}[21\bar{1}]$ 两部分位错便分别成为在新滑移面上运动的领先位错和后续位错，从而完成了扩展位错的交滑移过程。从能量角度考虑，可由式(2-111)和式(2-112)看出，这种交滑移机制较束集过程要省 1/3 的能量。若交滑移在相交成锐角的两滑移面上进行，可省 2/3 的能量。因此，有人认为，扩展位错以这种机制进行交滑移的可能性更大。

2.8.4　扩展位错的攀移

同刃型全位错相似，刃型扩展位错也可以做攀移运动。但相对而言，后者攀移比较困难。这是因为刃型扩展位错存在两个半原子面，如图 2-45 所示。目前对刃型扩展位错攀移机制比较流行的看法是割阶成核模型，如图 2-65 所示。设想在部分位错 $\overrightarrow{B\gamma}$ 上沉淀一排空位，崩塌后形成一棱柱位错环，其伯格斯矢量为 $\overrightarrow{BA}$。显然此棱柱位错环能以滑移方式完成如图 2-65(c)所示的扩展时，便可形成两个扩展割阶，从而使原扩展位错完成局部攀移。对于这种攀移所需能量尚难于精确计算，涉及位错的弹性能、层错能、外加应力、温度以及空位过饱和度等诸多因素。

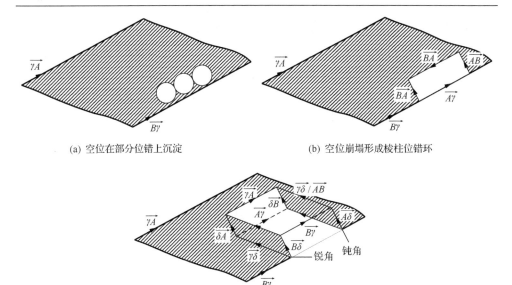

(a) 空位在部分位错上沉淀　　　　　　　　(b) 空位崩塌形成棱柱位错环

(c) 棱柱位错环滑移扩展，形成双扩展割阶

图 2-65　扩展位错攀移的双割阶机制

箭头表示位错线方向。为清楚起见，未将部分位错 $\overrightarrow{\gamma A}$ 和 $\overrightarrow{B\gamma}$ 之间的层错用影线示出

Grilhe 等通过计算表明，随着棱柱位错环的尺寸增大，其扩展所需激活能减小，当环大到一定程度后，可以完全通过滑移来扩展而不需要热激活。因此，这种机制能否实现，主要取决于是否有足够多的空位扩散到位错线以形成尺寸足够大的棱柱位错环。

2.8.5　扩展割阶的运动

层错能较低时，FCC 晶体中位错割阶也可能发生分解，形成扩展型割阶。如图 2-66 (a) 所示，伯格斯矢量为 $\overrightarrow{BD}$ 的刃型位错在 BCD 面上发生扩展，并与伯格斯矢量为 $\overrightarrow{BA}$ 的另一位错相交截，形成沿 BA 方向的割阶。此割阶的伯格斯矢量仍为 $\overrightarrow{BD}$，并可在 ABD 面上分解成两个 Shockley 位错，相应的伯格斯矢量分别为 $\overrightarrow{B\gamma}$ 和 $\overrightarrow{\gamma D}$，见图 2-66 (b)。同时为在位错结点处保持伯格斯矢量的守恒性 (图 1-5)，割阶 $\overrightarrow{BD}$ 扩展时还要沿内禀型层错的交线 $\langle 110 \rangle$ 相应形成两个方向相反的压杆位错 $\overrightarrow{\gamma \alpha}$ 和 $\overrightarrow{\alpha \gamma}$。显然，这种扩展割阶可随同扩展的刃型位错做保守运动。其滑移方向平行于位错的滑移面和割阶的交截线。压杆位错随同位错运动时，其一端要向前延伸，而另一端则不断湮灭。

扩展割阶也可能进行非保守运动。如图 2-67 (a) 所示，矢量为 $\overrightarrow{BD}$ 的螺型位错在 BCD 面上分解。当其被另一伯格斯矢量为 $\overrightarrow{CA}$ 的位错交截时，所形成的割阶平行于 CA 方向，具有伯格斯矢量 $\overrightarrow{BD}$。此割阶可在 ACD 面上分解成一个 Frank 位

错 $\overrightarrow{B\beta}$ 和一个 Shockley 位错 $\overrightarrow{\beta D}$，如图 2-67(b) 所示。这种扩展割阶如果在运动开始时能被束集，可复合成全位错型割阶，进行保守运动。否则，因 Frank 位错的惰性大，将迫使扩展割阶进行非保守运动。即只有在 Frank 位错产生点缺陷(空位或填隙原子)的条件下，此扩展割阶才能在位错线弓弯的方向上运动。为降低位错线自能，Frank 位错 $\overrightarrow{B\beta}$ 还可进一步分解成不动的压杆位错 $\overrightarrow{\delta\beta}$ 和在 ACD 面上可动的 Shockley 位错 $\overrightarrow{B\delta}$，如图 2-67(c) 所示。因此，扩展割阶往往成为钉扎位错的运动障碍。

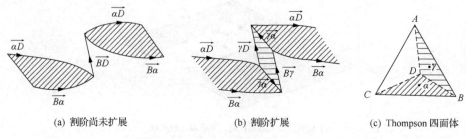

| (a) 割阶尚未扩展 | (b) 割阶扩展 | (c) Thompson 四面体 |

图 2-66　刃型位错上的可动扩展割阶的形成
箭头表示位错线方向

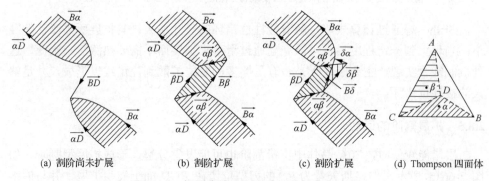

| (a) 割阶尚未扩展 | (b) 割阶扩展 | (c) 割阶扩展 | (d) Thompson 四面体 |

图 2-67　螺型位错上不可动扩展割阶的形成
箭头表示位错方向

2.9　密排六方晶体中的层错和位错反应

2.9.1　密排六方晶体中的层错

密排六方晶体和面心立方晶体相似，都为密排结构。两者的区别主要在于堆垛次序不同。FCC 点阵的堆垛次序为 $ABC\ ABC$，三层一循环；而 HCP 点阵的堆垛次序为 $AB\ AB\ AB$，两层一循环。对 FCC 点阵而言，密排面是 {111}，而对 HCP 点阵而言，密排面是 (0001) 面。实际上这种密排面可以用同样的刚球模型加以描述，如图 2-68 所示。在 HCP 点阵中，层错也有内禀型和外延型之分，可分别由以下三种方式形成。

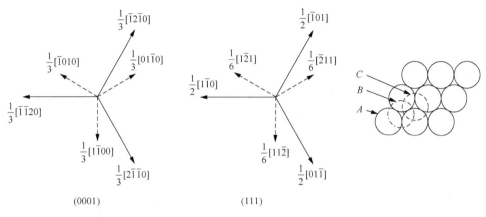

图 2-68　HCP 和 FCC 两种点阵中密排面刚球模型及相应的平移矢量

1. 抽出一层原子后，上下两部分晶体适当平移

若在 HCP 点阵的正常 $AB\ AB$ 堆垛次序中去掉某一层原子，如 B 原子，再使其上各层原子的位置平移 $\frac{1}{3}[\bar{1}100]$，会使堆垛次序变为

$$\vdots$$
$$\cdots AB\ ABA\ \vdots\ A\ B\ A\ B\cdots \qquad (2\text{-}113)$$
$$\vdots\ \downarrow\downarrow\downarrow\downarrow$$
$$C\ A\ C\ A$$

则形成内禀型层错，即

$$\vdots$$
$$\cdots AB\ AB\ AB\ A\ \vdots\ CA\ CA\ CA\cdots \qquad (2\text{-}114)$$

其特点是从 $AB\ AB$ 两层循环堆垛过渡到 $AC\ AC$ 堆垛之间，存在 FCC 型的三层堆垛结构 BAC。由于不可能由同种类面构成近邻面，如 AA 和 BB，在 HCP 点阵中层错必然包含 FCC 点阵的堆垛层次。

2. 简单滑移

若将晶体在某一 B 层剖开，使上部晶体相对下部晶体平移至 C 位置，也可形成内禀型层错

$$\cdots AB\,AB\,A\,B\,A\,B\,A\,B\cdots \tag{2-115}$$

$$\downarrow\ \downarrow\ \downarrow\ \downarrow\ \downarrow\ \downarrow$$

$$C\,A\,C\,A\,C\,A$$

则得

$$\vdots$$

$$\cdots AB\,AB\,AB\ \vdots\ CA\,CA\,CA\cdots \tag{2-116}$$

3. 插入一层原子

若在 A 和 B 层之间插入一层 C 原子，则可形成外延型层错，即

$$\vdots$$

$$\cdots AB\,AB\,A\,C\ \vdots\ B\,AB\,AB\cdots \tag{2-117}$$

$$\vdots$$

显然，第一种和第三种情况可以相互转化，通过滑移会由一种层错变成另一种层错，例如，

第一种： $AB\,AB\,A\ \vdots\ C\,A\,C\,A\,C$

$$\downarrow\ \downarrow\ \downarrow\ \downarrow\quad\text{（滑移）}$$

第三种： $AB\,AB\,A\quad C\,B\,A\,B\,A$

2.9.2　密排六方晶体中的部分位错

1. 密排六方晶体中的矢量记号

同在 FCC 点阵的情况一样，若 HCP 晶体中的层错终止在晶体内部，必然在边界处形成部分位错，并有 Shockley 位错与 Frank 位错之分。为了比较方便地表示 HCP 晶体中的位错及滑移面，常采用两种记号方法。

1）Berghezan 记号[18]

该记号是利用如图 2-69 所示的双角锥体表示 HCP 点阵中的各矢量。可以看出，HCP 晶体中重要的位错如下。

（1）六个伯格斯矢量等于双角锥体基面 ABC 的边长的全位错，即 $\pm\overrightarrow{AB}$、$\pm\overrightarrow{BC}$ 和 $\pm\overrightarrow{CA}$。

（2）两个伯格斯矢量垂直于基面的全位错，即 $\overrightarrow{ST}$ 和 $\overrightarrow{TS}$。

(3)十二个 $\frac{1}{3}\langle11\bar{2}3\rangle$ 型的部分位错，其伯格斯矢量如可用 $\overrightarrow{SA}/\overrightarrow{TB}$ 表示，是代表 SA 和 TB 中点连线长度两倍的矢量。

(4)四个伯格斯矢量垂直于底面的部分位错，即 $\pm\overrightarrow{\sigma S}$ 和 $\pm\overrightarrow{\sigma T}$。

(5)六个在基面上的 Shockley 部分位错，其伯格斯矢量分别为 $\pm\overrightarrow{A\sigma}$、$\pm\overrightarrow{B\sigma}$ 和 $\pm\overrightarrow{C\sigma}$。

(6)十二个伯格斯矢量为 $\pm\overrightarrow{AS}$、$\pm\overrightarrow{BS}$、$\pm\overrightarrow{CS}$、$\pm\overrightarrow{AT}$、$\pm\overrightarrow{BT}$ 和 $\pm\overrightarrow{CT}$ 的部分位错，是由(4)和(5)两部分位错合成的结果。

上述各部分位错的伯格斯矢量的 Berghezan 记号示于表 2-4。

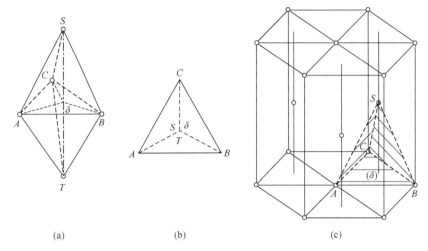

(a) (b) (c)

图 2-69　HCP 晶体矢量的 Berghezan 记号

表 2-4　HCP 晶体中常见位错的 Berghezan 记号

伯格斯 矢量记号	$\overrightarrow{AB}$	$\overrightarrow{TS}$	$\overrightarrow{SA}/\overrightarrow{TB}$	$\overrightarrow{A\sigma}$	$\overrightarrow{\sigma S}$	$\overrightarrow{AS}$
$\vec{b}$	$\frac{1}{3}\langle11\bar{2}0\rangle$	$[0001]$	$\frac{1}{3}\langle11\bar{2}3\rangle$	$\frac{1}{3}\langle\bar{1}100\rangle$	$\frac{1}{2}[0001]$	$\frac{1}{3}\langle11\bar{2}3\rangle$
b	a^2	c	$\sqrt{c^2+a^2}$	$a/\sqrt{3}$	$c/2$	$\sqrt{a^2/3+c^2/4}$
b^2	a^2	$\frac{8}{3}a^2$	$\frac{11}{3}a^2$	$\frac{1}{3}a^2$	$\frac{2}{3}a^2$	a^2

2)Damiano 记号[19]

用如图 2-70 所示的基本六方单位晶胞上的符号表示 HCP 晶体中常见位错的伯格斯矢量及滑移面，如表 2-5 所示。

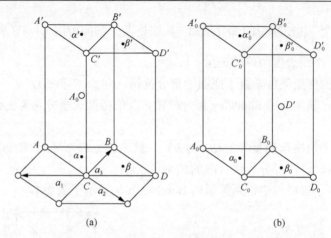

图 2-70　HCP 晶体中矢量的 Dimiano 记号

表 2-5　HCP 晶体中常见位错及滑移面的 Dimiano 记号

伯格斯矢量或滑移面	Dimiano 记号	Miller-Bravais 指数
	$\overline{AC}$	$\frac{1}{3}[\bar{1}2\bar{1}0]$
(1) 全位错的伯格斯矢量	$\overline{AA'}$	$[0001]$
	$\overline{CB}$	$\frac{1}{3}[\bar{1}\bar{1}23]$
(2) Shockley 位错的伯格斯矢量	$\overline{A\alpha}$	$\frac{1}{3}[\bar{1}100]$
	$\overline{A\beta}$	$\frac{2}{3}[\bar{1}100]$
	$\overline{\alpha A_0}$	$\frac{1}{2}[0001]$
	$\overline{A\beta'}$	$\frac{1}{3}[\bar{2}203]$
(3) Frank 位错的伯格斯矢量	$\overline{BA_0}$	$\frac{1}{6}[20\bar{2}3]$
	$\overline{C\alpha'}$	$\frac{1}{3}[0\bar{1}13]$
	(ABC)	(0001)
	$(ABB'A')$	$(0\bar{1}10)$
(4) 滑移面	$(AB'C')$	$(1\bar{1}01)$
	(CA_0B')	$(11\bar{2}2)$

2. Shockley 部分位错

在 Be、Mg、Cd 和 Zn 等具有 HCP 点阵的晶体中，滑移系统 $\frac{1}{3}\langle11\bar{2}0\rangle(0001)$ 的临界切应力很低（≤1MPa），使基面滑移易于进行。在基面上，全位错可分解成两个 Shockley 位错，中间以内禀型层错区相连，如图 2-71 所示。相应的位错反应按 Berghezan 记号为

$$\overrightarrow{AB} \longrightarrow \overrightarrow{A\sigma} + \overrightarrow{\sigma B} \tag{2-118}$$

即

$$\frac{1}{3}[11\bar{2}0] \longrightarrow \frac{1}{3}[10\bar{1}0] + \frac{1}{3}[01\bar{1}0]$$

这种位错分解使位错能量减小 1/3。所形成的 Shockley 部分位错可在基面上运动，使堆垛次序做如式（2-113）和式（2-115）所表述的变动。两个 Shockley 部分位错的伯格斯矢量同全位错的伯格斯矢量之间成 ±30° 角。Shockley 位错可具有刃型位错、螺型位错或混合位错等类型。

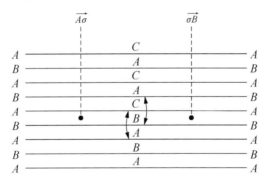

图 2-71　HCP 晶体中全位错在基面上分解成两个 Shockley 位错和内禀型层错

3. Frank 部分位错

如同在 FCC 晶体中一样，可由空位崩塌或填隙原子沉淀形成 Frank 位错。由图 2-72 可见，空位在基面上聚集和崩塌后，会导致同种类原子层成为近邻，使系统能量增高。改变这种不稳定原子组态的一种方式是将空位盘上面的一层原子由 B 位置改变到 C 位置，成为一层附加的 C 原子，如图 2-72(c) 所示。这相当于其上层和下层各有符号相反的一个伯格斯矢量为 $\frac{1}{3}\langle10\bar{1}0\rangle$ 的 Shockley 位错运动的结果。所涉及的位错反应如按 Damiano 记号为

$$\overrightarrow{\alpha A_0} + \overrightarrow{\alpha A} + \overrightarrow{A\alpha} \longrightarrow \overrightarrow{\alpha A_0} \tag{2-119}$$

$$\frac{1}{2}[0001] + \frac{1}{3}[1\bar{1}00] + \frac{1}{3}[\bar{1}100] \longrightarrow \frac{1}{2}[0001]$$

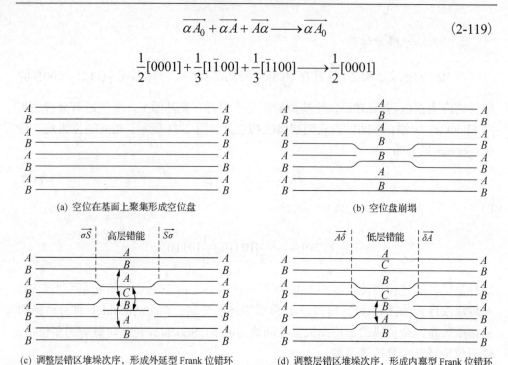

(a) 空位在基面上聚集形成空位盘　　　　　　(b) 空位盘崩塌

(c) 调整层错区堆垛次序，形成外延型 Frank 位错环　　(d) 调整层错区堆垛次序，形成内禀型 Frank 位错环

图 2-72　HCP 晶体中 Frank 位错环的空位盘崩塌形成机制

　　然而，按此种方式所形成的 Frank 位错环包围着外延型层错，所需能量较大，故有可能在层错区萌生一个 Shockley 位错环，并由其扩展运动使层错变为内禀型。于是，在原 Frank 位错环所在的边界处，便可能发生如下反应而形成 $\overrightarrow{AA_0}$ 型的 Frank 位错，即

$$\overrightarrow{A\alpha} + \overrightarrow{\alpha A_0} = \overrightarrow{AA_0} \tag{2-120}$$

$$\frac{1}{3}[\bar{1}100] + \frac{1}{2}[0001] \longrightarrow \frac{1}{6}[\bar{2}203]$$

在所得到的 Frank 位错环内包围着内禀型层错，层错能较低。一般认为，外延型层错的层错能约为内禀型层错的三倍。所以，在 HCP 晶体中，由空位崩塌形成的 Frank 位错环的伯格斯矢量以 $\frac{1}{6}[20\bar{2}3]$ 为主。位错环的尺寸受层错能、应力、温度和杂质含量等影响而不同。$\overrightarrow{\alpha A_0}$ 和 $\overrightarrow{AA_0}$ 型 Frank 位错环不能沿基面滑移（不动位错），但两者均可攀移。

　　另外，也可以由填隙原子在基面上沉淀形成如图 2-73(a) 和 (b) 所示的围绕外延型层错的 Frank 位错环，其伯格斯矢量为 $\frac{1}{2}[0001]$。由于其层错能高而使位错环尺寸足够大时，会按式(2-120)通过 Shockley 位错环的萌生与运动而转变成内禀型 Frank 位错环，如图 2-73(c)所示。在经辐照的 Mg、Cd 和 Zn 中，已观察到填隙原子在基面上沉淀形成的 Frank 位错环，其伯格斯矢量为 $\frac{1}{2}[0001]$ 和 $\frac{1}{6}[20\bar{2}3]$ 两种。

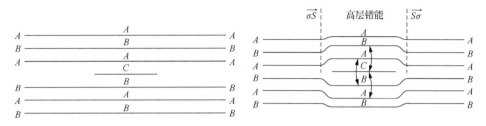

(a) 填隙原子在基面上沉淀　　　　　　　(b) 外延型 Frank 位错环的形成

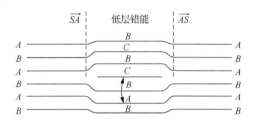

(c) 内禀型 Frank 位错环的形成

图 2-73　HCP 晶体中 Frank 位错环的填隙原子沉淀形成机制

4. 其他部分位错

除在表 2-5 中已讨论过的几种部分位错外，其余位错均与位错分解或合成有关。例如，可动的部分位错 $\overrightarrow{A\beta}$ 位于基面，围绕着内禀型层错，并对以下位错分解反应具有亚稳定性：

$$\overrightarrow{A\beta} \longrightarrow \overrightarrow{AC} + \overrightarrow{C\beta}$$

或

$$\overrightarrow{A\beta} \longrightarrow \overrightarrow{AB} + \overrightarrow{B\beta}$$

不动位错 $\overrightarrow{C\alpha'}$ 也有一定的亚稳定性，可按以下反应分解：

$$\overrightarrow{C\alpha'} \longrightarrow \overrightarrow{CC'} + \overrightarrow{C'\alpha'}$$

其中，分解产物 $\overrightarrow{CC'}$ 和 $\overrightarrow{C'\alpha'}$ 两位错可分别在 $(ACC'A')$ 和 $(A'B'C')$ 面上滑移。

全位错 $\overrightarrow{AA'}$ 或 $\overrightarrow{AB'}$ 为可动位错，但在一定条件下可分解形成不动位错组态，

如图 2-74 所示。相应的分解反应为

$$\overrightarrow{AA'} \longrightarrow \overrightarrow{AA_0} + \overrightarrow{A_0A'}$$

或

$$\overrightarrow{AB'} \longrightarrow \overrightarrow{AA_0} + \overrightarrow{A_0B'}$$

由图 2-74 可见，这种分解反应需要攀移条件，可通过空位或填隙原子短程扩散发生。这种分解反应对于限制非基面滑移有重要作用，可能是使全位错 $\overrightarrow{AA'}$ 或 $\overrightarrow{AB'}$ 滑移时有很高静态派-纳障碍的原因。

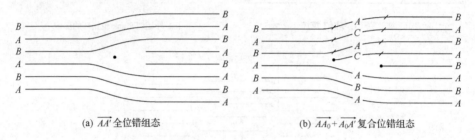

(a) $\overrightarrow{AA'}$ 全位错组态　　　　　　　　(b) $\overrightarrow{AA_0} + \overrightarrow{A_0A'}$ 复合位错组态

图 2-74　全位错 $\overrightarrow{AA'}$ 分解

2.9.3　密排六方晶体中的位错扩展

已有实验结果表明，HCP 晶体中有四种滑移系统，即基面滑移系统 $\langle11\bar{2}0\rangle$ $\{0001\}$、棱柱滑移系统 $\langle11\bar{2}0\rangle\{10\bar{1}0\}$、I 型棱锥滑移系统 $\langle11\bar{2}0\rangle\{10\bar{1}1\}$ 和 II 型棱锥滑移系统 $\langle11\bar{2}3\rangle\{11\bar{2}2\}$。其中，以基面滑移系统最常见，其他三种只在合适的条件下才能出现。此外，全位错扩展主要在基面上进行，如式 (2-118) 所示。扩展位错的宽度与层错能成反比，使在层错能较高的 Mg 中位错一般不扩展，而层错能较低的 Cd 和 Zn 中位错有较明显的扩展。

在有利于棱柱滑移的 HCP 晶体中，基面滑移虽可进行，但全位错不易发生如式 (2-118) 所示的分解扩展。这可能是因为在 HCP 晶体中，晶面间距同 c/a 值有关。在 $c/a<1.633$ 的情况下，基面间距变小，使相邻原子层间的键合增强，从而难以改变堆垛次序而形成稳定层错。对于 Ti 和 Zr 中的棱柱滑移，曾提出过以下两种位错反应[20]：

$$\frac{1}{3}[11\bar{2}0] \longrightarrow \frac{1}{18}[42\bar{6}\bar{3}] + \frac{1}{18}[24\bar{6}3]$$

$$\frac{1}{3}[11\bar{2}0] \longrightarrow \frac{1}{9}[11\bar{2}0] + \frac{2}{9}[11\bar{2}0]$$

但是实际晶体中尚没有找到明显的证据。经高分辨晶格像观察表明，在棱柱面上全位错没有扩展开来。

在受高应力作用下及晶体取向不利于基面滑移和棱柱滑移的条件下，在 $\{10\bar{1}1\}$ 和 $\{11\bar{2}2\}$ 面上以及以 $\frac{1}{3}\langle11\bar{2}3\rangle$ 为伯格斯矢量的滑移系可以开动。其中，$\{11\bar{2}2\}$ 面也是 HCP 晶体常见的孪晶面之一。但由于相应的伯格斯矢量较大，而且此类原子面不是理想的密排面，位错滑移的晶格阻力较大。层错的形成对 HCP 晶体中的棱锥滑移可能会有一定的贡献。Rosenbaum 等[21]在刚球点阵模型的基础上曾提出，伯格斯矢量为 $\frac{1}{3}[11\bar{2}3]$ 或 $\overrightarrow{B'C}$ 的全位错在 $(11\bar{2}2)$ 面上可能分解成四个部分位错，其伯格斯矢量均为 $\frac{1}{4}\overrightarrow{B'C}$。其中，一个部分位错的中心同时占据三个相邻的 $(11\bar{2}2)$ 面，而在各面上引起的原子位移不同，成为区域位错(zonal dislocation)。另外三个部分位错分别位于三个 $(11\bar{2}2)$ 面上，与区域位错和三片相邻的层错共同组成扩展位错，如图 2-75 所示。由于区域位错运动时可形成孪晶，使 $\langle11\bar{2}3\rangle\{11\bar{2}2\}$ 滑移同孪晶有密切关系。

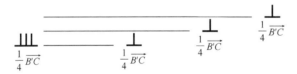

图 2-75　全位错 $\overrightarrow{B'C}$ 在 $(11\bar{2}2)$ 面上分解形成
一个区域位错和三个部分位错

2.10　体心立方晶体中的层错与位错反应

前已述及，在 BCC 晶体中以密排方向 $\langle111\rangle$ 为滑移方向，全位错的伯格斯矢量为 $\frac{1}{2}\langle111\rangle$。相应的滑移面有 $\{110\}$、$\{112\}$ 和 $\{123\}$。由于这三种滑移面均含有相同的 $\langle111\rangle$ 方向，螺型位错易于交滑移。在低温变形的 BCC 晶体中，所观察到的位错多为长而直的螺型位错。这说明，同刃型位错相比，螺型位错的可动性较差，是控制 BCC 晶体滑移特性的主要位错组态。

在 BCC 晶体中，尚未直接观察到层错。一般认为，这是其层错能较高所致。但是，对 BCC 晶体中的层错和部分位错，也可以进行与 FCC 和 HCP 晶体中类似的处理，从而得出其相应的位错反应特性。

2.10.1　体心立方晶体中的层错

在体心立方晶体中，以{110}面的密排程度最大，故可以把 BCC 晶体看成由{110}面堆垛而成。图 2-76 给出了两个相邻的 $(\bar{1}10)$ 面上原子的堆垛情况。可见，堆垛次序为…$AB\ AB\ AB$…，两层一循环。在每一层上，原子之间空隙较大，其密排程度不如 FCC 和 HCP 晶体中密排面紧凑。同时，可供第二层原子占据的 B 位置或 A 位置为马鞍形凹窝。在凹窝中心两侧 $\frac{1}{8}$[110] 处各有两个同等稳定的位置 B_1 和 B_2（或 A_1 和 A_2），都是 B 层原子（或 A 层原子）可以占据的能量的极小处，从而为形成层错提供了可能性。显然，若将某一 B 层原子的位置由凹窝中心 B_1 或 B_2 错动 $\frac{1}{8}$[110] 时，便可得到如下两种滑移线层错：

$$\cdots AB\quad AB\quad AB_1\quad A_1B_1\quad A_1B_1\cdots$$

或

$$\cdots AB\quad AB\quad AB_2\quad A_2B_2\quad A_2B_2\cdots$$

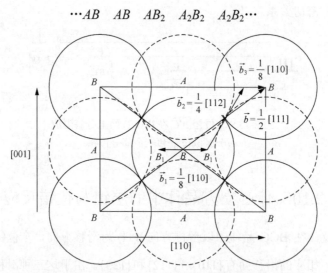

图 2-76　BCC 晶体中 $(\bar{1}10)$ 面上相邻两层原子的分布图

但是，在以 $(\bar{1}10)$ 面堆垛时，每一层 A 原子上只有一种可供选择的 B 位置，故难以形成抽出型或插入型层错。若抽出或插入一层 B 原子，会造成 AA 型堆垛，使能量增高。

在 BCC 晶体中，还有一种在{112}面上形成层错的可能性。{112}面是 BCC

晶体中最常见到的滑移面，也是孪晶面，为形成层错提供了有利条件。但{112}不是密排面，不能按刚球密堆方式逐层堆垛，如图 2-77(a)所示。若沿[1̄10]方向观察，可将(11̄2)面上各原子在(110)面上的投影示于图 2-77(b)。图中标以 A、C 和 E 的原子位于(110)截面上，而标以 B、D 和 F 的原子沿[1̄10]方向与(110)截面相距 $\frac{\sqrt{2}}{2}a$。可见(11̄2)面的堆垛特点是每六层为一循环周期，即

$$\cdots ABCDEF \quad ABCDEF \quad AB\cdots$$

此外，由于相邻两层(11̄2)面上的原子沿[1̄10]方向高度不同，又可将 BCC 晶体的堆垛特点按(11̄2)面的堆垛周期中每两层为一组加以描述：

$$\cdots A_1 A_2 B_1 B_2 C_1 C_2 A_1 A_2 B_1 B_2 C_1 C_2 A_1 A_2 \cdots$$

根据以上{112}面的堆垛特点，可有以下三种方式在 BCC 晶体中形成层错。

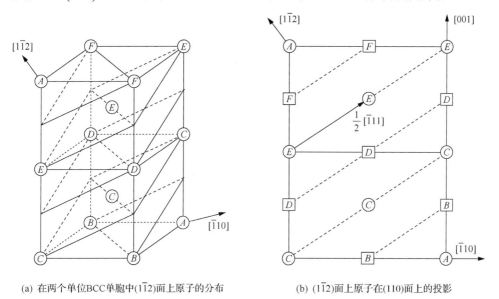

(a) 在两个单位BCC单胞中(11̄2)面上原子的分布   (b) (11̄2)面上原子在(110)面上的投影

图 2-77　BCC 晶体中 (11̄2) 面上的原子分布及其堆垛特点

用圆圈表示位于投影面(110)上的原子；用方框表示位于投影面前后的原子

1. 滑移方式

由图 2-77 可见，(11̄2)面与(110)面相垂直，其交线[1̄11]恰好为滑移方向。

每相邻两层 $(1\bar{1}2)$ 面原子之间的相对滑移矢量为 $\dfrac{1}{6}[\bar{1}11]$，如图 2-78 所示。若将某

一层 $(1\bar{1}2)$ 面原子(如 A 层原子)以上部分相对于以下的 F 层滑移 $\dfrac{1}{6}[\bar{1}11]$ 或 $\dfrac{1}{3}[1\bar{1}\bar{1}]$，

可将 BCC 晶体的堆垛次序变化而形成 I_1 型内禀型层错。

$$+\vdots+$$
$$I_1 = \cdots FEDCBAFE\vdots FEDCBA\cdots$$

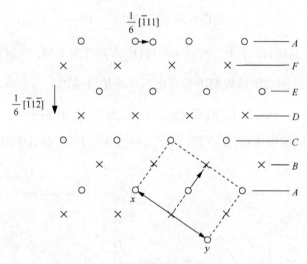

图 2-78　BCC 晶体中原子在 (110) 面上投影

0 代表位于纸面上的原子；×代表位于纸面下的原子

　　显然，这种堆垛次序的变动相当于形成了一个原子层厚的孪晶。这也说明，在 BCC 晶体中，孪晶易于在 {112} 面上形成。

2. 抽出方式

　　若在 BCC 晶体的正常堆垛周期中，抽出一对原子层(如 C 层和 D 层)，可形成如下 I_2 型内禀型层错：

$$+\vdots+$$
$$I_2 = \cdots FEDCBAFE\vdots BAFEDCBA\cdots$$

3. 插入方式

　　若在 BCC 晶体的正常堆垛周期中，在某一 B 层处将晶体切开后，使其上各层原子向上沿 $[1\bar{1}2]$ 方向移动 $\dfrac{1}{3}[1\bar{1}2]$ 距离，再在该空隙中插入一对原子层(如 E 层和

F 层），则可形成 E 型外延型层错：

$$+ \vdots +$$
$$E = \cdots CDEFABE \quad \vdots \quad FCDEFABC \cdots$$

在上述改变{112}面堆垛次序的过程中，要相应破坏或变动相邻原子层的键合状态。按照所涉及的原子键合破坏的程度，可以认为 I_1 型内禀型层错所需能量最小，而形成其他两种层错所需能量较大。因此，在 BCC 晶体中，层错一般以 I_1 型为主，其他两种层错的实用意义不大。

2.10.2　体心立方晶体中的部分位错

上述分析表明，在 BCC 晶体中可能形成的主要部分位错如下。

(1) 在{110}面上形成一部分层错时，其边界为部分位错 $\frac{1}{8}\langle 110 \rangle$。

(2) 在{112}面上形成一部分层错时，其边界为部分位错 $\frac{1}{6}\langle 111 \rangle$ 或 $\frac{1}{3}\langle 111 \rangle$。

另外，在 BCC 晶体中，也可能在 I_1 型层错的基础上进一步形成 I_3 型层错。与其相对应的{112}面的堆垛次序如下：

$$+ \qquad +$$
$$\vdots \qquad \vdots$$
$$I_3 = \cdots FEDCBAFE\,F\,ABAFEDCBA \cdots$$
$$\vdots \qquad \vdots$$

这种 I_3 型层错相当于具有三个原子层厚的孪晶，可以看出是在如图 2-79(a)所示的 I_1 型层错的基础上，经伯格斯矢量为 $\frac{1}{3}[1\bar{1}\bar{1}]$ 和 $\frac{1}{6}[\bar{1}11]$ 的两部分位错在 FE 和 ED 两原子层之间相继滑移的结果。在{112}面上形成一部分 I_3 型层错时，其边界的一

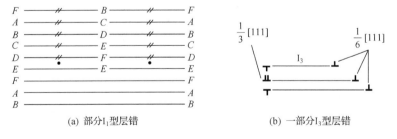

(a) 部分 I_1 型层错　　　　　　(b) 一部分 I_3 型层错

图 2-79　BCC 晶体中在 $(11\bar{2})$ 面上形成的层错

端为三个分布在相邻滑移面上的 $\frac{1}{6}\langle 111 \rangle$ 部分位错，另一端为伯格斯矢量和等于零的区域位错，如图 2-79(b) 所示。

2.10.3　体心立方晶体中的扩展位错

1. 在 {110} 面上的扩展位错

如图 2-76 所示，B 层原子要从一个平衡位置滑移到另一个平衡位置时，比较容易的途径是将全位错 $\vec{b}$ 的运动分解成三个部分位错的运动，即

$$\underset{\vec{b}}{\frac{1}{2}[111]} \longrightarrow \underset{\vec{b_1}}{\frac{1}{8}[110]} + \underset{\vec{b_2}}{\frac{1}{4}[112]} + \underset{\vec{b_3}}{\frac{1}{8}[110]}$$

这种全位错分解反应的特点是，所形成的三个部分位错位于同一滑移面内。其中，$\vec{b_2}$ 位错留在原位错 $\vec{b}$ 所在处，$\vec{b_1}$ 和 $\vec{b_3}$ 两部分位错构成扩展位错的两个边界。Cohen 等[22]曾用这种模型设想一个 $\frac{1}{2}[111]$ 螺型位错分解形成可滑移型扩展位错的可能性，如图 2-80(a) 所示。这种分解反应称为可滑移分解。

Kroupa 和 Vitek[23]曾提出 $\frac{1}{2}[111]$ 螺型位错可沿属于[111]晶带轴的{110}面内分解，如图 2-80(b) 和 (c) 所示。其位错反应如下：

$$\underset{\vec{b}}{\frac{1}{2}[111]} \rightarrow \underset{\vec{b_1}}{\frac{1}{8}[110]} + \underset{\vec{b_2}}{\frac{1}{8}[101]} + \underset{\vec{b_3}}{\frac{1}{8}[011]} + \underset{\vec{b_4}}{\frac{1}{4}[111]}$$

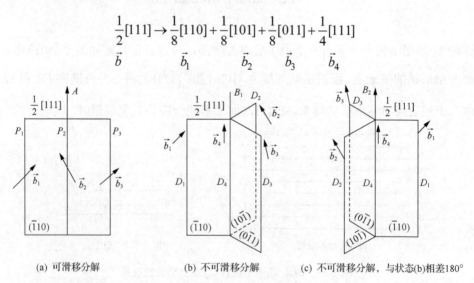

(a) 可滑移分解　　　　　　(b) 不可滑移分解　　　　(c) 不可滑移分解，与状态(b)相差180°

图 2-80　BCC 晶体中伯格斯矢量为 $\frac{1}{2}[111]$ 的螺型位错在{110}面上分解

式中，$\vec{b}_4$ 为中心螺型位错，分别与另三个部分位错以三片层错相联，故称三叶位错。图 2-80(b) 和 (c) 是等效的两个状态，可以交替地沿同一条位错线扩展。

2. 在 {112} 面上的扩展位错

开始 Frank 和 Nicholas[24] 提出，$\frac{1}{2}$[111] 螺型位错可在 {112} 面上按下式分解扩展：

$$\frac{1}{2}[111] \longrightarrow \frac{1}{6}[111] + \frac{1}{3}[111]$$

这是由一个螺型位错分解成两个螺型部分位错，均位于同一滑移面上，如图 2-81(a) 所示。这种位错组态在外力作用下可整体滑移，也称为可滑移分解。

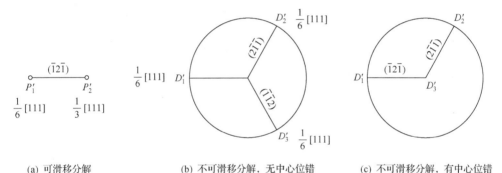

(a) 可滑移分解　　　　　　　(b) 不可滑移分解，无中心位错　　　　(c) 不可滑移分解，有中心位错

图 2-81　BCC 晶体中 $\frac{1}{2}$[111] 螺型位错在 {112} 面上分解机制示意图

后来，有学者[25] 又提出了一种 $\frac{1}{2}$[111] 螺型位错沿属于 [111] 晶带轴的三个 {112} 面上分解的可能性，如图 2-81(b) 所示，即

$$\frac{1}{2}[111] \longrightarrow \frac{1}{6}[111] + \frac{1}{6}[111] + \frac{1}{6}[111]$$

其特点是形成相交的三片层错，分别以三个 $\frac{1}{6}$[111] 螺型部分位错为边界，但却无中心部分位错。Sleeswyk[25] 认为这种中心无部分位错的扩展位错不稳定，应按图 2-81(c) 所示的方式分解。在无应力作用下，图 2-81(c) 中的组态可有三种等效情况（相差 120°）。这种各部分位错分别位于不同滑移面上的分解，也称为不可滑移分解。所形成的扩展位错组态具有阻碍其他位错滑移的特性。

2.10.4　体心立方晶体中螺型位错芯的结构

上述螺型位错的非平面扩展特性与 BCC 晶体中螺型位错所受派-纳力较大有一定关系。虽然尚未从实验上直接证实这种扩展的存在，但至少在位错中心范围内有可能发生非平面扩展。

对 $\frac{1}{2}$[111] 螺型位错的原子组态进行计算机模拟[26]表明，其位错中心的结构如图 2-82(a)所示。图中黑点表示原子位置在{111}面上的投影。螺型位错位于图的中心，并与投影面(纸面)相垂直。{110}面和{112}面的取向如图 2-82(b)所示。对沿位错线[111]方向上原子之间的位移差用相邻原子投影之间的箭头加以表征。箭头的长度与原子之间的位移差成正比，距位错中心越远则箭头越短。可见，$\frac{1}{2}$[111]螺型位错中心分布在三个相交的{110}面上，相当于一个 $\frac{1}{2}$[111] 螺型位错分解成三个 $\frac{1}{6}$[111] 分股螺型位错。但同 Shockley 部分位错不同，这种分股位错不是稳定层错的边界。此外，分股螺型位错中心还可能以孪晶方式进一步向{112}面上扩展。

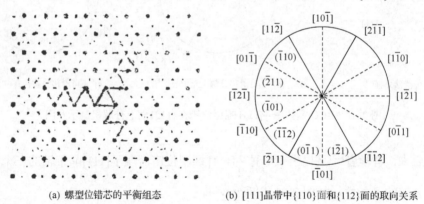

(a) 螺型位错芯的平衡组态　　　　(b) [111]晶带中{110}面和{112}面的取向关系

图 2-82　BCC 晶体中 $\frac{1}{2}$[111] 螺型位错芯的原子组态

在不受外力作用时，如图 2-82(a)所示的分股螺型位错芯组态具有三重旋转对称性。实际上，分股位错芯向{112}面扩展会在一定程度上破坏这种旋转对称性，易于使 BCC 晶体滑移出现非对称性。在切应力作用下，螺型位错芯的结构会在滑移前发生变化，如图 2-83 所示。($\bar{1}$01)面上切应力增加，使图 2-82(a)中螺型位错向左运动时，位于($\bar{1}$01)面上的分股位错芯向左扩展，而其他两分股位错却向原螺型位错芯处收缩，如图 2-83(a)所示。在整个螺型位错中心沿($\bar{1}$01)面运动前，位

于 $(0\bar{1}1)$ 面上的分股位错要被 $(\bar{1}10)$ 面上的分股位错取代而消失，如图 2-83(b)所示。所以，在切应力作用下，BCC 晶体在{110}面上滑移出现非对称性。

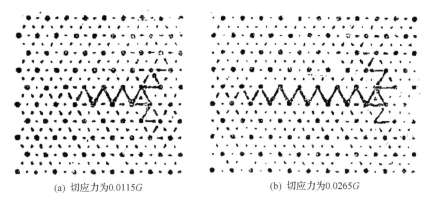

(a) 切应力为0.0115G　　　　　　　(b) 切应力为0.0265G

图 2-83　BCC 晶体中 $\frac{1}{2}$[111] 螺型位错芯组态随切应力增加而变化

整个位错在切应力为 0.0275G 时运动，▲为位错芯所在处

相比之下，在 BCC 晶体中，刃型位错不具备非平面扩展特性，其位错芯集中分布在{110}或{112}面上，而且不包含稳定的层错。所以，刃型位错对非剪切应力不敏感，而易于在较低的切应力下滑移。

2.10.5　体心立方晶体中的全位错合成反应

在 BCC 晶体中，常见的全位错除了 $\frac{1}{2}\langle111\rangle$ 位错，还有伯格斯矢量为 $\langle001\rangle$ 的位错，有时可在位错网络中观察到。这种类型的全位错可由两个 $\frac{1}{2}\langle111\rangle$ 全位错经合成反应而获得，即

$$\frac{1}{2}[\bar{1}\bar{1}1] + \frac{1}{2}[111] \longrightarrow [001] \tag{2-121}$$

如图 2-84(a)所示，若沿(101)面上具有伯格斯矢量为 $\frac{1}{2}[\bar{1}\bar{1}1]$ 的位错与沿 $(10\bar{1})$ 面上的具有伯格斯矢量为 $\frac{1}{2}[111]$ 的位错相遇，便可按此反应合成新位错使弹性能降低。合成的新位错线沿着两滑移面(101)和 $(10\bar{1})$ 的交线[010]方向（垂直纸面的方向），而伯格斯矢量为[001]，故应为刃型位错。显然在 BCC 晶体中，[001]位错是一种不动位错，其相应的半原子面又恰好沿着解理面(001)，易于成为萌生解理裂纹的部位，如图 2-84(b)所示。

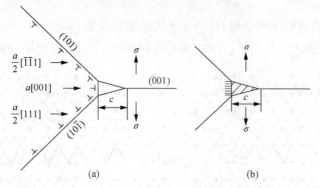

图 2-84　BCC 晶体中[001]全位错的形成与解理裂纹成核

2.11　过饱和空位对位错组态的影响

在纯金属中，有三种产生点阵空位和填隙原子的来源。一是高温加热时，由热起伏促使点阵原子脱离点阵结点而产生点缺陷，在冷却过程中部分点缺陷被冻结在晶体中；二是塑性变形时，由位错运动产生点缺陷；三是高能粒子照射金属晶体，使点阵原子离位，生成填隙原子和点阵空位。由于产生填隙原子要消耗很大的能量，在熔点以下热起伏只能产生点阵空位，而极难形成填隙原子。冷变形似乎应有机会同时产生空位和填隙原子，但实验上只证明空位的存在。只有辐照后的金属中两种点缺陷共存，却又因填隙原子的迁移激活能很小，而难以在一般温度下存留。所以，纯金属中只有空位是比较重要的点缺陷。

晶体中空位的数量有时可达到过饱和状态，以致影响位错的运动或形成特殊的位错组态。本节主要讨论淬火(高温冷却)和冷变形时形成过饱和空位的机制，及其对位错组态的影响。

2.11.1　过饱和空位的形成机制

1. 高温淬火时过饱和空位的形成

晶体在高温下，空位的平衡浓度很高。若将其激冷后，会有大量空位被冻结在晶体内部，使空位达到过饱和状态。例如，在熔点 T_m 附近，空位的平衡浓度为

$$c = \frac{1}{v_a} \exp\left(-\frac{W_v}{kT_m}\right)$$

式中，v_a 为原子体积；W_v 为空位形成能；k 为玻尔兹曼常量。在过冷度到 $T_0 = T_m / 2$ 时，空位的平衡浓度便为

$$c^0 = \frac{1}{\upsilon_a} \exp\left(-\frac{W_\upsilon}{kT_0}\right)$$

于是，快冷后可使空位达到如下过饱和程度：

$$\frac{c}{c^0} = \exp\left(\frac{W_\upsilon}{2kT_0}\right)$$

由式(2-67)可知，这时空位的化学势为

$$\overline{G} = kT \ln \frac{c}{c^0} = \frac{1}{2}W_\upsilon$$

若取 $W_\upsilon = 0.2Gb^3$ 和 $\upsilon_a = b^3$，则可由式(2-68)求得过饱和作用到刃型位错上的"渗透力"约为

$$\frac{F}{L} = -\frac{\overline{G}b}{\upsilon_a} \approx \frac{Gb}{10}$$

可见，由淬火造成的过饱和空位能对刃型位错产生很大的"渗透"力，甚至可明显超过外加应力的作用。这在淬火后放置的初期，易于使割阶对在位错线上萌生，从而使直线位错可像割阶位错一样有效地吸收空位。

不同温度下淬火时，空位的过饱和程度不同，还会影响空位的存在形式。一般来说，淬火温度低时，得到的是单空位；而淬火温度高时，得到双空位或空位团。这是因为在较高温度下加热时，空位的浓度大，相互撞击形成空位对的概率增大。

2. 冷变形时过饱和空位的形成

空位可以在晶体冷变形过程中由偶极子位错湮灭产生。如图 2-85 所示，位于相邻滑移面 P_1 和 P_2 上的两异号刃型位错 L_1 和 $L_2(\vec{b}_1 = -\vec{b}_2)$ 相互吸引。在外力作

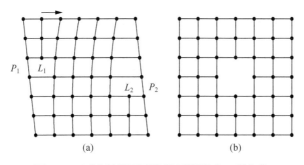

(a)   (b)

图 2-85 两个异号刃型位错湮没形成一列空位

用下一个位错在另一个位错上方滑移时，便可形成位错偶极子及相应的一串连续空位。这可以看成其中的一条位错线从所在的滑移面攀移了一个原子间距后，与另一条位错线相消的结果。

一般而言，在临近的滑移面 P_1 和 P_2 内两个具有相反伯格斯矢量的位错圈 L_1 和 L_2 相互靠近时，会因吸引力作用使一段位错线平行排列形成位错偶极子，如图 2-86(a) 和 (b) 所示。若滑移面的距离足够小，位错间的吸引力足以引起攀移而彼此湮灭，如图 2-86(c) 所示，其结果不但形成了两个割阶 C_1 和 C_2，使两个位错圈相联结；同时，在台阶面上留下一些空位。可以证明，只有当两位错分别位于相邻几个原子间距的平面内时，才能发生湮没。

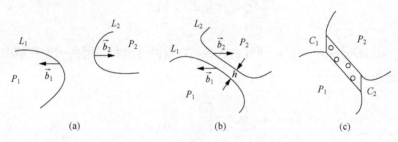

图 2-86　相邻滑移面上的两个任意形状的位错湮没形成空位

另外，晶体在变形时，也可以由割阶攀移发射空位。如在 2.5 节中所述，具有割阶的螺型位错运动时，割阶要攀移。割阶实质上是一小段刃型位错，会在攀移过程中不断放出空位。特别是，当割阶快速攀移时，这种机制产生空位的作用增大。但在一般情况下，外力对割阶的直接作用效应不大。作用在割阶上的外力所做的功往往低于空位形成能，使割阶难以在没有热激活的情况下攀移。这种机制也常用来解释冷变形时的空位形成，但似乎不如位错偶极子湮没机制所起的作用大。

2.11.2　过饱和空位与典型位错组态的形成

1. FCC 晶体中位错环及层错四面体的形成

在 FCC 晶体中，过饱和空位易于优先沿密排面 {111} 聚集，形成具有原子厚度的空位盘。当其尺寸足够大时，空位盘崩塌形成负 Frank 位错环，其中包围一片层错。若用 ε 表示 {111} 面的表面能，对产生这一过程的能量条件可以大致写成

$$2\pi\left(\frac{D}{2}\right)^2 \varepsilon > \pi\left(\frac{D}{2}\right)^2 \gamma + \frac{1}{2} G\pi D b^2 \tag{2-122}$$

式中，D 为空位盘直径；γ 为层错能；$b = a/\sqrt{3}$ 为 Frank 位错环的强度。可以求

得，空位盘的临界直径为

$$D_c = \frac{2Gb^2}{2\varepsilon - \gamma} \tag{2-123}$$

例如，对 Al 求出 $D_c = 10\text{Å}$。

随着层错能高低不同，由空位盘崩塌所形成的负 Frank 位错环可能导致两种结果。

1）形成棱柱位错环

在层错能较高的情况下，可由{111}面上的负 Frank 位错环与 Shockley 位错发生反应，如

$$\overrightarrow{D\delta} + \overrightarrow{\delta A} \longrightarrow \overrightarrow{DA}$$

其结果是将负 Frank 位错环转化为伯格斯矢量为 $\frac{1}{2}$[011] 的全位错环。这相当于通过一个 Shockley 位错穿越 Frank 位错环而将其中所包围的层错区消除。显然，这种位错反应只有在层错能较高时才易于发生，以使负 Frank 位错环及其所包围层错的能量高于全位错环的能量，诱发 Shockley 位错在 Frank 位错环内萌生。

对 Frank 位错环向棱柱位错环转化的能量条件，可作如下近似估算：

$$\pi\left(\frac{D}{2}\right)^2 \gamma + \frac{1}{2} G\pi Db_1^2 > \frac{1}{2} G\pi Db_2^2 \tag{2-124}$$

式中，$\vec{b}_1 = \frac{1}{3}$[111]，$\vec{b}_2 = \frac{1}{2}$[110]。在电子显微镜下观察时，负 Frank 位错环与棱柱位错环常呈六角形，周界沿[110]密排方向，环面平行于{111}面。这是因为{111}是密排面，[110]是密排方向。有时在负 Frank 位错环内可见层错衬度条纹。据估计，促使 Frank 位错环向棱柱位错环转化的临界层错能约为 60mJ/m^2。但层错能过高时，会因所形成的棱柱位错环尺寸太小而难以观察到。

2）形成层错四面体

这是在层错能较低的情况下，由负 Frank 位错环分解所形成的一种特殊的位错组态。其立体形态为由{111}面上的内禀型层错组成的四面体，六个棱边均为 $\frac{1}{6}\langle 110 \rangle$ 型的压杆位错。在 FCC 晶体中，负 Frank 位错可以通过以下反应降低能量：

$$\frac{1}{3}[111] \longrightarrow \frac{1}{6}[101] + \frac{1}{6}[121] \tag{2-125}$$

$$b^2: \qquad \frac{a^2}{3} \longrightarrow \frac{a^2}{18} + \frac{a^2}{6}$$

这种反应的结果是由 Frank 位错分解成一个压杆位错和一个 Shockley 位错,中间夹有层错。所以,只有在层错能较低的情况下,负 Frank 位错才可能进一步分解。

对层错四面体的形成可参照 Thompson 四面体作如下描述。如图 2-87(a)所示,若空位首先在 BCD 面上聚集,崩塌后形成沿密排方向 [110] 的一片层错周界是伯格斯矢量为 $\overrightarrow{\alpha A}$ 的三角形的 Frank 位错环。其中每一侧边上的 Frank 位错均可按式(2-125)分解,以降低弹性能,即

$$\overrightarrow{\alpha A} \longrightarrow \overrightarrow{\alpha \beta} + \overrightarrow{\beta A}, \qquad 在 ACD 面上$$

$$\overrightarrow{\alpha A} \longrightarrow \overrightarrow{\alpha \gamma} + \overrightarrow{\gamma A}, \qquad 在 ABD 面上 \qquad (2\text{-}126)$$

$$\overrightarrow{\alpha A} \longrightarrow \overrightarrow{\alpha \delta} + \overrightarrow{\delta A}, \qquad 在 ABC 面上$$

可见,在 BCD 面的三个侧边上各形成一个压杆位错,又在四面体的另外三个面上各形成一个 Shockley 位错以及相应的一片层错,如图 2-87(c)所示。层错能低,易于使 Shockley 位错受压杆位错排斥而滑动,从而导致层错区在四面体的三个侧面上逐渐扩展。三个 Shockley 位错的两端均与压杆位错相连,使其滑动时呈弓弯状。这又为相邻的 Shockley 位错间发生吸引和沿棱边 DA、BA 和 CA 形成新的压杆位错提供了有利条件,产生如下反应:

$$\overrightarrow{\beta A} + \overrightarrow{A\gamma} \longrightarrow \overrightarrow{\beta \gamma}, \qquad 沿 DA 棱边$$

$$\overrightarrow{\gamma A} + \overrightarrow{A\delta} \longrightarrow \overrightarrow{\gamma \delta}, \qquad 沿 BA 棱边 \qquad (2\text{-}127)$$

$$\overrightarrow{\delta A} + \overrightarrow{A\beta} \longrightarrow \overrightarrow{\delta \beta}, \qquad 沿 CA 棱边$$

于是,随着 Shockley 位错在四面体的三个侧面上逐渐向上运动,便可最终形成以六个压杆位错为棱边的层错四面体,如图 2-87(c)和(d)所示。

对形成层错四面体的能量条件,可由下式粗略估计:

$$\frac{\sqrt{3}}{4} l^2 \gamma + \frac{3}{2} G b_1^2 l > \sqrt{3} l^2 \gamma + \frac{6}{2} G b_2^2 l \qquad (2\text{-}128)$$

式中,l 为棱边长,$\vec{b}_1 = \frac{1}{3}\langle 111 \rangle$,$\vec{b}_2 = \frac{1}{6}\langle 110 \rangle$。若取 $\gamma = 30 \mathrm{erg} / \mathrm{cm}^2$ (1erg=10^{-7}J),可近似求出层错四面体的最大尺寸为 40nm。在透射电子显微镜下观察时,层错四

面体多为三角形，内部有层错衬度条纹。有时因层错四面体相对于薄膜样品表面取向不同，也可呈现正方形。

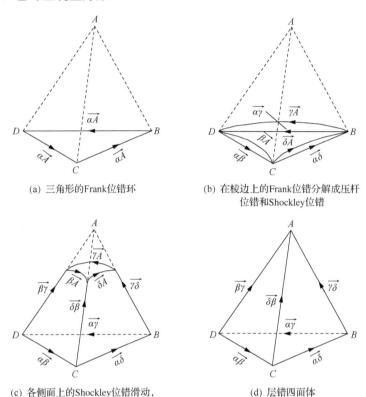

(a) 三角形的Frank位错环

(b) 在棱边上的Frank位错分解成压杆位错和Shockley位错

(c) 各侧面上的Shockley位错滑动，并在相邻棱边处形成压杆位错

(d) 层错四面体

图 2-87　FCC 晶体中层错四面体的形成

箭头表示位错线的方向

在某些 FCC 晶体中，如银、金及其合金、铜及其合金、镍及其合金等，也可由割阶螺型位错滑动形成层错四面体。图 2-88(a) 为伯格斯矢量为 $\overrightarrow{CD}$ 的螺型扩展位错上带有割阶，在 (b) 面上做保守性滑移。若位于割阶上端的螺型位错发生交滑移而由 (b) 面进入 (a) 面滑移，割阶可沿 (c) 面发生分解，形成 Frank 位错 $\overrightarrow{C\gamma}$ 和 Shockley 位错 $\overrightarrow{\gamma D}$。于是，在外力作用下可形成如图 2-88(b) 所示的位错组态。随着割阶的两个扩展螺型位错分别在 (b) 面和 (a) 面上滑移，以及 Shockley 位错 $\overrightarrow{\gamma D}$ 在 (c) 面上滑移，可使 (c) 面上层错区不断扩大，而割阶高度逐渐缩小。最终会导致两侧的螺型扩展位错合拢，在 (c) 面上留下一个伯格斯矢量为 $\overrightarrow{C\gamma}$ 的 Frank 位错三角形，如图 2-88(c) 所示。这又为按如图 2-87 所示的方式形成层错四面体提供了基础。因此，对层错能较低的 FCC 晶体冷变形时，便可由割阶螺型位错滑移机

制形成层错四面体。

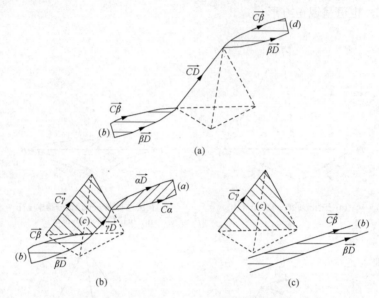

图 2-88　螺型扩展位错在割阶处发生交滑移时形成 Frank 位错三角形

2. 蜷线位错的形成

在晶体中空位过饱和的条件下，预先存在的位错能吸引周围的空位而形成一种特有的蜷线形的组态。这种蜷线位错是沿着一个旋转圆柱体盘旋，其轴平行于位错的伯格斯矢量。

常见的形成蜷线位错的机制有以下几种。

(1)如图 2-89 所示，一个左手螺型位错与具有相同伯格斯矢量的负棱柱位错环相遇时，会使位错环所在的平面变成螺旋面，从而相应形成了一圈左螺旋蜷线。前已述及，棱柱位错环可由空位聚集崩塌而得，所以这种蜷线位错的形成同空位过饱和有关。

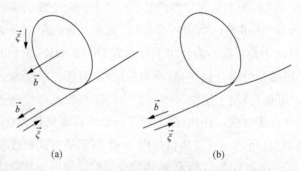

图 2-89　左手螺型位错与棱柱位错环相遇形成左旋蜷线位错

(2)若螺型位错上带有几个符号相反的割阶，割阶具有刃型位错性质，可沿 z 方向攀移，如图 2-90(a)所示。两相邻的割阶符号相反，使吸收空位时攀移方向不同。于是，在过饱和空位所产生的"渗透"力的作用下，经各割阶沿垂直于螺型位错线的方向攀移的结果使位错线弯成曲折状，如图 2-90(b)所示。在各段位错线上均产生了刃型分量，但相应的刃型分量的方向不同，又会导致攀移方向(垂直于纸面)各异，从而最后形成如图 2-90(c)所示的左旋蜷线位错。

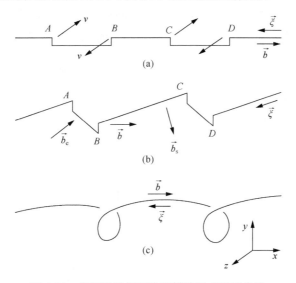

图 2-90　带割阶的螺型位错攀移形成蜷线位错

(3)如图 2-91 所示，在热振动或内应力作用下，螺型位错线出现局部弯折也会引起异号刃型位错分量出现。于是，在过饱和空位作用下，便会由于异号刃型位错分量向相反方向攀移而将原来的直线螺型位错线转化为蜷线位错。通常将这种机制称为 Frank 机制。

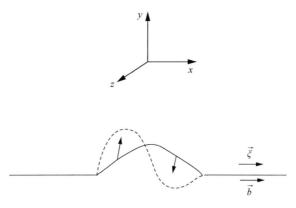

图 2-91　螺型位错(实线)在 Oxz 面上取向曲折和随后攀移形成蜷线位错(虚线)

（4）如图 2-92 所示，可由两端受钉扎的混合位错 AB 在过饱和空位的"渗透"力作用下攀移而形成蜷线位错。这是因为，在混合位错的各线段上均有符号相同的刃型分量，攀移方向相同。此外，过饱和空位产生的"渗透"力垂直于位错线。所以，在 A 和 B 两端不动的情况下，便会使位错线分别以 A 和 B 为中心按一定角速度蜷曲。当蜷曲进行到一定程度时，"渗透"力可能与各圈位错线间的斥力以及线张力引起的回复力达到平衡，便使蜷曲停止，以致在空间上形成稳定的蜷线位错组态。图 2-92（a）为混合位错在 Oxy 面上的投影；图 2-92（b）和（c）分别为正在蜷曲中的位错线和稳态的蜷线位错在 Oyz 面上的投影；图 2-92（d）为蜷线位错的空间形成。

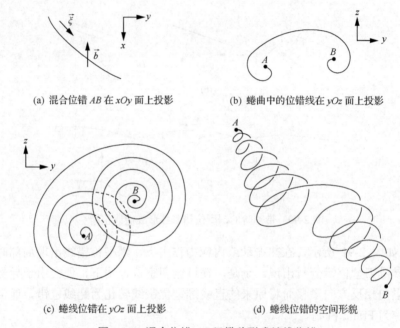

(a) 混合位错 AB 在 xOy 面上投影　　　　(b) 蜷曲中的位错线在 yOz 面上投影

(c) 蜷线位错在 yOz 面上投影　　　　(d) 蜷线位错的空间形貌

图 2-92　混合位错 AB 经攀移形成蜷线位错

上述分析表明，蜷线位错不仅可在淬火（高温快冷）态晶体中存在，也易于在冷变形晶体中出现。冷变形时，由内应力与"渗透"力共同作用更易于形成位错蜷线。特别是直线位错长度较大时，往往不稳定，易呈蜷线状。这种现象对于加深理解加工硬化过程以及位错缠结的形成有重要意义。

参 考 文 献

[1] Peierls R. The size of a dislocation [J]. Proceedings of the Physical Society, 1940, 52 (1): 34-37

[2] Nabarro F R N. Dislocations in a simple cubic lattice [J]. Proceedings of the Physical Society, 1947, 59 (2): 256

[3] Eshelby J. Edge dislocations in anisotropic materials [J]. Philosophical Magazine, 1949, 40 (308): 903-912

[4] Hirth J P, Lothe J. Theory of Dislocations [M]. New York: A Wiley-Interscience Publication, 1982: 218-227

[5] Hirth J P, Lothe J. Theory of Dislocations [M]. New York: A Wiley-Interscience Publication, 1982: 242-251

[6] Frank F. Answer by Frank in discussion of a paper by NF Mott that introduced what became known as Frank's rule [J]. Physica, 1949, 15(7): 131-133

[7] Lothe J. Theory of dislocation climb in metals [J]. Journal of Applied Physics, 1960, 31 (6): 1077-1087

[8] Heidenreich R, Shockley W. Report of a conference on the strength of solids [C]. London: Physical Society, 1948: 71-92

[9] Thompson N. Dislocation nodes in face-centred cubic lattices [J]. Proceedings of the Physical Society. Section B, 1953, 66 (6): 481-492

[10] Lomer W. A dislocation reaction in the face-centred cubic lattice [J]. Philosophical Magazine Series 7, 1951, 42 (334): 1327-1331

[11] Weertman J, Weertman J R. Elementary Dislocation Theory [M]. London: The Macmillan Company, Collier-Macmillan Ltd, 1971: 103-114

[12] 杨顺华. 晶体位错理论基础(第一卷)[M]. 北京: 科学出版社, 1998: 389-391

[13] Basinski S, Basinski Z, Nabarro F. Dislocations in solids [M]. North-Holland: Amsterdam, 1979, 4: 261-267

[14] Loretto M. The nature of faulted defects in low stacking-fault energy alloys [J]. Philosophical Magazine, 1965, 12 (115): 125-137

[15] Gallagher P. An absolute determination of the extrinsic and intrinsic stacking fault energies in Ag in alloys [J]. Physical Status Solid (B), 1966, 16 (1): 95-115

[16] Fleischer R L. Cross slip of extended dislocations [J]. Acta Metallurgic, 1959, 7 (2): 134-135

[17] Stroh A. The formation of cracks as a result of plastic flow [J]. Proceedings of the Royal Society of London. Series A. Mathematical and Physical Sciences, 1954, 223 (1154): 404-414

[18] Berghezan A, Fourdeux A, Amelinckx S. Transmission electron microscopy studies of dislocations and stacking faults in a hexagonal metal: Zinc [J]. Acta Metallurgic, 1961, 9 (5): 464-490

[19] Damiano V V. The double tetrahedron-A method of notation for CPH structures [J]. Transactions Metals Society AIME, 1963, 227(14): 788-789

[20] Hull D, Bacon D J. Introduction to Dislocations [M]. Oxford: Pergamon Press, 1984: 117-118

[21] Rosenbaum H, Reed-Hill R, Hirth J, et al. Deformation Twinning [M]. New York: Gordon and Breach, 1964: 43-44

[22] Cohen J B, Hinton R, Lay K, et al. Partial dislocations on the {110} planes in the b.c.c. lattice [J]. Acta Metallurgica, 1962, 10 (9): 894-895

[23] Kroupa F, Vitek V. Splitting of dislocations in bcc metals on {110} planes [J]. Cechoslovackij fiziceskij zurnal B, 1964, 14 (5): 337-346

[24] Frank F, Nicholas J. Stable dislocations in the common crystal lattices [J]. Philosophical Magazine, 1953, 44 (358): 1213-1235

[25] Sleeswyk A. ½⟨111⟩ screw dislocations and the nucleation of {112}⟨111⟩ twins in the bcc lattice [J]. Philosophical Magazine, 1963, 8 (93): 1467-1486

[26] Vitek V. Computer simulation of the screw dislocation motion in bcc metals under the effect of the external shear and uniaxial stresses [J]. Proceedings of the Royal Society of London. A. Mathematical and Physical Sciences, 1976, 352 (1668): 109-124

第3章 位错强化机制

从本章起，将在前两章有关位错的基本概念的基础上以金属材料为例，介绍晶体材料强化机制的有关问题。一般而言，金属、陶瓷及其复合材料等晶体材料的强化涉及形变、合金化及热处理相变等三种基本途径。就其强化机制而论，又可分为位错强化、晶界强化、固溶强化和第二相强化等四种基本方式。本章将在介绍金属单晶体的塑性变形特点的基础上，阐述有关位错强化机制所涉及的各种基本问题。

3.1 单晶体塑性变形的一般特点

3.1.1 单晶体塑性变形的基本方式

1. 滑移变形

滑移的元过程是位错运动，故可用位错的行为描述晶体滑移变形的特点。对常见的三种点阵类型金属而言，可将一般规律描述如下。

(1)FCC 金属具有 12 个滑移系统，即 $\langle 110 \rangle \{111\}$；其派-纳位垒低，派-纳应力小，使塑性较好；由于派-纳位垒低，易于热激活形成弯折，使螺型位错在低温下具有良好的可动性。因此，在 FCC 金属中，位错线易呈弯折状，其不易产生塑-脆过渡而引起低温脆性。除 Ni 和 Al 外，一般 FCC 金属的层错能比较低，易于形成扩展位错。这不仅使螺型位错不易发生交滑移，有利于提高应变硬化率，还会使刃型位错难以攀移，以致降低蠕变速率。因而原则上 FCC 结构的材料既适合高温使用，也适合低温使用。

(2)BCC 金属的滑移系统多达 24 个以上，如 $\langle 111 \rangle \{110\}$ 和 $\langle 111 \rangle \{112\}$ 等，但其派-纳位垒和派-纳应力高，塑性不如 FCC 金属。此外，由于其派-纳位垒高，易出现塑-脆过渡，而引起低温脆性。在 BCC 金属中，位错线不易形成热弯折，而多呈直线组态。一般而言，BCC 金属的层错能较高，不易形成扩展位错。这一方面有利于螺型位错发生交滑移，使应变硬化率降低；另一方面又易于使刃型位错攀移，从而导致蠕变速率增大。因而，BCC 结构的材料原则上不能用于高温和低温环境。

(3)HCP 金属的滑移系统随 c/a 值而发生变化。当 $c/a > 1.633$ 时，滑移系统仅有 $\langle 11\bar{2}0 \rangle \{0001\}$，其结果是使金属的塑性较差，如 Zn 和 Cd 等；当 $c/a < 1.633$

时，除基面滑移外，还可有棱柱面滑移系统 $\langle 11\bar{2}0\rangle\{10\bar{1}0\}$ 和棱锥面滑移系统 $\langle 11\bar{2}0\rangle\{10\bar{1}1\}$，使滑移系统数量增多和塑性得以改善(如 Ti 和 Zr 等金属)。随 c/a 值不同，HCP 金属的派-纳位垒和派-纳应力及层错能也有相应变化。$c/a>1.633$ 时，派-纳位垒、派-纳应力及层错能均较低；而 $c/a<1.633$ 时，趋势相反。所以 HCP 金属滑移变形行为常介于 FCC 和 BCC 两类金属之间。

2. 孪生变形

孪生是晶体中一定的晶面(称为孪生面)沿着一定晶体学方向(孪生方向)移动而引起变形的一种方式。一般而言，金属的孪生变形有如下的特点。

(1)孪生变形使一部分晶体发生均匀切变，而不像滑移那样集中在一些晶面上进行。如图 3-1 所示，孪生区中每一原子面参与变形，而各面上原子移动距离均小于原子间距。

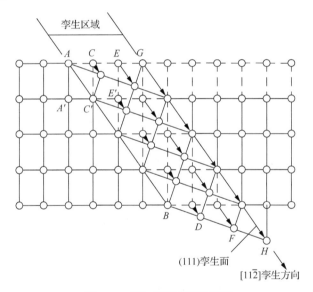

图 3-1　孪生变形过程示意图

(2)孪生变形使晶体的变形部分与未变形部分构成镜面对称的位向关系，而滑移变形后晶体各部分的相对位向不变。

(3)孪生变形具有一定的晶体学特征，而且孪生系统随点阵类型而异，如对 BCC 金属为 $\langle 111\rangle\{112\}$、FCC 金属为 $\langle 112\rangle\{111\}$、HCP 金属为 $\langle\bar{1}011\rangle\{10\bar{1}2\}$。

(4)孪生变形量一般较小，即使晶体全部发生变形，其变形量也不超过 10%。孪生变形的重要作用在于可改变晶体取向，使新滑移系统处于有利取向。这对于滑移系统较少的 HCP 金属的变形会有很大的影响。但即便如此，由于仅会有一小部分晶体经孪生再取向，HCP 金属的塑性一般低于滑移系统较多的 BCC 金属和

FCC 金属。

(5)孪生变形的速度极快，并常伴有响声。

(6)孪生在拉伸试验时，会使应力-应变曲线出现锯齿形变化，如图 3-2 所示。由于孪生形核所需的应力远高于扩展所需应力，每产生一层孪晶必然伴随着一定的应力松弛。

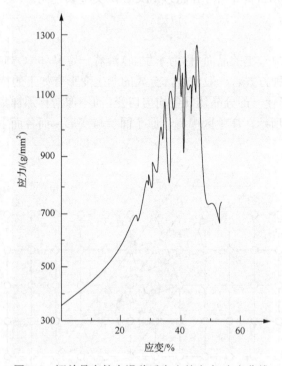

图 3-2　镉单晶在较大滑移后产生的应力-应变曲线

(7)孪生变形易在滑移系统少或滑移受到强烈抑制的条件下发生。在孪生变形之前或多或少有滑移产生，即孪生变形在晶体已产生一定变形的情况下才开始。孪生变形是 HCP 金属的重要变形方式，而 BCC 金属和 FCC 金属中易在低温或高速变形下出现。

3. 扭折带及二次滑移带

在形变晶体的表面上，除了易于观察到滑移线和孪晶界，还可有其他形式的变形痕迹，如扭折带和二次滑移带等，统称为形变带。

扭折带是晶体不能通过滑移或孪生而屈服于外力时所可能采取的一种变形方式。如图 3-3 所示，当对平行于 HCP 单晶体的基面加压力时，可使局部晶体绕某一轴旋转而产生一种局部不均匀的形变带，图中 K 称为扭折面，在其两侧晶体的取向发生突然变化。扭折带常由滑移或孪生所诱发,如图 3-4 所示。孪生区域的切变会迫使附近晶体发生很大应变,特别是在晶体两端有约束的情况下(如拉伸夹头的限制作用)更是如此,如图 3-4(a) 中虚线所示。所以,为了消除这种影响,便可能在与孪生的接壤区形成扭折带,以实现过渡,如图 3-4(b) 所示。

扭折带不仅易在 HCP 的金属中形成,也可以在 FCC 金属和 BBC 金属中出现。据分析,扭折带的形成与某一滑移系统的几何软化有关。此外,在压缩和拉伸条件下,均有可能形成扭折现象,并使应力-应变曲线产生明显的应力陡降。

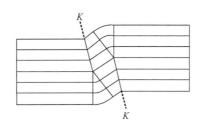

图 3-3　扭折带的形成

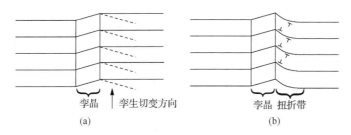

图 3-4　伴随着孪晶的形成而产生的扭折带

二次滑移带的特点在于既不是孪生,也不是扭折,而且带内主要滑移系统的痕迹较微弱。随着变形的增加,在形变带内将出现其他滑移系统的痕迹,故称为二次滑移带。其容易出现的取向正好是扭折带不易出现的取向。在形变带内,晶体取向不发生显著改变。观察表明,在 Al 中二次滑移带呈薄片状,其厚度约为 0.05mm、间距约为 1mm。这种二次滑移带能够显著阻碍滑移进行,因而对应变硬化起显著作用。

3.1.2　Schmidt 定律与滑移系统的开动

Schmidt 定律是单晶滑移系统开动的重要判据,它能给出起始滑移与外加切应力的关系。如图 3-5 所示,外加应力在滑移面内沿滑移方向的分量为

$$\text{RSS} = \frac{F}{A}\cos\varphi\cos\lambda$$

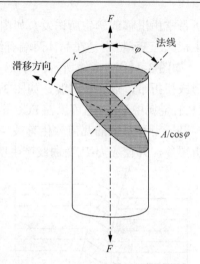

图 3-5　单晶体中滑移要素的取向

式中，F 为轴向拉力；A 为试样的横截面积；λ 为滑移方向与拉伸轴的夹角；φ 为滑移面法线与拉伸轴的夹角。又常令 $m = \cos\varphi\cos\lambda$，称为 Schmidt 因子，或取向因子。当滑移面法线、滑移方向均与外力成 45°角时（此时，$m = 0.5$），分切应力最大。此时外力最易导致滑移，成为软位向。所以，m 是一个很重要的参数，可判断金属单晶体中滑移系统开动的可能性。m 值越大，相应的滑移系统越容易开动。因而，可将 Schmidt 定律表达为

$$RSS \rightarrow CRSS \rightarrow 晶体滑移$$

在这里，CRSS 为临界应力，是晶体的固有性质。若金属中同时存在几个同类滑移系统，虽其临界应力均相同，但在外力作用下，却总是以 m 值最大的滑移系统先开动。这便是滑移的取向因子最大原则。

以 FCC 金属为例，设起始拉伸轴的取向位于(001)标准极射赤面投影图的单位三角形中某一点 P（图 3-6）。按照取向因子最大原则可得出以下四种特征的滑移系统：晶体的初始滑移系统为 $[\bar{1}01](111)$，其取向因子最大，称为主滑移系统；$[\bar{1}01](1\bar{1}1)$ 系统与主滑移系统具有相同的滑移方向，称为交滑移系统；$[011](\bar{1}\bar{1}1)$ 系统在拉伸轴位于 $[001]$-$[\bar{1}11]$ 对称线上时，具有与主滑移系统相同的取向因子，称为共轭滑移系统；$[101](\bar{1}11)$ 系统虽可有较大的取向因子，但不能开动，称为临界滑移系统。

实际上，在拉伸过程中，晶体的取向要不断变化，从而引起各滑移系统间的相对关系逐渐改变。拉伸夹头的约束作用会迫使晶体的滑移方向在变形过程中转向拉伸方向。或者为方便起见，也可把晶体在拉伸过程中的转动看成拉伸方向趋

于滑移方向，以使两者之间的夹角减小。其结果会使原来处于有利取向的主滑移系统转向不利取向，而其他滑移系统却可能变得有利起来，从而引起以下诸现象。

1. 双滑移

如图 3-6 所示，在拉伸过程中，拉伸轴逐渐趋向滑移方向，使 P 点沿极射赤面投影的大圆向 $[\bar{1}01]$ 方向转动。当 P 点到达单位三角形的斜面上时，会使共轭滑移系统与主滑移系统处于同样有利的取向，产生双滑移。

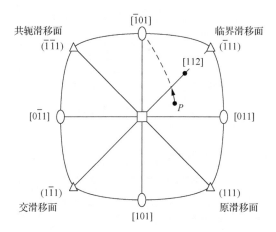

图 3-6　FCC 晶体滑移过程中晶轴的转动

2. 临界滑移

在双滑移开始后，主滑移与共轭滑移均力求使拉伸轴沿大圆向各自的滑移方向转动。由于这两部分转动部分抵消，拉伸轴实际上沿 $[001]$ - $[\bar{1}11]$ 连线移动，以保持两滑移系统受到相同的分切应力，直到拉伸轴到达 $[\bar{1}12]$ 极点。此时，拉伸轴与两个滑移方向 $[\bar{1}01]$ 和 $[011]$ 位于同一平面且处于两滑移方向的中间位置，故使转动作用完全抵消。继续变形时，拉伸轴就停留在此位向不再改变。故 $[101](\bar{1}11)$ 便难以开动，称为临界滑移系统。

3. 超越滑移

在有些金属中，当拉伸轴取向到达 $[001]$ - $[\bar{1}11]$ 边界时，仍可继续沿大圆方向转动一定角度，如图 3-7 所示。这种使拉伸的转动超过交界线的行为便称为超越滑移。如此超越滑移可反复进行，最后使拉伸轴到达 $[\bar{1}12]$ 点。产生超越滑移是由于前一滑移系统的滑移会对另一滑移系统的滑移起潜在的硬化作用。显然，次滑移系统受阻的前提在于产生的位错滑移要能够与原滑移系统中的位错产生交截作用。

因此，位错扩展越宽，应使次滑移系统的潜在硬化能力越强。这一设想与实验事实完全吻合，如层错能高的 Al 无超越滑移，而层错能低的 Cu 和黄铜就有超越现象。

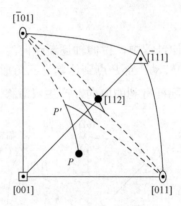

图 3-7　FCC 晶体的超越滑移

3.1.3　金属单晶体的应力-应变曲线

研究金属变形行为时，重要的是考查有关应变硬化曲线的特点。一般而言，金属单晶体的应变硬化曲线分三个阶段，如图 3-8 所示。第一阶段为具有很低的应变硬化率的线性区域，称为易滑移阶段。在第二阶段中，应力与应变也呈线性关系，但有很高的应变硬化率，称为线性硬化阶段。第三阶段称为抛物线阶段，其特点是应力随应变增加按抛物线关系变化，相应使应变硬化率逐渐减小。

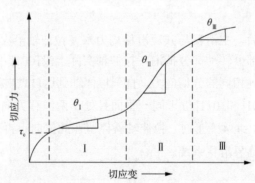

图 3-8　拉伸时金属单晶体的应变硬化曲线示意图

上述三个应变硬化阶段不一定总是同时出现，而要取决于金属的成分、点阵结构、晶体取向、试验温度和应变速率等多种因素。通常以 FCC 金属单晶体比较容易得到完整的应变硬化曲线。易滑移区可在单滑移系滑移、高纯度、低温，以及有利于单滑移的取向等条件下得到较充分的发展。如图 3-9 所示，晶体取向对 FCC 金属单晶体的流变曲线有着重要影响。当拉伸轴平行于 $\langle 011\rangle$ 方向时，只使一个滑移系经受切应力作用，可表现出相当发达的滑移区。但当拉伸轴取向接近 ⟨100⟩ 或 ⟨111⟩ 方向时，分切应力在几个滑移系上差别不大，却使流变曲线有很高的应变硬化率。温度升高使第一、第二阶段的范围减小，以致高温下应力-应变曲线易于表现出第三阶段的抛物线行为。对 BCC 金属和 HCP 金属的单晶体，在成分足够纯及合适的取向和温度条件下，也能得到第三阶段的应变硬化曲线。

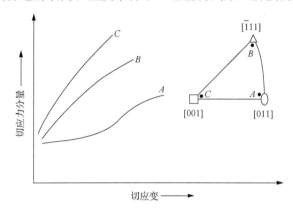

图 3-9　试样取向对 FCC 金属单晶体的应力-应变曲线的影响

下面分别简要介绍三类金属单晶体的应力-应变曲线特点。

1. FCC 金属单晶体

在 FCC 金属中，层错能较低的金属（如 Cu、Au、Ag 和 Ni 等）易于出现易滑移阶段，室温下变形便可得到较为完整的加工硬化曲线；而层错能较高的金属（如 Al）只有在低温变形时，才能得到三个阶段的加工硬化曲线。

对层错能较低的 FCC 金属单晶体而言，在不同温度下变形时，所得应力-应变曲线如图 3-10 所示。在较高温度下，曲线大体呈抛物线状，而在室温附近可呈

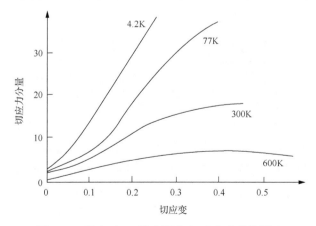

图 3-10　温度对 Cu 类金属应力-应变曲线的影响

现三阶段性。在低温变形使第一阶段提高，而硬化率稍有减小；同时，第二阶段变长而硬化率不变。随着形变温度的降低，第二阶段向第三阶段过渡的应力提高，并相应使第三阶段的硬化率增大。

在不同温度和取向条件下变形时，Al 单晶的应力-应变曲线如图 3-11 所示。拉伸轴取向距[110]极点越远，第一阶段则越短，直到[100]-[111]边界处消失。此外，易滑移区越短，相应的硬化率就越高。室温变形时，第二阶段较短，而在低温下发展较充分。第二阶段的应变硬化率随拉伸轴取向由[110]极点向[100]极点附近改变时不断增大。除拉伸轴取向在[111]和[100]点附近外，晶体取向对第三阶段硬化率影响不大。

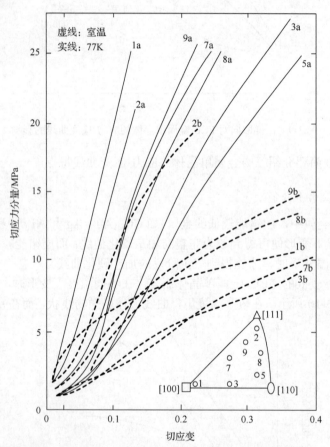

图 3-11　拉伸轴取向对铝单晶体变形时应力-应变曲线的影响

数字表示相应的拉伸轴在极射赤面投影基元三角形中所处的位置。图中 a 指室温条件；b 指 77K 条件

2. BCC 金属单晶体

已经观察到，Nb 和 Fe 等 BCC 金属单晶体在一定条件下可呈现三阶段型应力-应变曲线，如图 3-12 所示。低于室温变形时，第一阶段变形所需应力随温度降低而急剧增大。第一阶段应变范围在 273K 时最大，并随温度升高而减小。在 273K 以上形变时，随温度升高，第二阶段应变范围减小，而第三阶段应变范围增大。在 273K 以下形变，应变硬化曲线的三个阶段趋于消失，但第三阶段的开始应力仍有明显的温度效应。

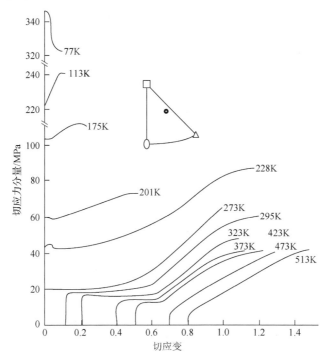

图 3-12　Nb 单晶体在不同温度下的应力-应变曲线

3. HCP 金属单晶体

在 HCP 金属中，已有研究都集中于 Zn、Mg 和 Cd 等金属中。其主要滑移系统均为基面滑移，故在合适的取向下有利于发展易滑移变形。以锌单晶体为例，当拉伸轴取向远离 [0001]-[10$\bar{1}$0] 对称线时，第一阶段的应变量较大，如图 3-13 所示。而当取向接近对称线时，易滑移区显著缩短，而且使相应的硬化率逐渐提高。

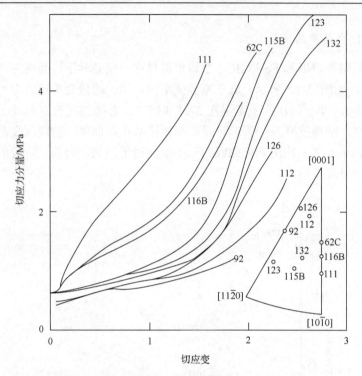

图 3-13　Zn 单晶体在不同取向下的应力-应变曲线

3.1.4　金属单晶体加工硬化行为

揭示金属单晶体的加工硬化行为三个阶段的内在本质，对于深入研究金属的变形行为具有一定意义。其中尤以第三阶段的行为更加重要，将直接涉及实际金属的变形特点。在实际使用条件下，金属材料一般为多晶体，其应力-应变曲线往往处于应变硬化的第三阶段。下面主要介绍 FCC 金属单晶体的加工硬化行为的一般特点。

观察表明，FCC 金属单晶体易滑移变形时，滑移线长而少，同时位错线在主滑移面上平行成簇分布。随着应变量增加，位错密度增大，至易滑移阶段结束时可达 10^8cm/cm^3 左右。铜类金属单晶体在取向达到两个或更多的滑移系受到相等的分切应力时，易滑移终止。铝单晶体的变形有所不同，易滑移远在达到对称取向以前便终止。这可能是由于铝变形时易于产生形变带所致。在形变带内，除原在主滑移线上形成的滑移带发生弯曲和转动外，还在相交的滑移系统上形成短滑移带。易滑移时，位错易于长程运动和逸出晶体表面，故应变硬化率低是单滑移的必然结果。

在加工硬化的第二阶段中，若抛去第一阶段滑移痕迹后，再给以少量应变时，产生许多短而平行的滑移线。应变量增加时，滑移线增多而变短，最后聚合成短粗的滑移带。位错密度可达到 $10^{11} \sim 10^{12} \mathrm{cm/cm^3}$。在双滑移过程中，可能形成面角位错，造成位错的平面塞积引起显著的强化[1]；或者通过位错交截形成割阶位错，从而造成很大的位错运动阻力[2]。这两种强化机制均可使第二阶段的硬化率与温度关系不大。

加工硬化第三阶段的特征是，硬化率随应变增加而减小。此外，开始时所需要应力随温度升高而降低，是一个热激活过程。处于第三阶段变形的 FCC 单晶体表面的主要特点是滑移带的出现。当应变增加时，带与带之间不出现新的滑移线，形变集中在原来的滑移带内。带的长度也随之缩短，并发生滑移带的碎化现象。这是由平行的滑移带间产生连接滑移所引起的。连接滑移发生在与原滑移面有共同滑移方向的交滑移面上。在足够大的应变下，还可能有扭折带形成，以作为一种辅助的变形方式。位错密度增加的幅度不会很大，可增加到 $10^{12} \sim 10^{13} \mathrm{cm/cm^3}$。应变量的增加使硬化率降低的原因主要同螺型位错的交滑移有关。主滑移面上的螺型位错通过交滑移越过障碍的过程，称为动态回复。铝单晶体中的位错易于交滑移，使硬化第三阶段开始较早；而对层错能较低的铜类金属，位错易于扩展，使动态回复推迟。所以，在室温下，Cu 有明显的第二阶段，而 Al 只有在低温下（如78K）才使第二阶段较明显。降低形变温度的作用也在于抑制位错交滑移。一般认为，在第三阶段中主要由林位错间的交截作用而引起应变硬化。

对 BCC 金属和 HCP 金属的单晶体也有类似的加工硬化行为。不同的是，在BCC 金属中，位错可以认为是不扩展的，螺型位错的交滑移较易进行，使得第二阶段发展很不明显而很快进入第三阶段；在 HCP 金属中，第一阶段变形往往拖得很长。这种特点显然与其中只有一组易滑移面有关。

从上面分析可见，在金属单晶体塑性变形过程中，位错密度不断增加，相应使强度提高。这便是位错强化的基本特点。所以对位错强化机制所涉及的基本问题，一是位错的增殖机制，二是位错间的交互作用强化机制，有必要进一步加以回答。

3.2　位错增殖机制

从直观上看，位错在塑性变形（简称塑变）过程中要不断地溢出晶体表面，使晶体中位错密度不断减小。例如，晶体表面产生高度约 1μm 的滑移台阶时，约需 10^4 个位错（伯格斯矢量为 0.2～0.3nm）滑出晶体。显然，形变前在同一滑移面上存在如此大量的同号位错的可能性不大，而要在形变过程中产生，更何况晶体变形后实际位错密度显著提高。所以，位错增殖机制是位错理论中的一个很重要的问题。

3.2.1　Frank-Read 源位错增殖机制

Frank-Read 源是一种常用的用以说明塑变过程中位错增殖的机制[3]。其主要着眼点是一段两端固定的位错线段，在切应力作用下会不断放出位错圈，如图 3-14 所示。其关键在于外加切应力要大于位错线张力引起的回复力。虽然位错张力 T 本身是个恒量，但对一个曲率半径为 R 的位错线却会产生一个指向曲率中心、大小为 T/R 的回复力。当回复力与作用于位错线上的外力相等时，位错达到静态平衡而具有一定的曲率半径 $R = Gb/(2\sigma)$ [见式(1-51)]。若切应力 σ 增大，R 逐渐减小。直到 $R=L/2$，即位错线的静态平衡成一半圆时，位错线的曲率半径最小，相应线张力所产生回复力达到最大值，如图 3-14(b)所示。若切应力继续增大，使 $\sigma > Gb/L$，位错的静态平衡被破坏而自动扩张。所以，相应的临界切应力为

$$\sigma_{\mathrm{C}} = \frac{Gb}{L}$$

如果外加切应力不变，不论位错线弯曲到什么程度，作用在其上的力总是大小不变而方向和它垂直。这会使各点的法向速度相同，从而导致靠近两端点的位错线段部分运动超前，而远离两端点的部分运动落后，形成各以端点 A 和 B 为中心的一对蜷线，如图 3-14(c)所示。由于这两个蜷线位于同一平面，故分别绕 A 和 B 回转了 270° 后便有相遇的趋势，如图 3-14(d)所示。虽然原位错线段 AB 为纯刃型，但在相遇部分 C 和 C' 却为两端符号相反的螺型位错，一经接触便会相互抵消。其结果是造成一个闭合的外环，和遗留一段连接 A 和 B 的位错线段，如图 3-14(e)

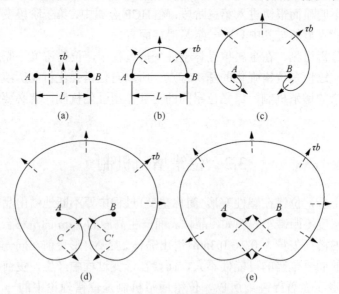

图 3-14　Frank-Read 源位错增殖机制

所示。在外加切应力的作用下，闭合的位错环会继续向外扩张，而留下来的位错线段在线张力和外加切应力的联合作用下迅速收缩，回到原来直线 AB 的位置上。于是，在外加切应力的作用下，便可由上述机制不断产生新的位错环，使滑移成为一个自动维持的过程。实际上，由于所放出的位错环在运动中会受到某种阻碍而产生位错塞积，位错源在反向力的作用下停止开动。

3.2.2　双交滑移位错增殖机制

这也是一种常用的位错增殖机制，与 Frank-Read 源有着密切的联系[4]。其主要着眼点是一段螺型位错遇到障碍后，会通过两次交滑移形成 Frank-Read 源，从而导致位错迅速增加。如图 3-15(a) 和 (b) 所示，在 FCC 晶体中，若螺型位错在 (d) 面滑移遇到障碍，其受阻部分可通过交滑移而改在 (c) 面上运动，同时形成两个刃型位错割阶。在 (c) 面上螺型位错线段滑移一段距离后，脱离了障碍的影响，又可通过交滑移回到与原滑移面平行的另一个 (d) 面上，如图 3-15(c) 所示。于是，便可由 (c) 面上两割阶使经两次交滑移的螺型位错线段的两端固定，而成为 Frank-Read 源，如图 3-15(d) 所示。这种位错增殖机制可使 Frank-Read 源的数目迅速增多，从而更有效地使位错增殖，如图 3-16 所示。很可能，在 BCC 晶体中形成 Lüders 带时，位错的增殖机制便如此。

同理，在图 3-15(d) 中原位错线上没有交滑移的两部分位错线也似乎可作为 Frank-Read 源，但实际上却可能因受到障碍物的阻碍而未能开动。当位错交滑移的距离较小时，会因已交滑移的位错线段和未交滑移的位错线段之间相互吸引形成位错偶极子，如图 3-15(e) 所示。如果已经过两次交滑移的位错又进行一次交滑移，回到原来的滑移面上时，便形成两个闭合的偶极子位错环。同时，位错线重新复合起来，并已经越过了障碍，如图 3-15(f) 所示。

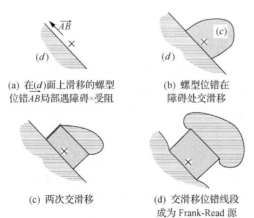

(a) 在 (d) 面上滑移的螺型　　　　(b) 螺型位错在
位错 AB 局部遇障碍× 受阻　　　障碍处交滑移

(c) 两次交滑移　　　　　(d) 交滑移位错线段
　　　　　　　　　　　　成为 Frank-Read 源

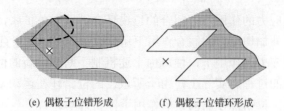

(e) 偶极子位错形成　　　　(f) 偶极子位错环形成

图 3-15　双交滑移增殖机制

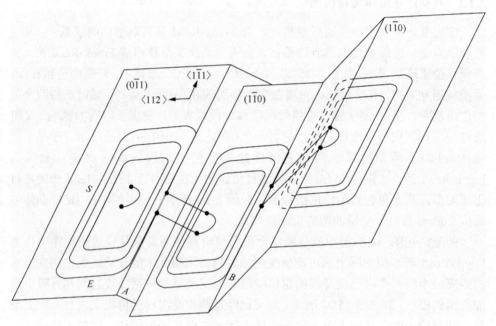

图 3-16　Frank-Read 源以双交滑移方式增多

$(1\bar{1}0)$ 为主滑移面；A 和 B 为交滑移面；S 为螺型位错线段；E 为刃型位错线段

3.2.3　空位盘位错增殖机制

如 2.11 节所述，在高层错能金属形变前有足够数量过饱和空位的情况下，可由空位盘崩塌形成棱柱位错环。在变形过程中，棱柱位错环也可能成为位错源[5]。如图 3-17 所示，在 BCC 晶体的 (110) 面上已有棱柱位错环时，可因 $(10\bar{1})$ 面上分切应力较大而 $(01\bar{1})$ 面上的分切应力较小，在 $(10\bar{1})$ 面上弓弯形成两个 Frank-Read 源。如果在 $(01\bar{1})$ 面上的分切应力也较大，位错环可整体滑动，不会成为位错源。在其他点阵类型的晶体中，也可形成这样的位错源。但为了在形变前形成棱柱位错环，要使晶体中空位达到高度的过饱和。因此，这种位错增殖机制仅在特定的条件下才有可能。

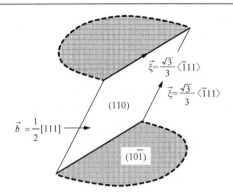

图 3-17　在 BCC 晶体中 (110) 面上的棱柱位错环 $(\vec{b}=\dfrac{1}{2}[111])$ 因受 $(01\bar{1})$ 面上切应力作用而发生弯曲形成位错源

3.2.4　位错增殖的极轴机制

在适当的情况下，可动位错与螺型林位错相遇未能切过林位错，而是以后者为极轴旋转时，可引起位错增殖。如图 3-18(a) 所示，林位错是一个右手螺型位错，垂直于可动位错所在平面，称为极轴位错。在外加切应力作用下使可动位错(称为扫动位错)与林位错相遇时，可动位错便绕林位错旋转。在相交处形成固定不动的位错结点，把扫动位错分成两段。每一段在切应力作用下均可以与开动的 Frank-Read 源相似的机制绕结点做回转运动。扫动位错上各段的运动方向如图 3-18 中小箭头所示。但由于螺型位错线实际上是垂直于它的原子面的旋转轴，即垂直于螺型位错线的原子面上的原子呈螺旋排列，扫动位错两臂不可能蜷成平面蜷线，而分别沿螺旋面绕林位错回转。由于两臂的回转方向相反，旋转的结果自然是一臂沿螺旋面向上回转，另一臂沿螺旋面向下回转。经回转几周以后，扫动位错的两臂会上下分开，如图 3-18(b)所示。在这两部分扫动位错之间的极轴位错的伯格斯矢量应为原极轴位错的伯格斯矢量与扫动位错伯格斯矢量的和，即 $\vec{b}_3=\vec{b}_1+\vec{b}_2$。实际上，极轴位错不一定是纯螺型位错，也可以是混合位错，其关键在于要有垂直于可动位错滑移面的螺型分量。

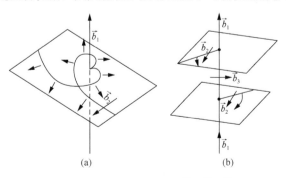

(a)　　　　　　　　　(b)

图 3-18　单结点极轴机制 $(\vec{b}_3=\vec{b}_1+\vec{b}_2)$

由上述扫动位错的回转运动能够得出描述宏观均匀切变的位错机制。为方便起见，仅考虑图 3-18 中扫动位错的两臂之一绕极轴位错向上回转运动。显然，每回转一周之后，晶体上半部和对于下半部有位移 $\vec{b}_2$。如果扫动位错原来处在螺旋蜷面的第一层，回转一周之后从形变角度看是使第二层相对于第一层滑移了一个矢量 $\vec{b}_2$（其他部分没有变形）。但是，回转一周所引起的效果不仅是切位移，同时还使扫动位错移至第二层。继续回转的结果是使第三层相对于第二层做一个位移矢量为 $\vec{b}_2$ 的切位移，而扫动位错又移至第三层。这样不断运动的结果是扫动位错和结点不断上升，而切变却在蜷面（相当于一个倾斜的面）上传播，使相距 $\vec{b}_1$ 的一系列晶体平面均相对滑移一个矢量 $\vec{b}_2$。由此可见，这样一组位错按上述方式运动就会造成一定范围的宏观均匀切变，而切变量为

$$\gamma = \tan\phi = \frac{b_2}{b_1} \tag{3-1}$$

众所周知，机械孪生、马氏体相变及某些情况下发生的均匀滑移在形变几何上都可以描述为一个平行于一定平面、沿一定方向发生的一定大小的均匀切变。由此可以认为，在这样的一些过程中，上述的位错机制会起很重要的作用。

在上述具有一个结点的极轴机制的基础上，可由扫动位错与两个异号极轴位错相遇而形成一个能攀移的 Frank-Read 源。如图 3-19 所示，若两个异号极轴的伯格斯矢量大小相等而符号相反，所导致的两套蜷面的层间距一致而回转方向恰好相反，因而位于两个极轴位错之间的扫动位错 AB 便可成为一个 Frank-Read 源。在外力作用下使位错线 AB 弯曲，并分成两部分绕 A 和 B 做反方向的回转运动，以致在靠近两个固定点处各展出一个曲率较大的蜷线，并在回转了一大半圈之后迟早在两套蜷面的同一层上相遇。因此，每转一圈就可产生出一个闭合的伯格斯矢量为 $\vec{b}_2$ 的位错环。连续回转时，可产生处在双蜷面相继层上的闭合的位错环。这些位错环都处于以结点为顶点的一个锥面上。因此，又常将这种位错增殖机制称为“空位源”或“锥型源”[6]，其作用结果便产生宏观的均匀切变。在如图 3-19 所

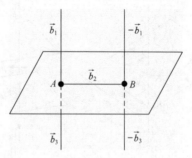

图 3-19 　双结点极轴机制（$\vec{b}_3 = \vec{b}_1 + \vec{b}_2$，$-\vec{b}_3 = -\vec{b}_1 + \vec{b}_2$）

示的情况下，切应变为 $\gamma = b_2 / b_1$。若两极轴位错的伯格斯矢量大小不等，会使位错 AB 在回转一圈后成为两个独立分支而不在同一层上，并最后断开形成两个独立的以具有一个结点的极轴机制起作用的位错源。这两个位错源在晶体中所引起的切变不相同，故形变效果应是两者的叠加。

3.2.5　晶界增殖位错机制

晶界是位错堆积的场所。在外力作用下，有可能使晶界上的位错进入晶内，即晶界向晶内发射位错。所以，晶界是多晶体塑性变形的重要位错源，尤其在缺少 Frank-Read 源的情况下，所起到的作用会更大。有关晶界发射位错的具体机制将在 4.2 节中介绍。

综上所述，晶体中位错的增殖机制有许多可能性，使形变过程中位错数量逐渐增多。对于具体的宏观变形而言，很难具体确定以哪种机制为主，可能是几种增殖机制同时起作用，其可由变形使位错数量增加，而为位错强化机制提供基础。

3.3　位错的交互作用

从本节起，将要逐步涉及有关位错强化的物理模型，以说明位错密度增加使金属晶体的流变应力提高的原因。由于在实际金属晶体中，位错组态比较复杂，尚难以定量表达位错之间的交互作用。一般认为，位错之间可通过相互交截和产生位错反应等作用而形成对位错运动的障碍。

如图 3-20 所示，位错的交截过程可能涉及：①两位错的应力场产生长程弹性交互作用；②两位错芯产生短程交互作用；③在两位错线上产生割阶或弯折。对两位错相遇时如何在位错芯处产生短程交互作用的细节尚不十分清楚。在弹性应力场的交互作用下，会引起两位错线发生拐折，进而促使螺型位错形成蜷线。在变形过程中有过剩的空位形成时，会使这种蜷线位错更易于在位错线上的各处形成。蜷线位错已难以在原滑移面上运动，而成为位错运动的障碍。这种障碍机制对不垂直于滑移面的林位错而言，将具有十分重要的意义。

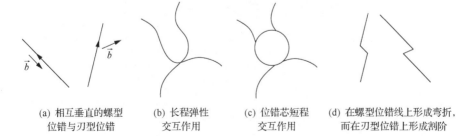

| (a) 相互垂直的螺型
位错与刃型位错 | (b) 长程弹性
交互作用 | (c) 位错芯短程
交互作用 | (d) 在螺型位错线上形成弯折，
而在刃型位错上形成割阶 |

图 3-20　位错交截过程示意图

当滑移位错与林位错交截形成割阶时，因使位错线长度增加而需要附加额外能量。割阶对于位错自能的提高，与位错线长度延长所得效果一样。但割阶一般不产生长程应力，所附加的应变能主要增加在位错芯部位。另外，带有割阶的位错运动时，割阶常做非保守运动，因涉及物质的迁移而使位错运动受阻。所以，一般认为，位错交截时形成割阶是加工硬化的一种重要机制，常称为"林位错"机制。扩展位错也可以发生交截。在交截前需先发生束集，再形成割阶。一般层错能越低，位错扩展宽度越大，交截困难越大。所以，层错能越低，加工硬化趋势越大。这种加工硬化机制对于螺型位错与林位错的交截尤为重要。如 2.2 节所指出，刃型位错发生交截时，可能形成非障碍性割阶，而螺型位错与林位错交截后所形成的割阶只能攀移，会对位错运动造成很大阻力。这也是晶体中螺型位错运动较刃型位错慢许多的重要原因。

在金属塑性变形过程中，通过位错反应形成位错锁也是加工硬化的重要机制。前已指出，在 FCC 点阵中，可由相交滑移面上两全位错相遇形成 Lomer 锁或 Lomer-Cottrell 锁。在位错锁的阻碍下，常在滑移面上形成位错塞积，如图 3-21(a) 所示。位错锁也可以林位错的方式阻碍滑移位错的运动，如图 3-21(b) 所示。同样，在 BCC 晶体中（图 3-22），也可由位于 (101) 面上的 $\frac{1}{2}[1\,\overline{1}\,\overline{1}]$ 位错与位于 $(10\overline{1})$ 面上的 $\frac{1}{2}[111]$ 位错相交发生如下反应：

$$\frac{1}{2}[111] + \frac{1}{2}[1\,\overline{1}\,\overline{1}] \longrightarrow [001]$$

所发生的会合位错沿着两滑移面交线，具有刃型位错特性，其滑移面为 (001)，会阻碍原滑移面上位错的运动。

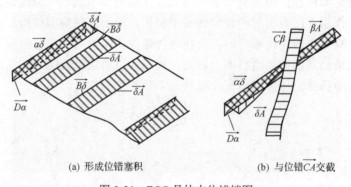

(a) 形成位错塞积　　　　　　　　(b) 与位错 $\overrightarrow{CA}$ 交截

图 3-21　FCC 晶体中位错锁图

由上述分析可见，位错的交互作用所涉及的障碍机制不止一种，可能形成的障碍有割阶、蜷线位错及位错锁等。特别是，由于金属晶体中，实际的位错组态比较复杂，不一定呈简单的几何分布，常有许多位错缠结在一起。故由简单的几何组态所得到的位错交互作用模型只能是对实际晶体加工硬化行为的定性描述，有待进一步深化。

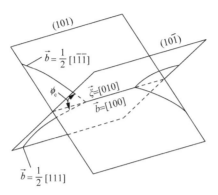

图 3-22 BCC 晶体中的会合位错反应

3.4 位错塞积

位错塞积是在同一滑移面上许多同号位错在障碍前堆积而形成的一种位错组态。形成这种位错组态的原因是同号位错间具有斥力，使同一 Frank-Read 源在滑移面上放出的许多位错圈在领先位错遇到障碍时相继受阻，而以一定次序排列起来。在靠近障碍物的前端比较密集，而后面逐渐稀疏。

形成位错塞积时，领先位错的运动取决于障碍的强弱程度。障碍足够强时，领先位错难以通过障碍，会使堆积的位错数目不断增加并最后导致位错源停止开动；或者领先位错通过交叉滑移方式越过障碍。障碍强度不够大时，领先位错可直接突破障碍，继续前进。

领先位错的运动特性还同塞积群的性质有关。一般而言，位错塞积群可具有以下三方面特性。

1. 位错塞积相当于形成一个超位错

从数学上可以证明，在外加切应力 σ 作用下，领先位错上所受到的作用力应为

$$\frac{F}{L} = \sigma N b \tag{3-2}$$

式中，N 为塞积群中同号位错的数目。所以，便可以把由 N 个同号位错组成的塞积群看成一个伯格斯矢量为 $N\vec{b}$ 的超位错，并位于领先位错处。由此，又可以将位错塞积群分为两种。

（1）由符号相反的两列位错堆积所组成的双重塞积群，可以看成两个符号相反的超位错的复合，每个超位错的伯格斯矢量均为 $N\vec{b}$。由一个位于中心的 Frank-Read 源开动时，所形成的塞积群便如此，如图 3-23 所示。可以证明，刃型位错塞积群中同号位错的数目 N 可由下式得

$$N=\frac{(1-\nu)l\sigma}{Gb} \tag{3-3}$$

式中，l 为双重塞积群的总长度。在计算螺型位错塞积群中同号位错数目时，将上式中 $1-\nu$ 一项去掉即可。

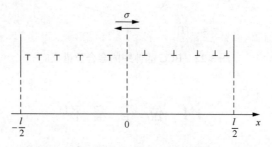

图 3-23　双重刃型位错塞积群

（2）只由一列符号相同的位错组成的单位错塞积群，如图 3-24 所示。可以把这种塞积群简化为一个伯格斯矢量为 $N\vec{b}$ 的超位错。刃型位错单塞积群中同号位错的数目 N 可由下式求得

$$N=\frac{\pi(1-\nu)l\sigma}{Gb} \tag{3-4}$$

同样，在计算螺型位错单塞积群中同号位错数目时，将式中 $1-\nu$ 项去掉即可。

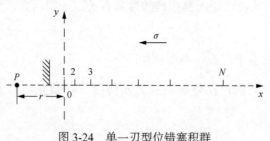

图 3-24　单一刃型位错塞积群

2. 位错塞积群引起应力集中

由位错塞积引起应力集中有双重含义，一是作用在领先位错上的力要明显增大，二是要对障碍产生很大的作用力。对于单塞积而言，作用在领先位错上的力为

$$\frac{F}{L} = Nb\sigma \tag{3-5}$$

对双重位错塞积而言，领先位错所受到的作用为

$$\frac{F}{L} = \frac{\pi}{4} Nb\sigma \tag{3-6}$$

可见，相比之下，双重位错塞积群中领先位错所受的作用力小些。双重位错塞积实际上由符号相反的两列位错塞积所组成，相当于符号相反的两个超位错，故可由相互间的吸引力而使作用在领先位错上的力部分抵消。但通常可大体上忽略这种差别，而将作用在领先位错上的力均按式(3-5)计算。于是，随着塞积群位错数量的增加，领先位错所受到的作用力足够大时，便可能发生交滑移。

对塞积群作用在障碍物上的切应力 σ^* 可由虚功原理求出。设在外加切应力 σ_0 的作用下使整个塞积群向前移动 δx 距离时，外力所做的功为 $Nb\sigma_0 \delta x$。由于位错塞积群与障碍的交互作用具有短程性，可以认为，仅在领先位错与障碍间有交互作用。故在塞积群向前移动 δx 距离时，领先位错要受到障碍的作用力(在数值上应等于 σ^*)，使领先位错克服障碍的反作用力所做的功为 $\sigma^* b \delta x$。于是

$$Nb\sigma_0 \delta x = \sigma^* b \delta x$$

则

$$\sigma^* = N\sigma_0 \tag{3-7}$$

可见，塞积群要在障碍处产生应力集中，其应力集中系数为 N。在这种应力集中的作用下，便有可能造成障碍失效，使领先位错通过障碍。反之，障碍足够强或 $\sigma^* > N\sigma_0$ 时，领先位错受阻或产生交滑移。

3. 位错塞积在障碍前方产生应力场

位错塞积不仅在障碍处造成很大的应力集中，而且在障碍前会产生一定的应力场。设有一列同号刃型位错组成一位错塞积群，各位错的平衡位置分别用 1，2，3，…，N 标记，并将坐标原点取在领先位错处，如图 3-24 所示。显然，可以把在 P 点的切应力看成外加切应力 σ 和塞积群中各位错在该点所产生的切应力之和，则

$$\sigma(r) = \sigma + \frac{Gb}{2\pi(1-\nu)} \sum_{i=1}^{N} \frac{1}{r + x_i} \tag{3-8}$$

可以证明[7]，当 N 很大时

$$x_i = \frac{D\pi^2}{8N\sigma}(i-1)^2 \tag{3-9}$$

式中，$D = \dfrac{Gb}{2\pi(1-\nu)}$。根据距离 r 的不同，可以作下面三种讨论。

（1）当 $r \ll x_2$ 时，可将式（3-8）中 r 忽略，从而近似得出

$$\sigma(r) = N\sigma \tag{3-10}$$

这相当于只考虑领先位错的应力场，而忽略了塞积群中其他位错作用。

（2）当 $r \gg l$（l 为塞积群的长度）时，可忽略 l 的影响而将塞积群看成一个强度为 Nb 的超位错位于领先位错处，则在 P 点的应力场为

$$\sigma(r) = \sigma + \frac{GNb}{2\pi(1-\nu)}\frac{1}{r} \tag{3-11}$$

（3）当 $x_2 < r < l$ 时，可将式（3-8）求和计算用积分近似代替：

$$\sigma(r) = \sigma + D\int_0^N \frac{1}{r+x}\,\mathrm{d}i = \sigma + D\int_0^l \frac{1}{r+x}\left(\frac{\mathrm{d}i}{\mathrm{d}x}\right)\mathrm{d}x \tag{3-12}$$

由式（3-4）和式（3-9）可求出塞积群中单位长度内的位错数为

$$\frac{\mathrm{d}i}{\mathrm{d}x} = \frac{\sigma}{D\pi}\sqrt{\frac{l}{x}} \tag{3-13}$$

把式（3-13）代入式（3-12）中便得

$$\sigma(r) = \sigma + \frac{\sigma}{\pi}\int_0^l \frac{1}{r+x}\sqrt{\frac{l}{x}}\,\mathrm{d}x = \sigma\left(1 + \sqrt{\frac{l}{r}}\right) \tag{3-14}$$

若考虑位错在晶内造成的阻力 σ_p，则式（3-14）可写成

$$\sigma(r) = (\sigma - \sigma_\mathrm{p})\left(1 + \sqrt{\frac{l}{r}}\right) \tag{3-15}$$

如果塞积群由混合位错组成，可将上述有关公式中 $1/(1-\nu)$ 代之以

$$\frac{1}{k} = \frac{\sin^2\theta}{1-\nu} + \cos^2\theta \tag{3-16}$$

深入理解位错塞积群的行为及基本特性具有重要的实际意义。位错塞积群主要反映在相同平面上平行位错间的相互作用，是一种重要的位错组态。例如，塞积群的应力场，可使相邻晶粒内位错源开动或萌生微裂纹，从而对多晶体的塑变行为产生重要影响。从位错强化角度出发，位错塞积引起应力集中，易使位错障碍失效或诱发裂纹，对金属材料的塑性和韧性常带来不利影响，须加以注意。

3.5　孪生的位错机制

前已指出，孪生也是金属塑性变形的重要方式，主要在滑移系统较少的情况下发生，如 HCP 晶体易以孪生方式变形。对 BCC 和 FCC 晶体而言，滑移系统较多，常以滑移方式变形为主。但在低温下，也可出现孪生变形。这是因为全位错运动所需克服的派-纳力随温度降低提高很快，而对部分位错却提高较慢。孪生变形可由部分位错运动产生，故在低温下易于进行。此外，孪晶界是位错运动的障碍，也是造成位错塞积的场所，以致在变形孪晶处常常引起裂纹萌生或交滑移。所以，要充分利用位错强化机制，也有必要深入理解孪晶的形成机制及其有关特性。

3.5.1　孪生位错

如图 3-25 所示，FCC 点阵中 (111) 面的堆垛次序为 ABC 循环。若在每一面上各有一伯格斯矢量为 $\frac{a}{6}[11\bar{2}]$ 的 Shockley 位错运动并终止在晶体内部时，在各 Shockley 位错所扫过的部分便产生了层错区，使堆垛次序变为 $BACBAC\cdots$。这种堆垛次序恰好与原来 FCC 点阵中的 ABC 型循环呈镜面对称。故所形成的层错区便是由各 Shockley 位错分别扫过相继的孪晶面所形成的孪晶区，其与正常点阵区

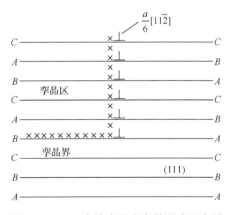

图 3-25　FCC 点阵中形变孪晶形成示意图

域的边界为孪晶界。能够形成变形孪晶的部分位错常称为孪生位错。孪晶区与非孪晶区的界面不一定和孪晶面相重合，其中重合的界面称为共格孪晶界面，不重合的界面称为非共格孪晶界面。显然，非共格孪晶界可以看成一列孪生位错构成的界面。在 BCC 点阵中，可由一系列 $\frac{a}{6}\langle 111\rangle$ 部分位错在 (112) 面上相继运动而形成孪晶。

不是所有的部分位错都能成为孪生位错，只有那些满足特定要求的部分位错才能成为孪生位错。孪生位错应能引起密排面堆垛次序发生镜面对称性变化。在三种常见的金属点阵中，孪生位错与孪晶面如下：

点阵类型	孪生位错	孪晶面
FCC	$\frac{a}{6}[11\bar{2}]$	{111}
BCC	$\frac{a}{6}[111]$	{112}
HCP	$\frac{a}{12}[10\bar{1}\bar{1}]$	$(10\bar{1}2)$
	$\frac{a}{12}[11\bar{2}3]$	$(11\bar{2}2)$

3.5.2　孪晶形成机制

用位错理论说明形变孪晶形成时，关键是要保证每一个孪晶面上都有孪生位错扫过，以产生宏观的均匀切变。或者，也可设想有一孪生位错沿某一孪晶面扫过一遍后，立即转入相邻的下一个孪晶面，并依次滑移下去。为此，通常用具有一个结点的极轴机制来描述孪晶的形成过程[8]。

按照这种机制，要求有两个位错分别为扫动位错与极轴位错，如图 3-26(a) 所示。扫动位错应为孪生位错，而且扫动位错的运动不能只限于一个孪晶面内滑动，而需要沿一螺旋蜷面运动，否则就不会给出一定厚度的孪晶。当扫动位错扫过孪晶面时，必须产生一个正确的孪生切变。极轴位错通过结点，并与孪晶面相交。极轴位错的伯格斯矢量必须有一个垂直于扫动平面的分量，而这个分量要恰好等于孪晶面的间距。在孪生形变过程中，极轴位错不得运动，而应被牢牢地钉住。这样，当扫动位错围绕着极轴位错旋转时，就会相继在一系列孪晶面上改变每一个面上的堆垛次序而形成孪晶，如图 3-26(b) 所示。

下面以 BCC 晶体为例说明孪晶的形成。如图 3-27 所示，AOC 为位于 (112) 面上的全位错，其伯格斯矢量为 $\frac{a}{2}[111]$。在合适的应力条件下，可能有某一段位错线(如 OB)发生了如下反应：

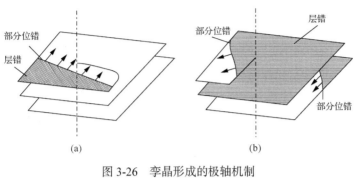

图 3-26　孪晶形成的极轴机制

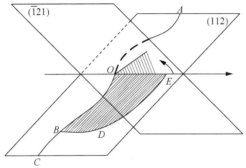

图 3-27　体心立方结构中孪生的位错机制

$$\frac{a}{2}[111] \longrightarrow \frac{a}{3}[112] + \frac{a}{6}[11\bar{1}] \tag{3-17}$$

其结果是使原来的全位错 AOC 的 OB 段分裂成 OB 与 $OEDB$ 两部分位错。其中，部分位错 $\frac{a}{3}[112]$ 因位错线 OB 处在(112)面上，使其伯格斯矢量处处与位错线垂直，为此(112)面上不能滑移的刃型位错可充当极轴位错。而另一伯格斯矢量为 $\frac{a}{6}[11\bar{1}]$ 的部分位错的滑移面是(112)面，可以 O 和 B 两点为结点由 AOC 线中 OB 段通过滑移分裂出来，并由其在(112)面上的运动产生一单原子厚的孪晶。但当这一位错滑移到(112)面和($\bar{1}$21)面的交线[11$\bar{1}$]上时，会形成 OE 部分的纯螺型位错。在适当的应力条件下，OE 可以交滑移到($\bar{1}$21)面上去，成为在($\bar{1}$21)面上运动的伯格斯矢量为 $\frac{a}{6}[11\bar{1}]$ 的扫动位错，并使 O 点成为极轴机制中的一个结点。由于伯格斯矢量为 $\frac{a}{3}[112]$ 的位错可按下式分解，即

$$\frac{a}{3}[112] \longrightarrow \frac{a}{6}[\bar{1}21] + \frac{a}{2}[101] \tag{3-18}$$

故极轴位错的伯格斯矢量中垂直于扫动面($\bar{1}21$)的分量正好是$\frac{a}{6}[\bar{1}21]$,并恰好等于($\bar{1}21$)面的面间距。因此,便可由扫动位错在扫动面($\bar{1}21$)上绕通过O点的极轴位错不断旋转,而得到沿OB方向发展的多层厚的孪晶。

同理,在结点B处亦可由扫动位错向BO方向形成孪晶,与在结点O处由扫动位错所形成的孪晶相互补充而完成在BO区域内的孪晶。此外,在BCC晶体中,三个平面(112)、($\bar{1}21$)和($2\bar{1}1$)共同通过$[11\bar{1}]$方向。因此,上述孪晶形成过程不但在($\bar{1}21$)面上发生,也能在($2\bar{1}1$)面上发生,视哪一个面上的切应力较为合适而定。

对FCC结构,也可按以上机制由下述位错反应描述孪晶形成:

$$\frac{a}{2}[110] \longrightarrow \frac{a}{3}[111] + \frac{a}{6}[11\bar{2}] \tag{3-19}$$

式中,部分位错$\frac{a}{3}[111]$为极轴位错;部分位错$\frac{a}{6}[11\bar{2}]$为扫动位错。

上述分析表明,孪生同部分位错的运动密切相关。孪生位错是在一定应力条件下,由部分滑移位错转变而成。孪生要在晶体已发生一定变形的情况下才开始,而且降低层错有利于孪晶的形成。

3.5.3 发射位错

孪晶对晶体力学性能的影响同孪晶界密切相关。非共格孪晶界的重要特征之一是发射位错,以松弛其长程应力场[9]。因而,发射位错是对孪晶界应力场的一种显示,也为孪生的位错模型提供了有力的证据。

例如,在BCC点阵中,非共格孪晶界可由刃型部分位错$\frac{a}{6}[11\bar{1}]$组成,见图3-28(a)。若这种孪晶界按如图3-28(b)所示的方式发生反应,便可使其能量降低。反应的特点是,每第三个部分位错发生如下位错反应:

$$\frac{1}{6}[11\bar{1}] \longrightarrow \frac{1}{3}[\bar{1}\bar{1}1] + \frac{1}{2}[11\bar{1}] \tag{3-20}$$

由反应结果所生成的全位错$\frac{1}{2}[11\bar{1}]$不再受层错的牵连和约束,成为发射位错。在外力作用下,发射位错可离开孪晶界运动,同时在孪晶界上留下一个部分位错,其符号与原孪生位错相反。于是,位错反应的结果是使孪晶界上所有部分位错的

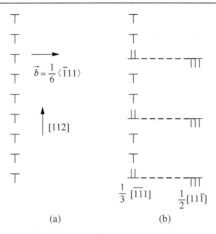

图 3-28 非共格孪晶界发射位错机制

伯格斯矢量之和等于零，从而导致孪晶界的长程应力场降为零。显然，这样的位错反应从弹性能角度看难以自动进行，需有应力集中作用才能发生。通常，在孪晶界处易形成位错塞积，为造成应力集中提供了可能。所以，在孪晶界附近的基体金属中常有一定的协调变形，这是由孪晶界的长程应力诱发的必然结果。

3.5.4 滑移位错与孪晶界的交互作用

孪晶界可作为位错运动的障碍。这可以从分析滑移位错和孪晶界的交互作用加以说明。以 BCC 结构为例，可以证明，当 $\frac{1}{2}[11\bar{1}]$ 全位错与孪晶界相遇时，会发生如下位错反应：

$$\frac{1}{2}[11\bar{1}] \longrightarrow \frac{1}{6}[\bar{1}\,\bar{1}5]_T \longrightarrow \frac{1}{2}[\bar{1}\,\bar{1}1]_T + \frac{1}{6}[111]_T + \frac{1}{6}[111]_T \tag{3-21}$$

式中，下标"T"表示孪晶中的位错。这是因为，孪晶与基体在取向上存在 180° 镜面对称关系，孪晶可以通过基体围绕着孪生方向旋转 180° 而形成。故可由以下变换矩阵将基体的取向变为孪晶取向：

$$\boldsymbol{T} = \frac{1}{3}\begin{bmatrix} -1 & 2 & 2 \\ 2 & -1 & 2 \\ 2 & 2 & -1 \end{bmatrix} \tag{3-22}$$

将此变换矩阵用于基体中四种可能的滑移位错的伯格斯矢量，可求出相应在孪晶中的取向为

$$\frac{1}{2}[111] \rightarrow \frac{1}{2}[111]_T, \qquad \frac{1}{2}[1\overline{1}1] \rightarrow \frac{1}{6}[\overline{1}5\overline{1}]_T$$

$$\frac{1}{2}[11\overline{1}] \rightarrow \frac{1}{6}[\overline{1}\,\overline{1}5]_T, \qquad \frac{1}{2}[\overline{1}11] \rightarrow \frac{1}{6}[5\overline{1}\,\overline{1}]_T \tag{3-23}$$

于是，当滑移位错 $\frac{1}{2}[11\overline{1}]$ 与 $(\overline{1}\,\overline{1}2)$ 孪晶面相交后，便会出现如式 (3-21) 所示的位错反应。如图 3-29 所示，由这种反应在孪晶内形成了一个可动的全位错 $\frac{1}{2}[\overline{1}\,\overline{1}1]_T$ 及两个留在孪晶界上的孪生位错 $\frac{1}{6}[111]_T$。当全位错 $\frac{1}{6}[111]_T$ 滑出孪晶后，又以式 (3-21) 类似的反应形成全位错 $\frac{1}{2}[11\overline{1}]$ 滑入基体，同时在孪晶界上又留下两个可动孪生位错 $\frac{1}{6}[\overline{1}\,\overline{1}\,\overline{1}]$。可见，在切应力 σ 的作用下，通过上述反应，孪晶层增加了四个原子层厚度。

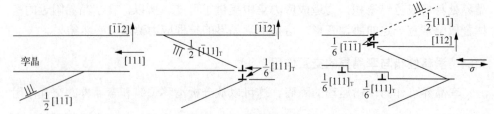

图 3-29　全位错 $\frac{1}{2}[11\overline{1}]$ 与孪晶界交互作用的可能机制

类似地，滑移位错 $\frac{1}{2}[1\overline{1}1]$ 和 $\frac{1}{2}[\overline{1}11]$ 与孪晶相遇时，可发生如下反应：

$$\frac{1}{2}[1\overline{1}1] \longrightarrow \frac{1}{6}[\overline{1}5\overline{1}]_T \longrightarrow \frac{1}{2}[\overline{1}1\overline{1}]_T + \frac{1}{3}[111]_T \tag{3-24}$$

$$\frac{1}{2}[\overline{1}11] \longrightarrow \frac{1}{6}[5\overline{1}\,\overline{1}]_T \longrightarrow \frac{1}{2}[11\overline{1}]_T + \frac{1}{3}[111]_T \tag{3-25}$$

然而如式 (3-21)、式 (3-24) 和式 (3-25) 所示的位错反应不能自动进行，必须在很大的应力作用下才有可能，而且 $\frac{1}{3}\langle 111 \rangle$ 型部分位错运动所需的派-纳应力相当大。因此，一般认为，孪晶界可成为位错运动的障碍，以致在孪晶界处常形成位错塞积，引起加工硬化或形成微裂纹。应该指出，上述孪晶界与滑移位错的作用机制也适用于其他点阵结构的金属。

3.6　位错强化的数学表达式

对位错强化加以数学表达的核心是从理论上估算流变应力。位错强化的基本特点是在塑性变形过程中位错不断增殖，从而使位错密度提高，导致位错间的交互作用增强。所以，位错强化将使流变应力提高，其宏观表现便是加工硬化。

流变应力是指金属晶体产生一定量的塑性变形所需要的应力。从位错机制来说，流变应力是滑移面上有足够数量的位错在单位时间内扫过相当大的面积(其线度比位错间距离大得多)时所需的应力，在数值上应等于大量位错在滑移面上运动要克服的阻力。或者，也可以把流变应力看成在一定位错结构下，使晶体中滑移开始所需的应力。

3.6.1　位错运动阻力的估算

1. 派-纳力

位错运动首先要克服派-纳力或晶格阻力，故在估算流变应力时应包含派-纳力的影响。但是，目前计算派-纳力尚有一定困难。这要涉及对位错芯部的原子结构模型的深入了解。通常只能定性地估算派-纳力的影响。一般认为，对软金属(包括 FCC 金属和基面滑移的 HCP 金属)而言，派-纳力的影响不大，不是位错运动所要克服的主要阻力；而对硬金属(包括 BCC 金属和非基面滑移的 HCP 金属)而言，派-纳力的影响较大，可能是位错运动所需克服阻力的重要组成部分，应在流变应力的计算公式中加以考虑。

2. 位错线张力引起的阻力

大量位错运动时，要涉及位错增殖。例如，以 Frank-Read 源机制增殖时，在位错线弯曲过程中需要克服线张力所引起的阻力，即位错增殖的临界切应力为

$$\sigma = \frac{Gb}{L}$$

式中，L 为位错源的线长度。故曾有人认为[10]，晶体的临界切应力就是开动线长度最长的位错源的最小切应力。这种说法有一定道理。

3. 位错的长程弹性交互作用

关于这种相互作用对流变应力的贡献，可用如图 3-30 所示的位错组态作量级的估计。若有一刃型位错欲从位于两相邻滑移面上的同号刃型位错之间滑过，必

受到由弹性交互作用所引起的阻力。参考图 1-34，并用式(1-67)及式(1-77)，可将所需克服的切应力阻力写成

$$\sigma_i = \frac{Gb}{2\pi(1-\nu)l} \approx \frac{Gb}{4l} \tag{3-26}$$

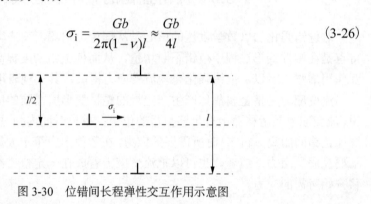

图 3-30　位错间长程弹性交互作用示意图

式中，l 为上下两滑移面的间距。若再作进一步简化，也可将 l 视为位错的平均距离。类似地，可对螺型位错直接由式(1-67)及式(1-74)得出

$$\sigma_i = \frac{Gb}{2\pi l} \approx \frac{Gb}{6l} \tag{3-27}$$

将式(3-26)和式(3-27)可统一表达为

$$\sigma_i = \alpha\frac{Gb}{l} \tag{3-28}$$

式中，α 为一常数，其值取决于泊松比及位错的性质、取向等。这种弹性交互作用的特点是对运动位错造成一种长程阻力，与温度的关系不大。温度仅通过 G 随温度的变化而对 σ_i 产生一定的间接影响。

4. 与林位错交截产生的割阶的作用

由于林位错与滑移位错接近正交，故弹性交互作用一般很小。通过交截形成割阶所产生的阻力具有短程性质，其作用区间与林位错的宽度 d 相当。故林位错为非扩展位错时，$d=b$；如系扩展位错时，$d=b+r_e$（r_e 为扩展宽度）。

对这一作用产生的阻力可作如下估算。如图 3-31 所示，当运动位错与林位错（其平均间距为 l）相遇时，形成割阶的长度大体上为 d，故割阶形成能约为 $\alpha Gb^2 d$。由于割阶无长程应力场，其能量主要由芯部决定，故取 $\alpha \approx 0.2$。同时，外力所做的功如图 3-31 中画斜线部分所示，其值为 σbld。如果令其等于割阶的形成能，遂有

$$\sigma bld = \alpha Gb^2 d$$

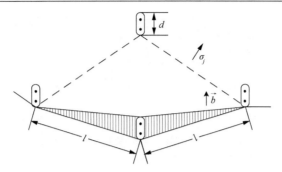

图 3-31　运动位错与林位错交截时外力做功示意图

故得

$$\sigma = \alpha \frac{Gb}{l} \tag{3-29}$$

式中，由形成割阶产生的切应力阻力 σ 与温度的关系仅来自 G 的间接影响。温度不高时，带割阶位错线的运动主要靠外应力的帮助完成，可忽略热激活的影响。但当温度较高时，热激活能使产生的空位立即驱散，从而会对割阶位错的运动产生影响，使流变应力随温度上升而下降。

5. 会合位错的阻碍作用

在 2.7 节中已指出，相交位错若产生会合位错后，要继续滑移时，只有将此会合位错拆散才有可能。可用虚功原理估算拆散会合位错所需外加切应力。如图 3-32 所示，点虚线为两相交位错，BE 为这两个位错相交后产生的会合位错，长为 $2x$。为了方便起见，设所有位错线段长均为 l，并 $\phi_1 = \phi_2 = \phi_0$。在外加切应力 σ 作用下，会合位错 BE 缩短 $2\,\mathrm{d}x$。同时，相应的四个位错线段的移动距离为 $k\mathrm{d}x$。W_1

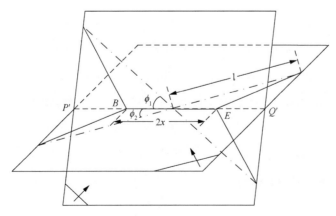

图 3-32　会合位错的拆解

和 W_2 分别为原位错和会合位错单位长度的能量。于是，可以得出，在会合位错缩短 dx 时，位错的能量变化为

$$dE = (4W_1 \cos\phi - 2W_2)dx \tag{3-30}$$

相应地，外力做功为

$$dW = 4\sigma blk dx \tag{3-31}$$

令 $dE = dW$，并取 $W_1 = W_2 = Gb^2/2$，则

$$\sigma = \alpha \frac{Gb}{l} \tag{3-32}$$

式中，$\alpha = 0.2 \sim 0.3$。显然，温度与会合位错对位错阻力的关系亦来自 G 的间接影响。若考虑晶体结构的影响，由于在 BCC 结构中，W_2 代表 $\langle 100 \rangle$ 位错的能量，W_1 代表 $\frac{1}{2}\langle 111 \rangle$ 位错的能量，故 $W_2 > W_1$；而在 FCC 结构中，$W_2 = W_1 = W$（均为 $\frac{1}{2}\langle 111 \rangle$ 位错的能量），所以，从式(3-30)可以看出，会合位错反应对晶体流变应力的贡献在 FCC 结构中比在 BCC 结构中更大。

3.6.2　流变应力的表达式

上述分析表明，位错运动的阻力来自多方面。实际上，金属晶体的流变应力可能是以上几方面阻力，甚至更多阻力来源于共同作用的结果，如蜷线位错及孪晶界等也都是位错运动的有效障碍。所以，目前对流变应力的估算还只能是粗略的，尚有待于进一步发展。但是，通过上面对位错运动阻力的推导可见，流变应力的一般表达式应为

$$\sigma = \sigma_0 + \alpha \frac{Gb}{l} \tag{3-33}$$

式中，σ_0 为派-纳应力；l 的含义尽管对不同的阻力来源有所不同，但大体上与晶体中位错的数量有关，位错密度 ρ 越高，l 值越小。对 ρ 与 l 的关系可近似表达为

$$l \propto \rho^{-\frac{1}{2}} \tag{3-34}$$

将式(3-34)代入式(3-33)便得

$$\sigma = \sigma_0 + \alpha Gb \rho^{\frac{1}{2}} \tag{3-35}$$

此式已被大量实验所证实。式中，α 为视材料而不同的常数，常为 0.2～0.5。

3.7　应变速率与位错运动速率关系的推导

在讨论金属材料加工硬化行为时，有时会涉及应变速率、位错运动速率及位错密度三者之间的关系，其表达式为

$$\dot{\varepsilon} = m\rho bv \tag{3-36}$$

式中，$\dot{\varepsilon}$ 为应变速率；m 为常数(通常为平均的 Schmidt 因子)；ρ 为可动位错密度；b 为伯格斯矢量；v 为位错运动的平均速率。实际上，在拉伸变形时，$\dot{\varepsilon}$ 由拉伸机给定，故可由此式判定位错密度与位错运动速率之间的关系。这对于了解变形过程中位错的运动特性具有一定意义，常用来说明 BCC 金属屈服现象的产生机制。

对式(3-36)可作如下推导。如图 3-33(a)所示，当单个位错沿滑移面通过厚度为单位长度的单元体时产生的切应变为

$$\gamma = \frac{b}{h} \tag{3-37}$$

显然，若此位错的滑动距离为 x_i [图 3-33(b)]，可使单元体的顶部相对于底部产生的位移为

$$\delta_i = \frac{x_i b}{L} \tag{3-38}$$

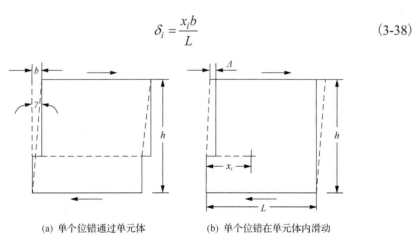

(a) 单个位错通过单元体　　　　(b) 单个位错在单元体内滑动

图 3-33　位错运动与切应变的关系示意图

由 N 个位错在许多平面滑移面上滑移所产生的总位移为

$$\varDelta = \sum_{i=1}^{N} \delta_i = \frac{b}{L} \sum_{i=1}^{N} x_i \tag{3-39}$$

相应的切应变为

$$\gamma = \frac{\varDelta}{h} = \frac{b}{hL} \sum_{i=1}^{N} x_i \tag{3-40}$$

若位错的平均移动距离为 $\overline{x}$，即

$$\overline{x} = \frac{\sum_{i=1}^{N} x_i}{N}$$

则

$$\gamma = \frac{bN\overline{x}}{hL} = b\rho\overline{x} \tag{3-41}$$

式中，$\rho = N/(hL)$ 为位错密度。这便是晶体的宏观塑性变形与微观位错滑移间的基本关系。需要注意的是，在上述论述中假设各滑移面均平行于单元体的底面。实际上，晶体中的滑移面及位错线的取向可能是变化的，为计算切应变引入平均取向因子 $\langle m \rangle$。故对式(3-41)的更一般的表达式应为

$$\gamma = \langle m \rangle \rho b \overline{x} \tag{3-42}$$

而且，应变速率为

$$\dot{\gamma} = \frac{\mathrm{d}\gamma}{\mathrm{d}t} = \langle m \rangle \rho b \frac{\mathrm{d}\overline{x}}{\mathrm{d}t} = \langle m \rangle \rho b \overline{v} \tag{3-43}$$

式中，$\overline{v}$ 为位错的平均速率。可见，着眼于位错的行为描述宏观塑性变形，需要知道晶体结构(以确定伯格斯矢量)、可动位错密度及位错的平均速率。反之，若已知晶体的应变速率，又可进而讨论可动位错密度与位错平均速率的关系。

3.8　温度及应变速率对流变应力的影响

在 3.6 节中推导流变应力的表达式时，没有考虑热激活效应，使温度对流变应力的影响仅表现在弹性模量 G 的变化上。实际上，流变应力对温度及应变速率均有一定的依赖关系，故又常将流变应力表达为

$$\sigma = \sigma^* + \sigma_G \tag{3-44}$$

式中，σ^* 为与温度或应变速率有关的部分；σ_G 为与温度或应变速率无关的部分。为说明这种现象，Seeger[11]曾设想 σ^* 来自于滑动位错与林位错的交截所产生的阻力(短程阻力)，而 σ_G 主要来自于晶体中相邻平行滑移面的位错对滑动位错所产生的弹性内应力(长程阻力)。所以，在滑动位错与林位错的交截过程中，实际作用在滑动位错上的力应为 $\sigma^* = \sigma - \sigma_G$。如图 3-31 所示，此力所做的功为 $lbd\sigma^*$，其中 l 为林位错的间距，d 为其扩展宽度。再设 U_0 为没有外力时交截过程所需的激活能，则在不大的外力加切应力 σ 的作用下，交截激活能 U 可写成

$$U = U_0 - lbd\sigma^* = U_0 - V(\sigma - \sigma_G) \tag{3-45}$$

式中，$V = lbd$ 称为激活体积。当 $U > kT$ 时，则在温度 T 下，由热激活产生能量 U 的概率应由 Boltzmann 因子 $\exp(-U/kT)$ 决定。对于位错的交截而言，每秒钟内能够进行热激活(克服障碍)的次数为 $\nu_0 \exp\{-[U_0 - V(\sigma - \sigma_G)]/(kT)\}$，其中 ν_0 为位错线振动的固有频率($\leqslant$ 原子振动频率)。所以，位错的运动速率为

$$\bar{v} = d\nu_0 \exp\left[-\frac{U_0 - V(\sigma - \sigma_G)}{kT}\right] \tag{3-46}$$

把式(3-46)代入式(3-36)，得到宏观应变速率如下：

$$\dot{\varepsilon} = \rho A \exp\left[-\frac{U_0 - V(\sigma - \sigma_G)}{kT}\right] = \dot{\varepsilon}_0 \exp\left[-\frac{U_0 - V(\sigma - \sigma_G)}{kT}\right] \tag{3-47}$$

式中，ρ 为可动位错密度；$A = bd\nu_0$；$\dot{\varepsilon}_0 = \rho A$。若应变速率是预先给定的，则可由上式得

$$\sigma = \begin{cases} \sigma_G + \dfrac{U_0 - kT \ln \dot{\varepsilon}_0 / \dot{\varepsilon}}{V}, & T \leqslant T_c \\ \sigma_G, & T > T_c \end{cases} \tag{3-48}$$

而

$$T_c = -\frac{U_0}{k \ln \dot{\varepsilon} / \dot{\varepsilon}_0} \tag{3-49}$$

由式(3-48)和式(3-49)可见，当应变速率 $\dot{\varepsilon}$ 一定时，流变应力 σ 与温度 T 的关系如图 3-34 所示(忽略切变模量随温度的变化)。在 0K 时，流变应力与 $\dot{\varepsilon}$ 无关，遂可将流变应力写成"激活应力"：

$$\sigma_a = \frac{U_0}{V} \tag{3-50}$$

与 σ_G 之和。所以，一般当 $T < T_c$ 时，式 (3-48) 可写为式 (3-44) 的表达式。在 T_c 以上，因热激活使交截过程易于进行，不再对流变起阻碍作用，故流变应力主要由位错的长程阻力 σ_G 决定，即 $\sigma = \sigma_G$。显然，σ_G 与形变速率无关，而 σ^* 取决于位错交截过程，故与形变速率有关，但此关系用对数来表示，其敏感性较小。临界温度 T_c 随着应变速率的增加向高温移动。

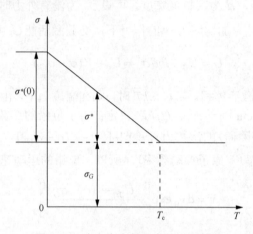

图 3-34　流变应力与温度的对应关系

3.9　位错强化机制的特点及应用

3.9.1　位错强化的特点

位错强化机制是着眼于位错数量的增加引起的材料强化。如前所述，位错的增殖源于应变引起的位错源开动和不断释放出位错，因此这种强化机制也称为形变强化或应变强化。

位错强化的主要特点包括以下几个方面。

（1）强化效果明显。变形引起的加工硬化会使金属材料中的位错密度迅速升高，从而导致强度迅速上升。例如，18-8 不锈钢变形前的强度值为 $\sigma_{0.2} = 196\text{MPa}$，抗拉强度 $\sigma_b = 588\text{MPa}$；经变形量为 40% 轧制后，$\sigma_{0.2} = 784\sim980\text{MPa}$，提高 3～4 倍，$\sigma_b = 1174\text{MPa}$，提高一倍。

（2）材料迅速脆化。一定量的塑性变形加工会使金属材料位错密度升高，从而导致其均匀延伸率下降，甚至不再出现均匀塑性变形阶段，从而其总体的延伸率下降，表现出明显的脆性。例如，纯铜 T1 线材经 95% 变形加工后，室温抗拉强

度可达 $\sigma_b = 450 \sim 490\text{MPa}$，但其延伸率由退火态的 40%～50%，急剧下降至 2% 左右。

(3) 对温度敏感。对于含有高密度位错的变形组织，特别是纯金属的变形组织，当升温至其退火温度以上时，其位错数量急剧降低，从而导致其强度迅速下降。因此，对于冷变形强化的金属材料，一般要求在室温下使用，并尽量控制其服役环境温度的波动范围。例如，上述的纯铜 T1 线材在 250℃时抗拉强度下降为 $\sigma_b = 220\text{MPa}$ 左右，500℃时抗拉强度下降为 $\sigma_b = 61\text{MPa}$。

3.9.2 位错强化机制的应用

形变强化是金属强化的最有效的工艺手段之一。这种方法可以单独使用，也可以和其他强化方法联合使用，从而形成了工程价值大、应用领域广的形变热处理技术。本节仅对形变热处理中与位错强化相关的应用进行介绍。

1. 纯金属形变强化

对不可进行热处理和合金化的金属材料，形变强化是最有效的强化手段。

对于某些不能采用合金化提高强度的纯金属，如作为导线的纯铜或纯铝，采用形变强化可以有效提高其强度指标，同时其导电性仍可满足服役要求。例如，金属铜的层错能较低，这一方面会导致位错容易扩展，因而难以交滑移，另一方面易于产生孪晶阻碍位错运动，从而容易产生位错塞积。因此，铜及其合金的加工硬化率较高，退火态纯铜的形变强化指数 $n = 0.3 \sim 0.35$，比退火态 40CrNiMo（$n = 0.15$）高出一倍。纯铜 T1 线材拉拔变形后，硬态抗拉强度最高可达 $\sigma_b = 490\text{MPa}$，而退火态抗拉强度最低值仅为 $\sigma_b = 205\text{MPa}$。拉拔变形对 T1 纯铜导电性影响并不大，一般在断面收缩率为 25%、50%、75% 和 87.5% 时，所对应的电导率下降百分比分别为 1.5%IACS、2.0%IACS、2.3%IACS 和 2.6%IACS。

2. 铅淬拔丝

形变强化的另一个典型案例就是碳钢铅浴拔丝工艺，是指将碳钢丝材加热到临界点以上奥氏体化，然后在铅浴槽中使奥氏体发生等温分解，随后进行拉拔。在这种工艺方法中，铅浴淬火的目的就是获得细密而均匀的珠光体组织。在随后的拉拔过程中，变形主要集中在珠光体内的铁素体中，使铁素体片层严重扭曲，在其中形成高密度位错，从而使钢丝具有极高的强度。例如，含碳量为 0.7% 的碳钢铅浴淬火后，经极高压缩比（约为 97.4%）变形所获得丝材抗拉强度可达 $\sigma_b = 3149\text{MPa}$。

3. 形变诱发相变

在许多合金中，塑性变形可诱发第二相（硬相）粒子析出，使加工硬化率显著提高。若析出相的数量很少，形变主要引起位错密度显著增加，属于应变时效。

在易发生切变型相变的合金中，形变可诱发相变，使硬化主要与所形成的第二相的体积分数有关。此种现象已用于钢的强化。钢在 M_d（冷却过程开始产生马氏体相变的最高温度）与 M_s（形变诱发马氏体转变的最高温度）点之间通过塑性变形使奥氏体转变成马氏体，呈现很高的加工硬化效应[12]。仔细控制钢的成分可使 $M_d >$ 室温 $> M_s$。在 M_s 与 M_d 之间变形时，钢的组织由残余的 γ 相（FCC）、α' 相（BCC）及 ε 相（HCP）所组成。ε 相是 $\gamma \to \alpha'$ 转变的中间相（即 $\gamma \to \varepsilon \to \alpha'$），对强化不起很大作用。钢的强度主要由 α' 相和 γ 相所决定，并可用混合律表达，即

$$\sigma = \sigma_{\alpha'} V_{\alpha'} + \sigma_\gamma (1 - V_{\alpha'}) \tag{3-51}$$

式中，$\sigma_{\alpha'}$ 和 σ_γ 分别为马氏体和奥氏体的屈服强度；$V_{\alpha'}$ 为 α' 相的体积分数。在塑性变形后，还可在 200～400℃时效使 γ 相继续转变成 α' 相，使钢的强度进一步提高[13]。

位错强化机制是强调位错之间的交互作用引起材料的强化效应。但在变形过程中，随着位错的增殖，材料中还会伴随溶质原子偏聚、空位密度增大、第二相粒子析出、形变诱发相变等现象出现，也有可能伴随动态回复或再结晶过程发生。因此，在利用位错强化机制分析或设计材料强韧化工艺时，一定要注意材料变形过程中微观组织的整体性及其演化过程的复杂性。

参 考 文 献

[1] Fisher J C. Prismatic loops as Frank-Read sources, dislocations and mechanical properties of crystals [C]//An International Conference Held Lake Placid, Hoboken: Wiley, 1957: 513-520

[2] Mott N. The work hardening of metals [J]. Transactions of the American institute of mining and metallu rgical engineers, 1960, 218: 962-968

[3] Frank F. The resultant content of dislocations in an arbitrary intercrystalline boundary [C]//A Symposium on the Plastic Deformation of Crystalline Solids. Washington DC: Office of Naval Research, 1950: 51-61

[4] Koehler J. The nature of work-hardening[J]. Physical Review, 1952, 86（1）: 52-59

[5] Nabarro F R. Report of a conference on strength of solids [J]. The Physical Society, 1948: 75-86

[6] Bilby B A. Defects crystalline solids[C]. London: Physical Society, 1955:855-856.

[7] Eshelby J, Frank F, Nabarro F. The equilibrium of linear arrays of dislocations [J]. Philosophical Magazine, 1951, 42（327）: 351-364

[8] Cottrell A, Bilby B. A mechanism for the growth of deformation twins in crystals [J]. Philosophical Magazine, 1951, 42（329）: 573-581

[9] Sleeswyk A W. Emissary dislocations: theory and experiments on the propagation of deformation twins in α-iron [J]. Acta Metallurgica, 1962, 10 (8): 705-725

[10] Mott N. CXVII. A theory of work-hardening of metal crystals [J]. Philosophical Magazine, 1952, 43 (346): 1151-1178

[11] Seeger A. CXXXII. The generation of lattice defects by moving dislocations, and its application to the temperature dependence of the flow-stress of FCC crystals [J]. Philosophical Magazine, 1955, 46 (382): 1194-1217

[12] Llewellyn D T, Murray J D. Metallurgical developments in high alloy Steels[R]. London: The Iron and Steel Institute, 1964, 86: 197-211

[13] Mangonon P L, Thomas G. The martensite phases in 304 stainless steel [J]. Metallurgical Transactions, 1970, 1 (6): 1577-1586

第 4 章　晶界强化机制

4.1　多晶体塑性变形条件

金属材料一般呈多晶体状态，各晶粒的取向不同。在外力作用下，多晶体的变形行为与单晶体有很大不同。多晶体塑性变形时，其典型的应力-应变曲线及应变硬化曲线如图 4-1 所示。可见，多晶体不呈现易滑移阶段。从塑性变形一开始，便很快进入抛物线阶段，其应变硬化率不断降低。这表明，晶界的存在使单滑移乃至双滑移受到抑制，而易于进行多滑移。

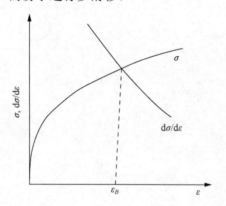

图 4-1　金属多晶体真实应力-应变曲线及应变硬化曲线的常见形式

可以证明，金属多晶体变形时，必须有五个独立的滑移系统同时开动。这是多晶体进行塑性变形时必须满足的基本要求，称为 von Mises 条件。在多晶体中，一个晶粒变形时要受到周围晶粒的约束，故变形必须有协调性，以防破坏晶界的连续性而形成空隙或微裂纹。为此，多晶体变形时必须有几个滑移系统同时开动。

由弹性力学知，受力物体中任意点的应变状态可由九个应变分量给定：

$$\varepsilon_{ij} = \begin{pmatrix} \varepsilon_{11} & \varepsilon_{12} & \varepsilon_{13} \\ \varepsilon_{21} & \varepsilon_{22} & \varepsilon_{23} \\ \varepsilon_{31} & \varepsilon_{32} & \varepsilon_{33} \end{pmatrix} \tag{4-1}$$

考虑到切应变分量的对称性，在六个切应变分量中仅有三个是独立的。此外，根据单元体体积不变原则，体积应变为零，即

$$e = \frac{\delta V}{V} = \varepsilon_{11} + \varepsilon_{22} + \varepsilon_{33} = 0 \tag{4-2}$$

可见，仅有两个独立的正应变分量。因此，实际上在九个应变分量中，可由五个独立的应变分量给出任意点的应变状态。每个独立的应变分量可由一个滑移系统开动给定，故相应地便要求五个独立滑移系统同时开动。

对于有自由表面的单晶体而言，变形条件可以放宽，可通过一个滑移系统开动产生易滑移变形。实际上，这是 von Mises 条件的特例。

von Mises 条件具有重要的实际意义。可根据这一变形条件判断多晶体的塑性。一般而言，面心立方金属和体心立方金属的滑移系统较多，易满足 von Mises 条件，具有较好的塑性。例如，FCC 金属的滑移系统为 $\langle 110 \rangle \{111\}$，其满足 von Mises 条件的可能性为

$$C_5^{12} = \frac{12!}{5!7!} = 792 \tag{4-3}$$

如果考虑到每一滑移面上三个滑移方向，其中仅有两个是独立的，而满足 von Mises 条件的可能性降到 384 个。对 BCC 金属而言，其滑移系统数量更多，满足 von Mises 条件的可能性更大，应使塑性更好，但其实不然，BCC 金属的塑性一般不如 FCC 金属。这是因为影响塑性的因素除了滑移系统的数量，还应考虑点阵的派-纳位垒等。

若多晶体材料的独立滑移系统在数量上不足五个，需借助其他的变形方式如孪生、晶界滑动、攀移及马氏体相变等，以满足 von Mises 条件。如在基面滑移的 HCP 金属中，滑移系统为 $\langle 11\bar{2}0 \rangle \{0001\}$，仅有两个独立的滑移系统。在其塑性变形时，尚需要三个独立的孪生系统开动，从而使孪生变形成为此类金属材料的重要变形方式。尽管如此可以满足 von Mises 条件，但塑性仍然较差。显然，这同孪生变形特点有关。相比之下，对非基面滑移的 HCP 金属而言，滑移系统数量较多，可使塑性得到改善。

4.2　晶界的位错模型

金属多晶体材料的塑性变形特点主要反映在出现晶界这一事实上。晶界的性质及其对晶体性能的影响与晶界本身的结构特点密切相关。虽然晶界的结构(特别是大角晶界)很复杂，但一般可用位错模型来加以适当描述。

4.2.1　晶界的结构模型

1. 小角晶界模型

小角晶界有两种最简单的类型，一种为倾侧晶界，另一种为扭转晶界。一般来说，一个晶界应有五个自由度，即旋转角 θ、产生旋转角的转轴的方向余弦（其中仅有两个是独立的）、晶界面法线的方向余弦（其中也仅有两个是独立的）。设 $\vec{u}$ 是沿产生旋转角的转轴上的单位矢量，$\vec{n}$ 是晶界面法线上的单位矢量。于是，倾侧晶界的条件是 $\vec{u} \cdot \vec{n} = 0$（图 4-2）；而扭转晶界的条件是 $\vec{u} = \vec{n}$（图 4-3）。一般情况下，小角晶界由倾侧晶界和扭转晶界混合而成。

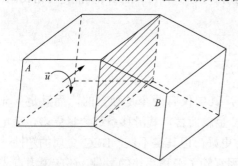

图 4-2　倾侧晶界（$\vec{u} \cdot \vec{n} = 0$）

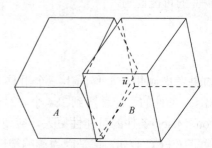

图 4-3　扭转晶界（$\vec{u} = \vec{n}$）

1）倾侧晶界

最简单的对称倾侧晶界可由一组刃型位错组成。设想在简单立方结构中，两晶体以 (100) 面为对称面并绕 [001] 轴转动 θ 角，会使两晶体的 (100) 面成对相遇，如图 4-4(a) 所示。这样的晶界可看成一系列平行的双刃型位错，其伯格斯矢量为 $2\vec{b}$（相当于插入双半原子平面），如图 4-4(b) 所示。然而，其弹性能较高，可由 (100) 面沿晶界相对错动适当降低。其结果便使两晶粒中的 (100) 面均交替终止在晶界上，而构成由一系列伯格斯矢量为 $\vec{b}$ 的刃型位错组成的对称倾侧晶界，如图 4-5 所示。这种对称倾侧晶界不产生长程应力场，且位错间距 D、伯格斯矢量 b 及旋转角 θ 有下述关系：

$$D = \frac{b}{\theta} \tag{4-4}$$

对称倾侧晶界的这种位错模型已被大量实验事实所证实。

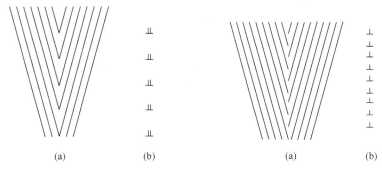

图 4-4 不稳定的对称倾侧晶界　　图 4-5 稳定的对称倾侧晶界

非对称倾侧晶界的特点是，虽然晶界两侧晶体的位相差仍为旋转角 θ，但晶界面相对于两侧晶粒的倾角不等，如图 4-6 所示。显然，在这种情况下，会使刃型位错相互间有切应力作用，而引起长程应力场。故需引入两列伯格斯矢量不同的刃型位错组态，以使非对称倾侧晶界稳定存在，如图 4-6(a) 所示。设在晶界的单位面积上有 n_1 个 $\vec{b}_1$ 位错和 n_2 个 $\vec{b}_2$ 位错， 则平均的伯格斯矢量 $\vec{b}_3$ 为

$$\vec{b}_3 = \frac{n_1\vec{b}_1 + n_2\vec{b}_2}{n_1 + n_2} \tag{4-5}$$

通过选择 n_1 和 n_2，可使 $\vec{b}_3$ 垂直于倾侧晶界的界面，造成 $n_1 + n_2$ 个 $\vec{b}_3$ 位错沿晶界成斜行排列的组态，如图 4-6(b) 所示。每个位错的位向都与晶界相垂直，从而消除了长程应力，使晶界比较稳定。所以，非对称倾侧晶界可由两列伯格斯矢量方向不同的刃型位错组成。在每列刃型位错中相邻位错的间距为

$$D_1 = \frac{b_1}{\theta\cos\theta} \tag{4-6}$$

$$D_2 = \frac{b_2}{\theta\sin\theta} \tag{4-7}$$

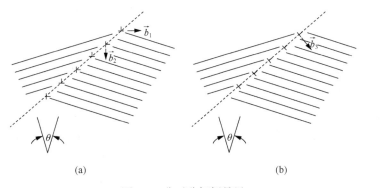

图 4-6 非对称倾侧晶界

式中，θ 为晶界面相对于两晶粒对称取向的夹角。

2) 扭转晶界

简单的对称扭转晶界可看成由两相交叉的螺型位错阵列组成。如图 4-7(a) 所示，只有一个系列的螺型位错在晶界处等间距平行排列时，会使晶体上下两部分间产生切应变(或相对扭动一个角度)。这种位错组态会引起长程应力场，尚不能表征晶界。若再附加一组正交分布的螺型位错系列[图 4-7(b)]，该组螺型位错也会相应引起一个切应变。由两列螺型位错给出的切应变合成的结果便有可能产生没有畸变的扭动，如图 4-7(c) 所示。在这里，伯格斯矢量要选择合适，否则还会有畸变产生。很容易证明，各位错的间距仍是 $D = b / \theta$ ；或 $\theta = n^* b$ ，n^* 为单位晶界面积上每组螺型位错所含有的位错数目。

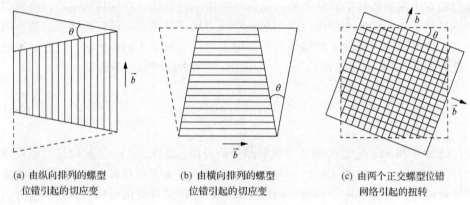

(a) 由纵向排列的螺型　　　　(b) 由横向排列的螺型　　　　(c) 由两个正交螺型位错
　　位错引起的切应变　　　　　　位错引起的切应变　　　　　　网络引起的扭转

图 4-7　对称扭转晶界形成示意图

实线表示晶界上方的晶体，虚线表示晶界下方的晶体

扭转晶界也可以是非对称的。这种晶界不在晶体学平面上，至少需要三个系列的具有不同伯格斯矢量的螺型位错才能形成。

在一般情况下，任意取向的小角晶界可以由倾侧晶界和扭转晶界混合组成。因此，可以由几个系列的混合位错加以描述，各系列的伯格斯矢量应有所不同。

2. 大角晶界模型

大角晶界的结构比较复杂，难以简单地用与小角晶界类似的办法建立位错模型。由式(4-4)可知，当晶界的旋转角 θ 大于30°以后，位错间距 D 要小于原子间距，以致失掉了位错模型的意义。为此，需要引入参考点阵，在对大角晶界的结构进行几何简化或抽象的基础上建立位错模型。早在 1958 年，Frank 曾提出相符点阵(coincidence site lattice，CSL)的设想，即在一些特殊的位向晶界中，有些原子同属于两边晶粒的阵点，并自身形成一超点阵。后来 Brandon 等[1]根据场离子显微镜的观察结果，提出了大角晶界的相符点阵模型。他们认为，大角晶界系由约两原子直径厚的对排和错排区构成。图 4-8 为相符倾侧晶界的示意图，大黑点为相符格点。图 4-9 为面心立方结构中的(001)面相符扭转晶界示意图，即当旋转角为 $\theta = 36.9°$ 时所得的相符晶界。其中，相符格点的数目相当于总格点数的 1/15。

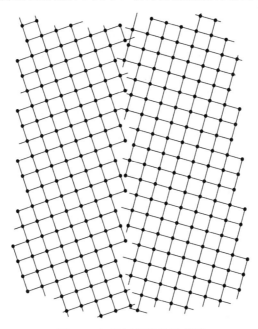

图 4-8　相符倾侧晶界示意图

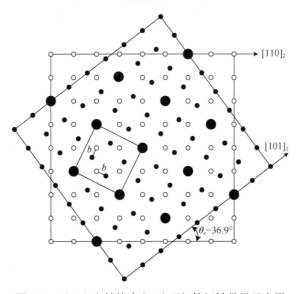

图 4-9　面心立方结构中(001)面相符扭转晶界示意图

相符点阵与大角晶界有如下关系。

(1)晶界力求和相符点阵的密排面相重合。若晶界面和相符点阵的密排面有所偏离，晶界也力求把大部分面积与相符点阵的密排面相重合，而在相符点阵的密排面之间出现台阶或"坎"。台阶不具有长程应力场。在晶界上加适当的应力时，台阶可能成为位错的增殖源。

(2)两晶粒形成相符点阵要有理想的取向匹配关系。若两晶粒的取向偏离能出现相符点阵的位向，会在晶界上引入一组相符点阵位错。一般这种晶界位错的伯格斯矢量要较晶格位错为小，常称为次位错。

引入相符点阵作为参考点阵后，可使大角晶界的结构模型得到简化。可以认为，相符点阵起着前述小角晶界中一般点阵的作用，而把大角晶界看成相符点阵的小角晶界。因而，可在原来相符点阵密排面为晶界的基础上叠加相符点阵的小角晶界，从而构成两晶粒间的大角晶界。这种结构模型不仅可以说明构成大角晶界时，两晶粒的取向可从原来出现相符点阵的特殊位向扩展一定范围，还可进而把大角晶界看成位错堆积的场所。

对大角晶界中次位错的几何图形(以刃型位错为例)可参见图 4-10。可见，当旋转角 $\theta = 53.1°$ 时，可形成对称相符倾侧晶界，如图 4-10(a)所示；而当 $\Delta\theta = 3.1°$ 时，便形成了次位错，如图 4-10(b)所示。

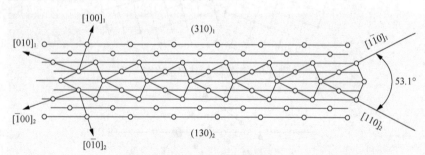

(a) θ=53.1°时的对称相符倾侧晶界

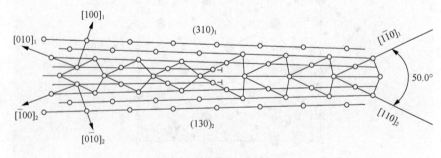

(b) $\Delta\theta$=3.1°时次位错结构示意图

图 4-10　大角晶界中次位错的几何图形

图中下标 1 表示上半块晶体，下标 2 表示下半块晶体

大角晶界的相符点阵模型已得到若干实验直接和间接的证实，但仅对解释一些特殊的大角晶界才较为有效。大角晶界模型除了相符点阵模型，尚有平面匹配模型[2]、旋错模型[3]、微分几何模型[4]及多面体堆垛模型[5]等，可参阅有关文献。

4.2.2　晶界与位错的交互作用

晶界的重要特征之一是同晶内位错发生交互作用。显然，这种交互作用将取决于晶界应力场的特点。下面先以小角对称倾侧晶界为例讨论晶界应力场的特点。

如上所述，对称倾侧小角晶界可看成由同号刃型位错堆砌而成的位错墙，如图 4-11 所示，其应力场可由下式表示：

$$\sigma_{xy} = \frac{Gb}{2\pi(1-v)} \sum_{n=-\infty}^{+\infty} \frac{x[x^2 - (y-nd)^2]}{[x^2 + (y-nd)^2]^2} \tag{4-8}$$

若 $x \gg d/(2\pi)$，则可近似得到

$$\sigma_{xy} = \frac{2\pi Gbx}{(1-v)d^2} \cos\frac{2\pi y}{d} \exp\left(-\frac{2\pi x}{d}\right) \tag{4-9}$$

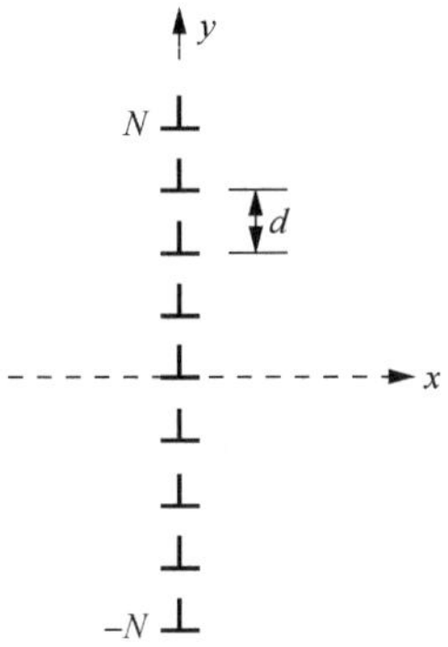

图 4-11　对称倾侧小角晶界

可见，x 增大时，σ_{xy} 呈指数规律下降。这说明，对称倾侧小角晶界无长程应力场。当 $x=2d$ 时，σ_{xy} 大体上为单个位错应力场的 10^{-2} 倍。但若在晶界附近，如 $|x| \ll d/(2\pi)$ 时，σ_{xy} 在数量上随 y 值不同将大体上由最近的 1～3 个位错的应力场决定，因而仅有短程应力场。

可以证明，此晶界应力场的其他分量(如 σ_{xx}、σ_{yy} 和 σ_{zz})也有类似的特点。

因此，对一个无限长的对称倾侧小角晶界而言，由于各位错应力场彼此抵消，将会表现出具有短程应力场的特点。但对以下情况尚需加以注意。

(1)晶界较短时，可看成由 N 个位错组成的超位错，给出长程应力场，如图 4-12 所示。在回复过程中，可由这种长程应力场对晶内位错产生作用而形成位错

墙。如在 P 点有一刃型位错，应受斥力作用。但在有空位扩散的条件下，却可通过攀移进入晶界的引力区(到达 Q 点)，并进而在已有位错墙的上部排列起来。

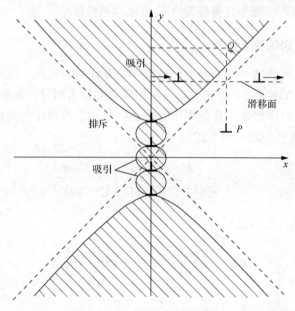

图 4-12 由四个同号刃型位错组成的短晶界的应力场

(2)在变形过程中使由同号刃型位错组成的晶界从竖直位置倾斜时，相当于变为非对称倾侧晶界，给出长程应力场。如图 4-13 所示，可由另一列伯格斯矢量与之相垂直的位错墙将这种长程应力场加以抵消。这一方面说明晶界对晶体变形有一定阻碍作用，另一方面说明易在晶界附近产生附加变形，使位错密度增高。

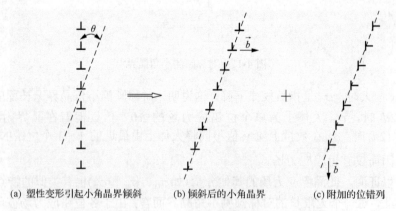

(a) 塑性变形引起小角晶界倾斜　　(b) 倾斜后的小角晶界　　(c) 附加的位错列

图 4-13 塑性变形时小角晶界附近产生位错示意图

上述分析结果可用于讨论晶格位错与倾侧晶界的交互作用。显然，倾侧晶界的短程应力场会对靠近的晶格位错做功，以阻止其滑移穿过。故当晶格位错进入晶界的短程应力场时，便会受到一定的阻碍作用。但若应力较大，晶格位错可切过位错墙，而在晶界上形成台阶或晶界位错，如图 4-14(a) 和 (b) 所示。在切过后晶格位错的伯格斯矢量要有所改变，其变化量为晶界位错的伯格斯矢量。由于此过程涉及系统能量增加，故也表现为对运动位错的阻碍作用。晶格位错也可与晶界位错相交发生位错反应。若在 BCC 晶体中有 $\frac{1}{2}[111]$ 位错进入由 $\frac{1}{2}[1\bar{1}\bar{1}]$ 位错组成的位错墙，会发生如下反应：

$$\frac{1}{2}[111]+\frac{1}{2}[1\bar{1}\bar{1}]\longrightarrow[100]$$

其结果也使位错运动受阻。此外，当晶格位错切过晶界时，也可与晶界位错相交截而形成割阶或弯折。所需附加的能量也会引起硬化效应。若将此效用扩展到大角晶界，可使晶界形成台阶而引起晶界面积增加。

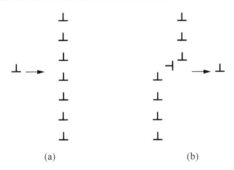

(a)　　　　　　　　　　　(b)

图 4-14　滑移位错与对称晶界的交互作用

滑移位错与大角晶界也会发生交互作用。在 FCC 晶体中，由外加切应力作用而使晶格位错进入晶界时，可发生如下分解反应而形成两个晶界位错：

$$\frac{1}{2}[110]\longrightarrow\frac{1}{3}[111]+\frac{1}{6}[11\bar{2}]$$

有时，在更复杂的情况下，一个晶格位错进入晶界后可能形成三个或更多的晶界位错。这样，便会使滑移位错进入晶界后难以离开或继续前进。

4.2.3　晶界的运动

晶界的运动有滑动和移动两种基本方式。滑动是两个晶粒沿晶界滑移；移动是晶界迁移位置。这两种运动方式都与晶界位错的运动有一定的关系。

1. 晶界的滑动

晶界位错的运动方式同晶格位错相类似。当其具有位于晶界面的伯格斯矢量时，可沿晶界滑移[图 4-15(a)]；而当其伯格斯矢量具有垂直于晶界面的分量时，可沿晶界攀移[图 4-15(b)]。在晶界位错攀移时，要产生或吸收晶格空位。

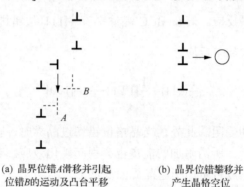

(a) 晶界位错A滑移并引起
位错B的运动及凸台平移

(b) 晶界位错攀移并
产生晶格空位

图 4-15　晶界位错运动的基本方式

可以认为，晶界的滑动是通过晶界位错的运动实现的，而且晶界中的台阶或"坎"会对晶界的滑动产生很大影响。当晶界位错与"坎"相遇时，需通过交滑移(螺型位错)或攀移(刃型位错或具有刃型分量的混合位错)方式才能继续向前运动，如图 4-16 所示。因而，晶界滑动过程涉及原子扩散过程，需在较高温度下进行。Gifkins 和 Snowden[6]还提出，当温度较高时，晶界滑动受物质由受压应力的"坎"沿晶界扩散到受拉应力的"坎"上去这一过程的控制，并给出晶界的滑动速度为

$$\dot{S} = \frac{\delta\sigma D_{gb}\Omega}{LkT} \tag{4-10}$$

式中，δ 为约等于 2 的常数；σ 为外加切应力；Ω 为原子体积；D_{gb} 为晶界扩散系数；L 为受压应力的"坎"与受拉应力"坎"的间距。

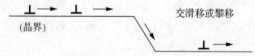

图 4-16　晶界位错交滑移(螺型位错)或攀移(刃型位错或具有刃型分量的混合位错)通过"坎"
继续沿晶界滑移

2. 晶界的移动

对称倾侧小角晶界中各位错的滑移面相平行，其可动性大体相同。故在外加切应力作用下，有可能使对称倾侧晶界整体移动，成为可动性晶界。如图 4-17(a) 所示，可通过在晶体一端加载荷而对晶界施加切应力。如果沿伯格斯矢量方向所加分切应力为 τ，则每一位错单位长度上所受作用力为 τb；而晶界单位长度上有 θ / b 根位错线，故单位面积晶界上所受的作用力为

$$F = \theta\tau \tag{4-11}$$

若 F 大于各位错在滑移时所受阻力之和，便可使晶界向图 4-17(b) 中的左方移动。在移动过程中，晶界上各位错间的相对位置不变。这种晶界运动形式已在 Zn 中通过垂直于基面的倾侧晶界运动加以证实[7]，为小角晶界的位错模型提供了有效的证据。类似地，也不难理解半共格孪晶界(图 3-25)有较大的可动性。在一般情况下，若对称倾侧晶界上的位错已发生扩展或垂直于晶界滑移所需派-纳力较高，会使其可动性明显下降。

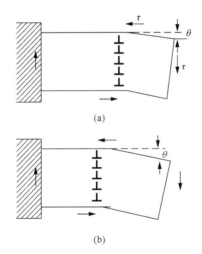

图 4-17　切应力诱发对称倾侧晶界的移动

对非对称倾侧晶界(图 4-6)，因两组位错的滑移面不同，难以使晶界位错以纯滑移的方式引起晶界移动。只有在一组位错滑移而另一组位错攀移的条件下，才有可能使整个晶界向前滑移。在这种情况下，由于涉及位错的攀移，晶界的移动要受扩展过程所控制，故需在较高温度下才能实现。而在较低温度下，这种小角晶界的可动性较差，有可能成为晶格位错滑移的障碍。

一般情况下，大角晶界移动时，沿晶界扩散是必不可少的过程之一。实验结

果证明，晶界移动激活能和沿晶界扩散激活能相近。关于大角晶界移动的机制如图 4-18 所示。设晶界一边晶粒中原子平面为图中直线所示，显然"x"处为原子最易脱开原晶粒的地方，也是晶粒长大时最易附着原子之处。但这两个地方一般不可能正好相邻，故如果晶界要移动就必须借助原子沿晶界扩散。此外，晶界两边晶粒中平行于晶界的原子面密度也不会一样大，若完成晶界移动，必定有多余的原子或空位产生。所以，不论晶界移动的机制如何，必然涉及扩散过程。

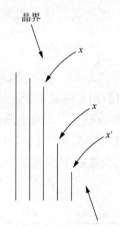

图 4-18　晶界滑移机制示意图

4.2.4　晶界发射位错的机制

前已指出，晶界可以作为位错源，向晶内发射位错。若晶界中的"坎"或台阶本身是晶界位错，在外力作用下可发生分解反应而生成晶格位错。例如，对 FCC 晶体而言，其分解反应为

$$\frac{1}{3}[111]_{gb} \longrightarrow \frac{1}{2}[110] + \frac{1}{6}[\bar{1}\bar{1}2]_{gb} \tag{4-12}$$

反应结果便形成一个晶格位错 $\frac{1}{2}[110]$ 进入晶内；同时，在晶界上留下一个部分位错 $\frac{1}{6}[\bar{1}\bar{1}2]_{gb}$。显然这种反应不能自动进行，需在外力作用下发生。每个晶界位错仅能产生一个晶格位错，会使这种晶界位错源逐渐趋于耗竭。

若晶界中的"坎"或台阶本身不是晶界位错，可通过如图 4-19[8]所示的机制向晶内发射位错。图中 A 为沿晶界滑动的晶界位错，遇到晶界上的"坎"或台阶时，可通过与式(4-12)类似的位错反应生成晶格位错 B(滑入晶内)和晶界位错 C(继续沿晶界滑动)。所生成的晶界位错应是螺型位错，以使之交滑移而沿晶界

继续前进。否则，会产生晶界位错 C 的塞积，以致阻碍位错反应及向晶内发射位错过程的继续进行。

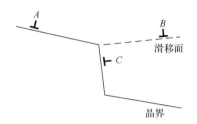

图 4-19　晶界中的"坎"向晶内发射位错示意图

此外，晶界也可能成为吸收位错的场所。如图 4-20 所示。位错塞积群的领先位错可能进入晶界。因晶界位错塞积引起长程应力场，需通过攀移而使晶界位错重新分布，获得无应力状态的晶界。

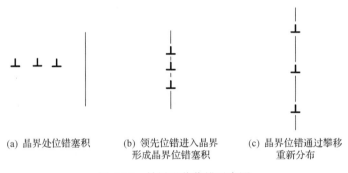

(a) 晶界处位错塞积　　　(b) 领先位错进入晶界　　　(c) 晶界位错通过攀移
　　　　　　　　　　　　　　形成晶界位错塞积　　　　　　重新分布

图 4-20　晶界吸收位错示意图

4.3　双晶体变形模型

以上讨论了有关晶界的位错结构及相关特性，对于了解晶界在晶体塑性变形中的作用有很大益处。为了建立晶界强化模型，尚有必要进一步分析双晶体的变形特点。

4.3.1　双晶体变形条件

双晶体变形的主要约束条件是在晶界处两晶体的变形必须协调，以维持晶界的连续性。如图 4-21 所示，若双晶体的晶界平面垂直于 y 轴并沿 z 方向加载，会自然满足位移条件 $u_y^A = u_y^B$。故双晶体变形时，仅需协调 x 方向和 z 方向的变形，即

$$\varepsilon_{xx}^{A} = \varepsilon_{xx}^{B}$$

$$\varepsilon_{xz}^{A} = \varepsilon_{xz}^{B} \qquad\qquad (4\text{-}13)$$

$$\varepsilon_{zz}^{A} = \varepsilon_{zz}^{B}$$

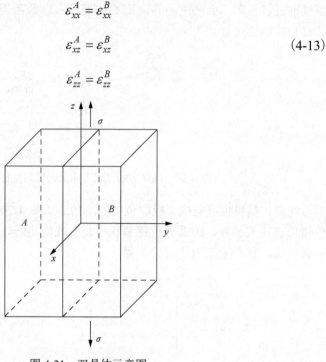

图 4-21　双晶体示意图

另外，在外力作用下，试样的总应变 ε_{zz}^{T} 由试验机给定。可见双晶体变形时，应满足四个独立的约束条件，相应便需要四个独立的滑移系统同时开动。这四个滑移系统在两晶体中的分配可视具体取向不同而异，如 2：2、3：1 或 4：0。但在两晶体中独立开动的滑移系统总数应为四个，以保证双晶体的协调变形。

对以上双晶体变形条件，可通过位错蚀坑及滑移迹线观察加以验证[9]。按照 Schmidt 定律，当应力刚刚超过单晶体的临界切应力时，应只有一组取向最有利的主滑移系统先开动。但在双晶体变形时，却必须有附加的滑移系统同时开动。实际上，这种附加滑移或协调滑移是双晶体变形时，两晶体的弹性变形及塑性变形具有不匹配性所致。

4.3.2　双晶体弹性变形的不匹配性

产生这种变形不匹配的原因主要同晶体具有弹性各向异性有关。如果两晶体均为各向同性，双晶体应协调变形。然而，实际金属晶体多为各向异性物质，构成双晶体时，便会引起以下两种弹性变形不匹配现象。

1. 弹性切应变不匹配

由弹性力学可知，在各向异性条件下，由轴向应力 σ_{33} 在晶体中引起应变的表

达式为

$$\varepsilon_{ij} = S_{ij33}\sigma_{33}, \qquad i, j = 1, 2, 3 \qquad (4\text{-}14)$$

式中，S_{ij33} 为弹性柔度系数的四阶张量。可见，轴向应力在各向同性的晶体中仅引起正应变，而在各向异性晶体中还会引起切应变。于是，便可由双晶体中两晶体的切变方向不同，而引起弹性变形的不匹配现象，如图 4-22(a)~(d)所示。显然，双晶体变形时，两晶体可自由转动，不会在两晶体间引起应力，如图 4-22(c)所示。但在试验机夹头的约束下，两晶体难以转动，便导致两晶体间有附加的切应力 σ_{23} 产生，如图 4-22(d)所示。于是，便可由这种附加的切应力引起协调滑移。

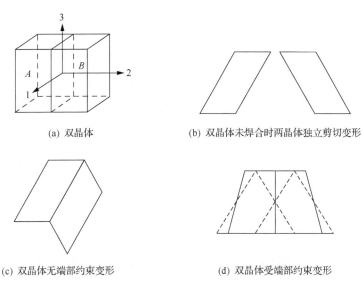

(a) 双晶体　　　　　　　(b) 双晶体未焊合时两晶体独立剪切变形

(c) 双晶体无端部约束变形　　　　　　(d) 双晶体受端部约束变形

图 4-22　轴向加载双晶体弹性切应变不匹配示意图

2. 弹性正应变不匹配

双晶体变形时出现附加滑移的另一种可能性如图 4-23 所示。这是两晶体的取向不同时，可使轴向上的弹性柔度系数不同所致。在两晶体未焊合的情况下，会导致彼此的轴向应变 ε_{33} 不同。于是，在焊合的情况下，便要在双晶体的晶界面上出现附加的切应力 σ_{23}，同时还要引起附加的正应力 σ_{33}。已有工作[10]表明，由弹性不匹配引起的附加应力在两晶体界面上最大，并随离开晶界面的距离增大呈指数关系下降，如图 4-24 和图 4-25 所示。图 4-24 为在均匀轴向压缩条件下，沿图 4-23(b)所示双晶界面的弹性不匹配应力在试样高度上的分布。图 4-25 表明，在图 4-22(a)所示的双晶体受均匀剪切载荷条件下，附加的不匹配切应力 σ_{31} 随距双晶界面距离 x 增加呈指数递减。附加应力在数量上与外加应力有大体相同的数量级，故其影响较大，可在晶界附近引起滑移。显然，晶格的各向异性越大，双晶体的这种不匹配效应将越明显。

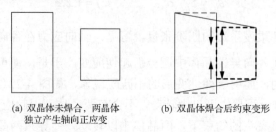

　　　(a) 双晶体未焊合，两晶体　　　　　(b) 双晶体焊合后约束变形
　　　　　独立产生轴向正应变

图 4-23　轴向加载双晶体[同图 4-22(a)]的弹性正应变不匹配示意图

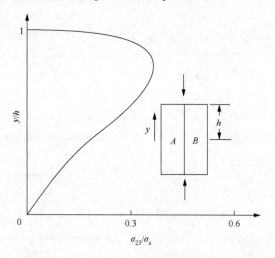

图 4-24　在轴向应力 σ_a 的作用下，沿双晶体界面出现的弹性不匹配
切应力 σ_{23} 在试样高度上分布

两晶体的杨氏模量比 $E_A / E_B = 2$；泊松系数 $\nu_A = \nu_B = 0.33$

　　已有工作表明[11]，Fe-3%Si 双晶体(两晶体的主滑移系取向一致)在轴向压应变小于 0.001 时，显示出两种不同的滑移线组态。一种是与应力轴呈 45°角的比较粗大的主滑移线，穿过双晶界面，相应的 Schmidt 因子为 0.5；另一种是在晶界附近出现的较细密的滑移线，相应的 Schmidt 因子为 0.182。有趣的是，后一种次滑移线出现在主滑移线之前，而且呈曲线状。显然，这是由于双晶体弹性变形不匹配所致。若将由弹性不匹配所引起的附加应力分量与外加应力分量相加，以次滑移系中的总切应力分量最大。此外，为适应附加应力随离开双晶界面的距离呈指数下降的变化趋势，次滑移系的取向需逐渐作适当调整，其结果便使次滑移线呈曲线状。

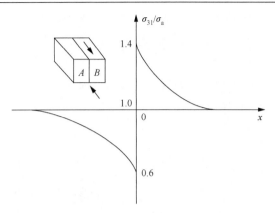

图 4-25　在切应力 σ_a 作用下，双晶体变形时引起的附加切应力 σ_{31} 与距双晶界面距离 x 的关系
两晶体的切变模量比为 $G_A / G_B = 2.33$

4.3.3　双晶体塑性变形的不匹配性

　　按照上述分析，只要双晶体中有四个独立的滑移系统开动，晶界便可保持其连续性。这是从宏观上假设滑移是在均匀切变的条件下得出的结论。而实际上，从微观角度而言，滑移具有高度的不均匀性。滑移过程总是从某一晶粒开始，并集中在滑移带中进行。当滑移带与晶界相遇时，形成位错塞积，产生应力集中。这是一种塑性变形的微观不匹配现象，使相邻两晶粒变形不一致。于是，在应力集中的作用下，便可能引起相邻晶粒中滑移系统开动。如图 4-26 所示，具有对称取向的双晶体变形时，A 晶粒主滑移带前缘应力集中除可使 B 晶粒中的主滑移系统激活外，也有可能使晶界附近 B 晶粒中的次滑移系统开动，以致在晶界附近产生多滑移。一般而言，形成刃型位错塞积群时，易于有效地激活相邻晶粒中的次滑移；而形成螺型位错塞积群时，因领先位错易于交滑移，常使塞积群前端钝化，导致了对激活次滑移的有效程度降低。

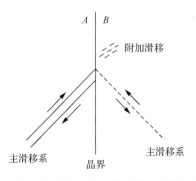

图 4-26　对称双晶体塑性变形引起附加滑移机制示意图

4.4　晶界强化作用

在上述晶界的位错模型与双晶体变形模型的基础上,可将晶界的强化作用归纳为直接作用和间接作用两个方面。

4.4.1　直接强化作用

这是着眼于晶界本身对晶内滑移所起的阻碍作用。如上所述,无论是小角晶界还是大角晶界都可以看成位错的集合体,从而直接阻碍晶内位错运动。这种直接强化作用涉及晶界与晶格滑移位错的交互作用,包括以下几个方面。

(1)晶界具有短程应力场,可阻碍晶格滑移位错进入或通过晶界,如图4-14(a)所示。这是一种由位错与晶界的应力场的交互作用所引起的一种局部强化作用。

(2)若晶格滑移位错穿过晶界,其伯格斯矢量发生变化,并形成晶界位错,如图4-14(b)所示。除非所形成的晶界位错从滑移带与晶界相交处移开,否则会引起反向应力阻碍进一步滑移。很可能,在部分滑移传递时,会形成如图4-20(b)所示的沿晶界位错塞积组态。这时晶界是否流变便成为决定强化程度的重要因素。

(3)若晶格滑移位错进入晶界,可发生分解,形成晶界位错;或者与晶界位错产生位错反应。

4.4.2　间接强化作用

这是着眼于晶界的存在所引起的潜在强化效应,主要有以下两种。

1. 次滑移引起强化

由双晶体模型可见,晶界的存在可引起弹性应变不匹配和塑性应变不匹配两种效应,在晶界附近引起多滑移。由弹性应变不匹配效应在主滑移前引起次滑移时,可对随后主滑移构成林位错加工硬化机制。这种先次滑移后主滑移的机制在晶界潜在强化中起着重要作用。塑性应变不匹配应力易激发晶界位错源,使之放出位错而导致晶界附近区域快速加工硬化。

2. 晶粒间取向差引起强化

相邻晶粒取向不同,会引起两者主滑移系统取向因子出现差异。若在外力作用下,某一晶粒先开始滑移,相邻晶粒内的主滑移系统难以同时开动。这说明晶界的存在能使运动位错的晶体学特性受到破坏,从而引起强化效应。

上述分析表明,晶界可引起多种强化因素,涉及晶界本身及其附近区域位错结构的复杂变化,从而使晶界对金属力学性能的影响十分复杂,需作具体分析。

例如，已有研究结果[12]表明，当晶格位错穿过晶界时，其伯格斯矢量的变化应正好等于产生的晶界位错的伯格斯矢量。但根据最近 Miura 和 Saeki[13]用不同夹角的对称倾侧晶界的〈100〉取向共轴双晶体所做试验表明，此晶界的形成能很小。所以，他们认为，一般多晶体流变应力的增加，主要来自晶界区产生的多滑移。按照这种说法，晶界对多晶体流变应力的贡献不是来自晶界本身，而是来自其存在的影响。图 4-27 给出不同晶粒大小的纯铝多晶拉伸曲线与三个特殊取向单晶拉伸曲线的比较。可以清楚地看出，在面心立方结构金属中，晶界对形变的影响主要是促进多滑移的产生。

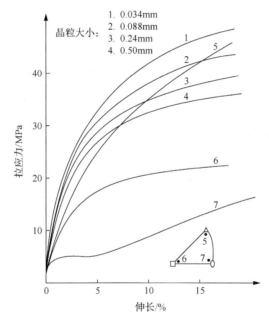

图 4-27　纯铝多晶(曲线 1～4)与单晶(5～7)拉伸曲线比较

4.5　晶界强化数学表达式

晶界强化对多晶体而言，主要表现为晶粒大小与流变应力的关系。多晶体中的任一晶粒，按其取向和环境不同而必然有软硬差异。即使在同一晶粒内，由于离晶界远近不同也会在形变阻力上有所反映，如图 4-28 所示。一般而言，细晶试样不但强度高，韧性也好。所以细晶强化成为金属材料一种重要的强化方式，获得了广泛的应用。

在大量实验基础上，建立了晶粒大小与金属强度的定量关系的一般表达式为

$$\sigma_s = \sigma_0 + kd^{-n} \tag{4-15}$$

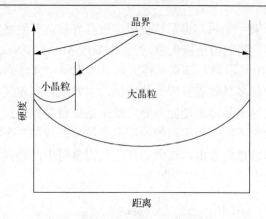

图 4-28　晶内硬度分布示意图

式中，σ_s 为屈服强度；σ_0 为晶格摩擦力；d 为晶粒直径；k 为常数；指数 n 常取 1/2。这就是有名的 Hall-Petch 公式，是由 Hall[14]和 Petch[15]两人最先在软钢中针对屈服强度建立起来的，并且后来被证明可广泛应用于各种体心立方、面心立方及六方结构的金属和合金。大量实验结果[16-18]已证明，此关系式还适用于整个流变范围直至断裂，仅常数 σ_0 和 k 有所不同而已。

Hall-Petch 公式是一个很好的经验公式，可以从不同的物理模型出发加以推导。常见的模型有以下几种。

1. 位错塞积模型

如图 4-29 所示，外加切应力 σ 较小时，由于晶界的阻碍作用，晶粒 1 内由位错源 S_1 放出的位错形成位错塞积。由式 (3-14) 可知，位错塞积可在晶粒 2 内距其 r 远处产生较大的切应力，其值在 $r \ll d/2$ 时可写为 $(\sigma - \sigma_0)\sqrt{d/(2r)}$。此处 σ_0 为位错在晶内运动所受阻力，d 为晶粒直径。若设 σ^* 为激活位于晶粒 2 中 r 处的位错源所需的临界切应力，则晶粒 2 的屈服条件可写为[19]

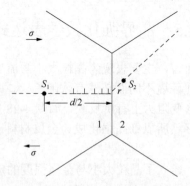

图 4-29　位错塞积引起相邻晶粒中位错源开动示意图

$$\left(\sigma_y - \sigma_0\right)\sqrt{\frac{d}{2r}} + \sigma_y = \sigma^* \tag{4-16}$$

式中，σ_y 为临界切变强度，即

$$\sigma_y = \frac{\sigma^* + \sigma_0\sqrt{\dfrac{d}{2r}}}{1 + \sqrt{\dfrac{d}{2r}}} \tag{4-17}$$

当 $d \gg r$ 时，可将上式简化为

$$\sigma_y = \sigma_0 + \sigma^*\sqrt{\frac{d}{2r}} \tag{4-18}$$

由此可得

$$\sigma_y = \sigma_0 + k'd^{-\frac{1}{2}} \tag{4-19}$$

若将拉伸屈服强度 σ_s 以 $m\sigma_y$ 表达，则

$$\sigma_s = m\left(\sigma_0 + k'd^{-\frac{1}{2}}\right) \tag{4-20}$$

即

$$\sigma_s = \sigma_0 + kd^{-\frac{1}{2}} \tag{4-21}$$

在式(4-20)中，m 为同有效滑移系数量有关的取向因子。有效滑移系越多，m 值越小。在滑移系数量任意多时，取 $m=2$；对有 12 个滑移系的立方晶体取 $m=3.1$。

2. 晶界"坎"模型

采用上述模型推导 Hall-Petch 公式的前提是承认在晶体中存在位错塞积。然而，这一点至少对 α-Fe 来说尚有争议。至今在 α-Fe 中，只在少数情况下才观察到晶界前不规则的位错塞积群[20]，而多数情况为不规则的位错缠结[21]。

为了克服这一困难，Li[22]提出一种不需要位错塞积的模型。他认为晶界上的"坎"可以当作位错的"施主(donor)"而放出位错，其机制见图 4-30。由此可将流变应力视为位错运动克服林位错的阻力，并进而求得如下的 Hall-Petch 公式：

$$\sigma = \sigma_0 + aGb\left(\frac{8S}{\pi}\right)^{\frac{1}{2}} d^{-\frac{1}{2}} \qquad (4\text{-}22)$$

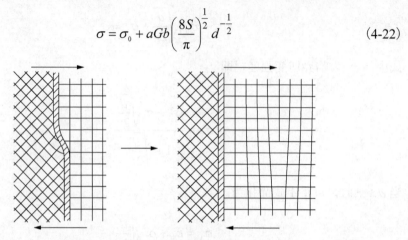

图 4-30　晶界中的"坎"发射位错示意图

式中，S 为"坎"的密度(单位长度晶界上的"坎"的个数)；a 为与位错分布有关的实验待定常数(均为 0.4)。

3. 晶界区硬化模型

实际上，晶界"坎"模型是着眼于晶界发射位错而构成林位错的加工硬化机制，故可在式(3-29)的基础上来推导式(4-15)。若仅考虑晶界附加区域的次滑移和加工硬化效应，还可以对 Hall-Petch 公式作如下推导[23]。

设想在流变条件下，晶界的影响是在晶粒内造成一定宽度($b/2$)的硬化区，如图 4-31 所示。晶粒的强度 σ 要由晶界附加硬区强度 σ_H 和芯部软区强度 σ_S 综合决定，即

$$d^2\sigma = a^2\sigma_S + \left(d^2 - a^2\right)\sigma_H \qquad (4\text{-}23)$$

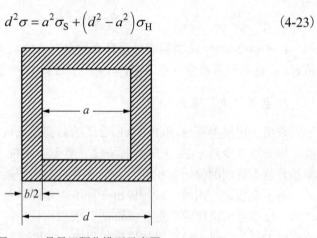

图 4-31　晶界区硬化模型示意图

又因

$$a^2 = (d-b)^2 = d^2 - 2db^2 + b^2$$

若略去 b^2，则将上式代入式 (4-23) 整理后得

$$\sigma = \sigma_{S} + 2(\sigma_{H} - \sigma_{S}) \cdot \frac{b}{d} \qquad (4\text{-}24)$$

因式中 σ_{S} 和 σ_{H} 均为与材料有关的常数，故可改用下式表达

$$\sigma = A + Bd^{-1} \qquad (4\text{-}25)$$

因式 (4-25) 和式 (4-21) 的主要差别是指数不同，故对 Hall-Petch 公式的一般表达式为式 (4-15)。指数 n 可介于 $0.45 \sim 1.1$，即 $0.45 < n < 1.1$。

可见 Hall-Petch 公式虽是一个可靠的经验公式，可从不同的物理模型加以推导，但确切的物理模型尚难以最后确定。欲利用 Hall-Petch 公式得出屈服、流变或断裂的微观结论，需要谨慎对待。

4.6　亚晶界及相界强化效应

4.6.1　亚晶界强化

亚晶界一般均为小角晶界，其对流变应力的影响也可用 Hall-Petch 公式加以描述，即

$$\sigma_{f} = \sigma_{0} + k' d_{s}^{-n'} \qquad (4\text{-}26)$$

式中，d_{s} 为亚晶粒直径；k' 为亚晶界的强化系数；$n'=1/2$。对于相同材料而言，一般 $k' < k$（k 为大角晶界的强化系数）。事实上，对亚晶界而言，$n'=1$ 更为合适[24]。前已述及，大角晶界以间接强化作用为主。而对亚晶界而言，其强化作用主要来源于晶界位错与晶格滑移位错的相互作用，应以直接强化作用为主。所以，有时可以把亚晶界（如位错胞壁）的强化作用看成林位错强化，而不作为晶界强化。

在实际材料分析中，由于分析手段的局限性，研究者经常忽视亚结构的强化作用，将 Hall-Petch 公式中的晶粒尺寸机械地理解为光学显微镜下能够观察到的晶粒尺度。现代分析手段的发展，特别是电子背散射衍射 (electron backscattered diffraction，EBSD) 等技术的发展，使亚结构的表征更为简捷准确，为细晶强化效应的定量表征成为可能。

4.6.2　相界强化

　　上述晶界（包括小角晶界及大角晶界）均指相同成分和相同结构的晶体之间的界面，而相界是指两个相的接触面。两相具有不同的成分及晶体结构，故在性能上（如弹性模量）有较大差异。

　　按照界面的匹配程度不同，可将相界分为共格的、半共格的及非共格的三类。只有当晶面两侧的点阵参数基本相同时，才能在晶面上完全匹配，形成完全共格界面。否则，便要在界面上引入错配位错，形成半共格界面，如图 4-32 所示。或者，当界面两侧结构参数相差过大时，形成非共格相界。这时，相界上位错密度过高，而难以分辨明确的位错行列，界面的特性与大角晶界相类似。

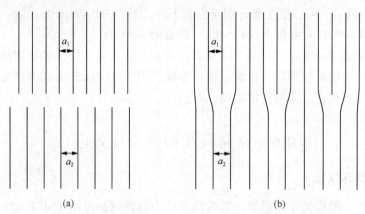

(a)　　　　　　　　　　　　　　　(b)

图 4-32　在两相界面引入错配位错形成半共格晶界示意图

　　半共格界面与非共格界面可分别具有与小角晶界和大角晶界相似的强化效应。此外，由于两相的弹性模量不同，还会引起镜像力，阻碍位错进入硬相。这也是相界强化的一种效应。虽然在晶体的弹性各向异性较大时，晶界（特别是大角晶界）也可能有镜像力，但一般不如相界面的镜像力大。

　　相界面强化也服从 Hall-Petch 关系。例如，对钢中片状珠光体组织，流变应力与片间距 λ 有如下关系[25]：

$$\sigma_y = \sigma_0 + k\lambda^{-\frac{1}{2}} \tag{4-27}$$

式中，σ_0 和 k 为常数。

4.7　晶界强化的特点及其效应的利用

4.7.1　晶界强化的特点

晶界强化是晶体材料四种强化机制中唯一可以在提高材料强度的同时，提高材料的塑性或韧性的强化方式，达到强韧化效果。而其他三种强化机制在提高材料强度的时候，会导致材料塑性(韧性)的下降，即呈现强化脆化的效果。因此，对于材料的强韧化设计来说，更希望采用细晶强化的办法。

按照尺寸的大小，可以将晶粒分为粗晶(1～4 级)、细晶(5～8 级)、极细晶(9～10 级)、超细晶(11～14 级)等。从目前的研究结果看，一般晶体材料从粗晶到细晶范围内大多符合 Hall-Petch 公式，即随着晶粒尺寸的减小，材料的强度升高。细晶强化的本质前面已经结合位错塞积模型和双晶变形模型进行了分析和讨论，这里仅分析细晶韧化的机制。

图 4-33 为细晶强化对应力-应变曲线影响的示意图。由图中可见，粗晶到细晶范围内，材料屈服强度提高，拉伸曲线明显上移。此时，材料的加工硬化率 $d\sigma / d\varepsilon$ 略有降低，从而导致其均匀变形 ε_H 有所下降；但细晶强化增加了组织的均匀性，而且缩短了位错塞积群的长度，降低了应力集中，从而使材料的局部延伸率 ε_{NH} 有了明显提高。总的结果是，在粗晶到细晶范围内，材料总的延伸率略有提高或变化不大，而强度有了显著的提升，因而实现了明显的强韧化。

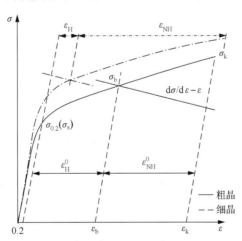

图 4-33　细晶强化对应力应变-曲线的影响

在细晶到超细晶范围内，材料屈服强度明显增大，加工硬化率 $d\sigma / d\varepsilon$ 下降明显，从而导致其均匀延伸率 ε_H 明显下降；晶粒的明显细化也使位错塞积群长度进一步缩短，局部应力集中效果弱化，引起局部延伸率 ε_{NH} 显著上升。总的结果是，在这个晶粒范围内，材料总的延伸率会有所下降，但由于强度增大很多，所以一般认为材料的强韧性明显提高。

大部分纳米晶材料仍然符合 Hall-Petch 关系，细化晶粒会使材料强度成倍提高。例如，对于纯铝来说，粗晶纯铝的屈服强度约为 50MPa，纳米晶纯铝的屈服强度可以达到 270MPa。但纳米晶纯铝几乎没有均匀塑性变形阶段，一旦屈服马上颈缩，总的延伸率仅为原来的几分之一。

近年来，随着纳米材料研究的不断深入，已经在很多材料中发现反 Hall-Petch 现象（图 4-34），即在纳米晶范围内，随着晶粒的细化，其强度不升反降。反 Hall-Petch 现象的出现的原因尚没有统一的说法。但在这里需要强调的是，Hall-Petch 关系是一个经验公式，其在一般粗晶到细晶范围内的应用也是有条件的，因此在纳米晶范围内出现反 Hall-Petch 现象并不奇怪。同时也要注意到，在纳米晶材料中，其晶界所占比例已经达到 70% 以上，因而位错理论在该体系微观变形机制分析中的适用性值得深入商榷。

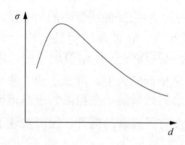

图 4-34　某些材料纳米晶范围出现反 Hall-Pech 现象示意图

4.7.2　晶界强化的影响因素

如前所述，晶界强化是使金属材料获得高强度和高韧性的有效方法，其强化效应可由 Hall-Petch 公式表达。由式（4-18）及式（4-21）可以看出，同材料与处理工艺有关的参数主要涉及取向因子 m、单个位错运动的摩擦阻力 σ_0、激活位错源所需的临界切应力 σ^* 及晶粒直径 d。增大这四个参数均有利于强化。m 值可有效地反映滑移系数量对激活滑移所需应力的影响，主要取决于晶粒结构。在发生有序-无序转变的合金中，有序化使交滑移难以发生，有效地减少滑移系的数量，使 Hall-Petch 关系斜率增大。σ_0 反映合金基体组织中位错运动的摩擦力，随强化机制而不同。提高 σ_0 会减小晶界对强度的相对贡献。例如，对许多时效硬化型合金而言，控制晶粒尺寸已不再是热处理的着眼点。

σ^* 是开动滑移面上位错源所允许的临界切应力，易受溶质原子在位错上偏聚或沉淀所控制。例如，在低碳钢中，可由碳在位错线偏聚引起应变时效。在位错线上析出细小的沉淀相粒子能有效钉扎位错。造成适当的过饱和是在位错线上产生间距小的沉淀相粒子的必要条件，可作为提高 Hall-Petch 斜率的有效方法。

在 Hall-Petch 公式中，最重要的组织参数是晶粒直径 d。不管 m 和 σ^* 值如何，只有在晶粒细小的情况下，才有可能使公式中反映晶界强化效果的第二项具有较大数值。宜将晶粒尺寸减小到 $0.5\sim5\mu m$，可有效地提高合金的强度。在不发生同素异构转变的单相合金中，细化晶粒的基本途径是提高再结晶形核率及防止晶界移动。

为提高再结晶的形核率，可在组织中引入极少量（体积分数小于 1%）的第二相粒子，作为再结晶核心。在冷变形过程中，非变形粒子周围形成协调变形及大量的几何必须位错，使再结晶的形核率提高。细小的第二相粒子还有利于钉扎晶界，防止晶粒长大。这种钉扎效应来自晶界扫过粒子时，由粒子与基体的界面施加在晶界上的表面张力。

4.7.3　晶界强化在复相合金中的利用

利用复相组织是获得超细晶粒的有效方法之一。例如，通过形成共晶或共析型层片状两相组织，可使合金的强度与片间距呈 Hall-Petch 关系（图 4-35）。但一般而言，层片型组织的塑性较低，宜获得均匀分布的细小等轴晶粒的复相组织。

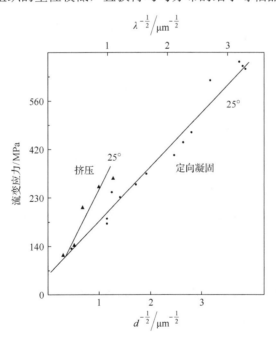

图 4-35　Cu-Ag 共晶合金的室温屈服强度与层片型组织片间距 (λ) 及等轴
组织晶粒直径 (d) 的关系

在相数少于晶粒周围的平均晶粒数的情况下，相界仍起控制作用，使晶粒长大过程需要通过相界移动发生。晶界移动仅涉及原子的短程运动，而相界移动却需要大量原子在晶粒尺度范围内长程迁移，以维持两相平衡的化学成分。故在有相界存在的条件下，易于显著细化晶粒。两相的自由能差别越大，细化效果越明显。这种细化晶粒效应称为化学稳定化。

　　双相组织的强度遵从 Hall-Petch 关系，而且其 Hall-Petch 斜率高，可比其中组成各相的纯金属高约 3 倍。即使各相本身的强度不高，却可从两相分布细小弥散的复合体中获得高强度。两相的性能相差较大时，主要由强度高的一相决定双相组织的强度，并服从混合律。故在双相合金组织设计时，应适当权衡组织细化与两相性能匹配的重要性。

参 考 文 献

[1] Brandon D, Ralph B, Ranganathan S t, et al. A field ion microscope study of atomic configuration at grain boundaries [J]. Acta Metallurgica, 1964, 12（7）: 813-821

[2] Pumphrey P. A plane matching theory of high angle grain boundary structure [J]. Scripta Metallurgica, 1972, 6（2）: 107-114

[3] Li J. Disclination model of high angle grain boundaries [J]. Surface Science, 1972, 31: 12-26

[4] Marcinkowski M. The differential geometry of grain boundaries: Tilt boundaries [J]. Acta Crystallographica Section A: Crystal Physics, Diffraction, Theoretical and General Crystallography, 1977, 33（6）: 865-872

[5] Ashby M, Spaepen F. New model for the structure of grain boundaries-packing of polyhedra [J]. Scripta Metallurgica, 1978, 12（2）: 193-195

[6] Gifkins R, Snowden K. The stress sensitivity of creep of lead at low stresses [J]. Transactions of the Metallurgical Society of AIME, 1967, 239（6）: 910-915

[7] Washburn J, Parker E R. Kinking in zinc single-crystal tension specimens [J]. Transactions AIME, 1952, 194（10）: 1076-1078

[8] Hirth J P. The influence of grain boundaries on mechanical properties [J]. Metallurgical Transactions, 1972, 3（12）: 3047-3067

[9] Hook R E, Hirth J. Stress distribution in a biomaterial plate under uniform external loadings [J]. Journal of Composite Materials, 1970, 4（1）: 102-112.

[10] Chou T W, Hirth J. Stress distribution in a biomaterial plate under uniform external loadings [J]. Journal of Composite Materials, 1970, 4（1）: 102-112

[11] Hook R, Hirth J. The deformation behavior of isoaxial bicrystals of Fe-3% Si [J]. Acta Metallurgica, 1967, 15（3）: 535-551

[12] Evans J T. Heterogeneous shear of a twin boundary in α-brass [J]. Scripta Metallurgica, 1974, 8（9）: 1099-1103

[13] Miura S, Saeki Y. Plastic deformation of aluminum bicrystals〈100〉oriented [J]. Acta Metallurgica, 1978, 26（1）: 93-101

[14] Hall E. The deformation and ageing of mild steel: III discussion of results [J]. Proceedings of the Physical Society. Section B, 1951, 64（9）: 747

[15] Petch N J. The cleavage strength of polycrystals [J]. J. Iron Steel Inst., 1953, 174（1）: 25-28

[16] Petch N J. The ductile fracture of polycrystalline α-iron [J]. Philosophical Magazine, 1956, 1（2）: 186-190

[17] Heslop J, Petch N. The ductile-brittle transition in the fracture of α-iron: II [J]. Philosophical Magazine, 1958, 3（34）: 1128-1136

[18] Low J. Relation of Properties to Microstructure [M]. Ohio: Metals Park, 1953: 163-171

[19] Cottrell A H. Theory of brittle fracture in steel and similar metals [J]. Transactions Metallurgical Society. AIME, 1958, 212-230

[20] Brandon D, Nutting J. Dislocations in a-Iron [J]. Iron and Steel Institute, 1960, 196（15）: 160-173.

[21] Brandon D, Nutting J. The metallography of deformed iron [J]. Acta Metallurgica, 1959, 7（2）: 101-110

[22] Li J C. Petch relation and grain boundary sources [J]. Transactions Metallurgical Society. AIME, 1963, 227（1）: 239-247

[23] Hirth J P. The influence of grain boundaries on mechanical properties [J]. Metallurgical Transactions, 1972, 3（12）: 3059-3067

[24] Young C, Sherby O. Sub-grain formation and sub-grain-boundary strengthening in Fe-based materials [J]. J. Iron Steel Inst., 1973, 211（9）: 640-647

[25] Gladman T, McIvor I, Pickering F. Some aspects of the structure-property relationships in high-C ferrite-pearlite steels [J]. J. Iron Steel Inst., 1972, 210（12）: 916-930

第 5 章　固溶强化机制

固溶强化是金属、陶瓷及其复合材料等晶体材料的重要强化方式之一，晶体材料常通过合金化(其中一个重要原因是实现固溶强化)来获得足够高的强度。本章内容旨在建立固溶强化模型，其关键在于描述溶质原子的行为。这涉及溶质原子与位错的多种交互作用，其中常涉及的是溶质原子与位错的弹性交互作用，故本章以讨论错配球模型为主，然后适当介绍其他有关固溶强化模型。

5.1　错配球模型

若将晶体内的原子视为刚球，当置换式溶质原子置换溶剂原子，或间隙原子挤入点阵间隙时，便会因与"空洞"的大小或形状不合适而构成错配球模型，如图 5-1 所示。这里假设"球"与基体均为弹性连续介质。可见，因球大孔小($r_h < r_b$)，欲组成错配球时，需孔体积膨胀，体积变化量为 $\delta\upsilon$；而球的体积缩小，体积变化量为 $\Delta\upsilon$。经协调变形的结果，将分别在基体及球内引起弹性的应力-应变场，下面分别加以讨论。

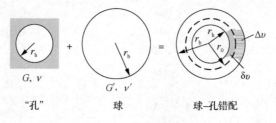

图 5-1　错配球模型

5.1.1　无限大基体中的应力-应变场

1. 位移场

如图 5-2 所示，球-孔组合后，孔要膨胀，会使孔的错配应变具有球对称性。取极坐标时，仅有径向位移($u_r \neq 0$)，而无切向位移($u_\theta = u_\varphi = 0$)。在弹性条件下，基体中各点的径向位移都与相应的体积变化 $\delta\upsilon$ 有关，即 $u_r \propto \delta\upsilon$。因 $\delta\upsilon = 4\pi r^2 \delta r$，则

$$u_r = \delta r = \frac{\delta \upsilon}{4\pi r^2} \tag{5-1}$$

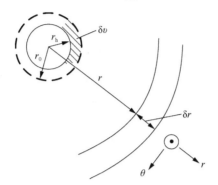

图 5-2　无限大基体中因错配球效应引起的径向位移

2. 应变场

根据弹性力学分析，可由球对称的位移场求出相应的应变场如下：

$$\begin{cases} \varepsilon_{rr} = \dfrac{\partial u_r}{\partial r} = -\dfrac{\delta \upsilon}{2\pi r^3} \\[2mm] \varepsilon_{\theta\theta} = \varepsilon_{\varphi\varphi} = \dfrac{u_r}{r} = \dfrac{\delta \upsilon}{4\pi r^3} \\[2mm] \varepsilon_{r\theta} = \varepsilon_{\theta\varphi} = \varepsilon_{\varphi r} = 0 \end{cases} \tag{5-2}$$

由式(5-2)可见，错配球在无限大基体中引起的应变场的特点是，只有正应变而无切应变，而且径向正应变与切向正应变有如下关系：

$$\varepsilon_{\theta\theta} = \varepsilon_{\varphi\varphi} = -\frac{1}{2}\varepsilon_{rr} \tag{5-3}$$

于是，相应的体积应变也等于零，即

$$e = \frac{\delta \upsilon}{\upsilon_0} = \varepsilon_{rr} + \varepsilon_{\theta\theta} + \varepsilon_{\varphi\varphi} = 0 \tag{5-4}$$

式中，υ_0 为基体的体积。

3. 应力场

在已知三个主要应变的条件下，可由以下胡克定律求出因错配球效应而在基体中引起的应力场：

$$\sigma_{rr} = (2G + \lambda)\varepsilon_{rr} + \lambda\varepsilon_{\theta\theta} + \lambda\varepsilon_{\varphi\varphi}$$
$$= 2G\varepsilon_{rr} + \lambda(\varepsilon_{rr} + \varepsilon_{\theta\theta} + \varepsilon_{\varphi\varphi}) \tag{5-5}$$
$$= 2G\varepsilon_{rr}$$

式中，$\lambda = 2\nu G / (1 - 2\nu)$，为拉梅系数。将式(5-2)中的表达式代入式(5-5)，得

$$\sigma_{rr} = -\frac{G\delta\upsilon}{\pi r^3} \tag{5-6}$$

又按式(5-3)可知，$\varepsilon_{\theta\theta} = \varepsilon_{\varphi\varphi} = -\dfrac{1}{2}\varepsilon_{rr}$，故

$$\sigma_{\theta\theta} = \sigma_{\varphi\varphi} = \frac{G\delta\upsilon}{2\pi r^3} \tag{5-7}$$

于是，又可进而求出平均正应力或水静压力 P：

$$-P = \frac{\sigma_{rr} + \sigma_{\theta\theta} + \sigma_{\varphi\varphi}}{3} = 0$$

可见，由错配球在无限大基体中不引起内压力场。

4. 应变能

由错配球在无限大基体中所引起的应变能在数值上应等于径向错配力在孔表面上所做的功。如图 5-3 所示，在孔表面取一个小单元体，其底面积为单位面积，体积为 d($\delta\upsilon$)。故作用在孔表面上的径向错配力 $\sigma'_{rr(r=r_0)}$ 应为

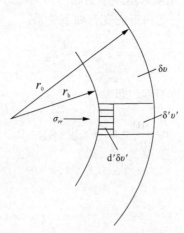

图 5-3　计算错配球在无限大基体中引起应变能时单元体的取法

$$\sigma'_{rr(r=r_0)} = -\frac{G(\delta\upsilon)}{\pi r_0^3} \qquad (5\text{-}8)$$

而在此错配力的作用下使孔表面移动距离为 $d(\delta\upsilon)$，则错配球在无限大基体中所引起的总应变能为

$$W_m = -\int_0^{\delta\upsilon}\left[-\frac{G(\delta\upsilon)}{\pi r_0^3}\right]d(\delta\upsilon) = \frac{G(\delta\upsilon)^2}{\pi r_0^3}$$

若同式(5-6)相比较，可得

$$W_m = -\frac{\sigma_{rr(r=r_0)}\delta\upsilon}{2} \qquad (5\text{-}9)$$

5.1.2 球内的应力-应变场

形成错配球时，球受水静压力作用产生均匀体积收缩，其径向位移与半径成正比，即

$$u_r = \alpha r \qquad (5\text{-}10)$$

式中，α 为系数。又因

$$\varepsilon_{rr} = \frac{\partial u_{rr}}{\partial r} = \alpha$$

及

$$\varepsilon_{\theta\theta} = \varepsilon_{\varphi\varphi} = \frac{u_r}{r} = \alpha$$

所以，球内应变场的特点是三个主应变分量相等，即

$$\varepsilon_{rr} = \varepsilon_{\theta\theta} = \varepsilon_{\varphi\varphi} = \frac{e}{3} = \frac{1}{3}\frac{\Delta\upsilon}{\upsilon_0'} \qquad (5\text{-}11)$$

式中，e 为球的体积应变；υ_0' 为原球的体积；$\Delta\upsilon$ 为球的体积收缩量。

由式(5-11)可知，球内应力场的特点也是三个主应力分量相等，即

$$\sigma_{rr} = \sigma_{\theta\theta} = \sigma_{\varphi\varphi} \qquad (5\text{-}12)$$

而且，由于这三个主应力均为压应力，故在数值上等于球内水静压力 P_b，即

$$\sigma_{rr} = \sigma_{\theta\theta} = \sigma_{\varphi\varphi} = -P_{\text{b}} = -B'e = -B'\frac{\Delta\upsilon}{\upsilon_0} \tag{5-13}$$

式中，B' 为球体的体弹性模量，可由球的切变模量 G' 和泊松系数 ν' 给出

$$B' = \frac{2G'(1+\nu')}{3(1-2\nu')} \tag{5-14}$$

显然，在球-孔界面上球对孔表面的压应力 σ_{rr}^{m} 与孔表面对球的压应力 σ_{rr}^{b} 数值上相等，而方向相反，即

$$\sigma_{rr}^{\text{b}}\Big|_{r=r_0} = -\sigma_{rr}^{\text{m}}\Big|_{r=r_0} \tag{5-15}$$

所以，由式 (5-13) 及式 (5-6) 得

$$P_{\text{b}} = -\sigma_{rr}^{\text{b}}\Big|_{r=r_0} = \sigma_{rr}^{\text{m}}\Big|_{r=r_0} = -\frac{G\delta\upsilon}{\pi r_0^3} \tag{5-16}$$

由于错配效应使球体积收缩 $\Delta\upsilon$ 时，所需的应变能等于内应力场所做的功，即

$$W_{\text{b}} = P_{\text{b}}\Delta\upsilon \tag{5-17}$$

将式 (5-16) 代入式 (5-17) 便得

$$W_{\text{b}} = \frac{G\delta\upsilon}{\pi r_0^3}\Delta\upsilon = -\sigma_{rr(r=r_0)}^{\text{m}}\Delta\upsilon \tag{5-18}$$

总体而言，由错配球所涉及的应变能 W_{T} 应由式 (5-9) 和式 (5-18) 相加而得

$$W_{\text{T}} = -\frac{1}{2}\sigma_{rr(r=r_0)}^{\text{m}}(\delta\upsilon + 2\Delta\upsilon) \tag{5-19}$$

上述理论分析结果除可用于分析溶质原子与基体金属的弹性交互作用外，还可描述异相质点的行为，即可把异相质点的影响视为错配球加以分析。在异相质点内形成均匀的应力-应变场，而在周围基体中应力和应变场都具有短程性质，即 $\sigma \propto 1/r^3$。故只需考虑异相质点与周围附近基体的弹性交互作用，可忽略其对远处基体的影响。

5.1.3　在有限大基体中的错配球

实际晶体材料中各晶粒尺寸有限，可把每个晶粒看成有限大的错配球基体。同上述无限大基体的情况相比，有限大基体的特点是有自由表面。相应的边界条

件为在自由表面上无应力作用。若设晶粒半径为 R，应在 $r=R$ 处，满足 $\sigma_{rr} = \sigma_{r\theta} = \sigma_{r\varphi} = 0$。

如前所述，错配球不会引起切应力场，故对 $\sigma_{r\theta} = \sigma_{r\varphi} = 0$ 自然满足。但是，如图 5-4 所示，在有错配球存在时，会在 $r=R$ 处引起正应力，即 $\sigma'_{rr(r=R)} \neq 0$，并由式 (5-6) 求得

$$\sigma'_{rr} = -\frac{G\delta\upsilon}{\pi R^3} \tag{5-20}$$

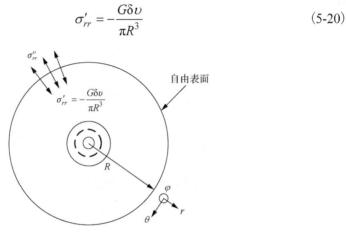

图 5-4 有限大基体中错配球示意图

可见，在这种有限大基体中存在水静压力场，其特点与前述球内的应力场相类似。故为了满足自由表面上的边界条件，应在表面处施加反向的水静拉应力 σ''_{rr}。相应地还会在基体内引起附加的位移、应变及应力等，统称为像场。由于所附加的像张应力场是水静型的，要引起径向的像位移 u''_r，并正比于半径 r，即

$$u''_r = \alpha r \tag{5-21}$$

相应地存在三个像正应变为

$$\varepsilon''_{rr} = \frac{\partial u''_r}{\partial r} = \alpha \tag{5-22}$$

$$\varepsilon''_{\theta\theta} = \varepsilon''_{\varphi\varphi} = \frac{u''_r}{r} = \alpha$$

故在有限大的基体中，由边界条件制约而导致的像应变场的特点是三个正应变分量相等，即

$$\varepsilon''_{rr} = \varepsilon''_{\theta\theta} = \varepsilon''_{\varphi\varphi} \tag{5-23}$$

于是，像应变场的体积应变为

$$e'' = \varepsilon''_{rr} + \varepsilon''_{\theta\theta} + \varepsilon''_{\varphi\varphi} = 3\alpha \tag{5-24}$$

或者

$$\varepsilon''_{rr} = \varepsilon''_{\theta\theta} = \varepsilon''_{\varphi\varphi} = \frac{e''}{3} \tag{5-25}$$

相应地，在有限大基体中，错配球的像应力场为

$$\sigma''_{rr} = \sigma''_{\theta\theta} = \sigma''_{\varphi\varphi} = (2G + \lambda)\varepsilon''_{rr} + \lambda(\varepsilon''_{\theta\theta} + \varepsilon''_{\varphi\varphi})$$

将式(5-25)代入上式遂得

$$\sigma''_{rr} = \sigma''_{\theta\theta} = \sigma''_{\varphi\varphi} = \left(\frac{2G + 3\lambda}{3}\right)e'' \tag{5-26}$$

再将式(5-24)代入，可得

$$\sigma''_{rr} = \sigma''_{\theta\theta} = \sigma''_{\varphi\varphi} = (2G + 3\lambda)\alpha \tag{5-27}$$

又因在 $r=R$ 处，$\sigma''_{rr} = -\sigma'_{rr}$，联立式(5-20)和式(5-27)，得

$$\alpha = \frac{G\delta\upsilon}{\pi R^3} \frac{1}{2G + 3\lambda} \tag{5-28}$$

把式(5-28)代入式(5-27)，便可求出

$$\sigma''_{rr} = \sigma''_{\theta\theta} = \sigma''_{\varphi\varphi} = \frac{G\delta\upsilon}{\pi R^3} \tag{5-29}$$

可见，在有限大基体中存在错配球时，会引起均匀分布的像应力场。这样一来，由错配球在有限大基体中所引起的总应力场为两部分之和：一为由球-孔错配引起的应力场，如式(5-6)及式(5-7)所示；二为由边界条件引起的像应力场，如式(5-29)所示，即

$$\sigma_{rr} = -\frac{G\delta\upsilon}{\pi r^3} + \frac{G\delta\upsilon}{\pi R^3} \tag{5-30}$$

及

$$\sigma_{\theta\theta} = \sigma_{\varphi\varphi} = \frac{G\delta\upsilon}{2\pi r^3} + \frac{G\delta\upsilon}{\pi R^3} \tag{5-31}$$

由此两式可见，与无限大基体中的情况不同，在有限大基体中，错配效应及自由

表面条件约束的共同作用，使平均正应力不等于零。因而，存在附加的水静压力场，即

$$P = -\frac{\sum\limits_{i=1}^{3}\sigma_{ij}}{3} = -\frac{G\delta\upsilon}{\pi R^3} \tag{5-32}$$

对有限大基体中总的径向位移 u_r，也应由错配效应与边界条件两部分共同作用决定，即 $u_r = u_r' + u_r''$。其中 u_r' 可由式 (5-1) 求得，u_r'' 由式 (5-21) 和式 (5-28) 求得，则

$$u_r = \frac{\delta\upsilon}{4\pi r^2} + \frac{G\delta\upsilon}{\pi R^3}\frac{r}{2G+3\lambda} \tag{5-33}$$

可见，在 $r=R$ 处，$u_r \neq 0$。故在有限大基体中，可因错配球而引起自由表面产生径向位移，导致外部体积改变 δV，如图 5-5 所示。因在 $r=R$ 处，$\delta V = 4\pi r^2 u_r$，故

$$\delta V = 4\pi R^2\left(\frac{\delta\upsilon}{4\pi R^2} + \frac{G\delta\upsilon}{\pi R^3}\frac{1}{3B}R\right) \tag{5-34}$$

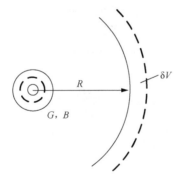

图 5-5　错配球引起晶体自由表面产生径向位移及外部体积改变

式中，$B = \frac{2G+3\lambda}{3}$，为基体的体积弹性模量。式 (5-34) 可简化后，得

$$\delta V = \delta\upsilon\left(1 + \frac{4G}{3B}\right) \tag{5-35}$$

在求得由错配球引起的外部体积变化 δV 后，又可以进而求出所需要的能量。在有附加的外部压力的情况下，产生体积变化需要系统做功，称为交互作用能。在数值上，这种交互作用能等于外部压力与系统体积变化的乘积，即

$$W_{\text{int}} = P\delta V = -\frac{G\delta\upsilon}{\pi R^3}\delta V \tag{5-36}$$

这便是在有限大的介质中形成一个错配球所需要的能量。

5.1.4　$\delta\upsilon$、$\Delta\upsilon$ 与 δV 的关系

由图 5-1 可见，$\delta\upsilon$ 与 $\Delta\upsilon$ 之和等于球与孔的体积之差，即

$$\delta\upsilon + \Delta\upsilon = \upsilon_{球} - \upsilon_{孔} = \Delta\upsilon' \tag{5-37}$$

可将 $\Delta\upsilon'$ 称为球孔错配体积。

对 $\delta\upsilon$ 与 $\Delta\upsilon$ 之间的关系，可由球与孔错配界面上的边界条件求得。在球孔错配时，界面上处于力的平衡状态，可如下式表示：

$$\sigma^{\text{m}}_{rr(r=r_0)} = \left| -\sigma^{\text{b}}_{rr(r=r_0)} \right| \tag{5-38}$$

式中，$\sigma^{\text{m}}_{rr(r=r_0)}$ 为球对孔表面上的压应力；$\sigma^{\text{b}}_{rr(r=r_0)}$ 为基体对球表面上的压应力。若将式 (5-6) 及式 (5-13) 代入式 (5-38)，得

$$\frac{G\delta\upsilon}{\pi r_0^3} = B'e \tag{5-39}$$

因式中 e 为球的体积应变，即

$$e = \frac{\Delta\upsilon}{\upsilon_{\text{b}}} \tag{5-40}$$

而 υ_{b} 为球的体积，可以近似认为

$$\upsilon_{\text{b}} = \frac{4}{3}\pi r_0^3 \tag{5-41}$$

联立式 (5-39)～式 (5-41) 可得

$$\Delta\upsilon = \frac{4G}{3B'}\delta\upsilon \tag{5-42}$$

又将式 (5-42) 代入式 (5-37) 可得

$$\Delta\upsilon' = \delta\upsilon\left(1 + \frac{4G}{3B'}\right) \tag{5-43}$$

或者

$$\Delta \upsilon' = \Delta \upsilon \left(1 + \frac{3B'}{4G}\right) \tag{5-44}$$

所以，在错配体积 $\Delta \upsilon'$ 已知时，便可由式(5-43)求出球孔错配时，孔的体积变化为

$$\delta \upsilon = \frac{\Delta \upsilon'}{1 + \frac{4G}{3B'}} \tag{5-45}$$

同时，可由式(5-44)求得球的体积变化为

$$\Delta \upsilon = \frac{\Delta \upsilon'}{1 + \frac{3B'}{4G}} \tag{5-46}$$

进而，又将式(5-45)代入式(5-35)，就可求得在有限大介质中，由球孔错配引起的内场和像场造成的外部体积变化为

$$\delta V = \Delta \upsilon' \frac{1 + \frac{4G}{3B}}{1 + \frac{4G}{3B'}} \tag{5-47}$$

5.1.5　错配球模型的适用性

上述分析表明，在已知球和基体的弹性系数常数，以及求出球和孔的错配球体积 $\Delta \upsilon'$ 的条件下，便可分别求出 $\delta \upsilon$、$\Delta \upsilon$ 及 δV，并进而求出球孔错配引起的位移场、应变场、应力场以及弹性交互作用能等。这便是错配球模型所要回答的理论问题，可用于讨论固溶强化机制。

由式(5-45)和式(5-46)可以推断以下三种情况。

(1)当 $B' = \infty$ 时，$\delta \upsilon = \Delta \upsilon'$，而 $\Delta \upsilon = 0$。这说明，对于刚性球而言，球孔错配后，球不变形，变形只集中在基体内。

(2)当 $B' = 0$ 时，$\delta \upsilon = 0$，而 $\Delta \upsilon = \Delta \upsilon'$。这说明，对于"软"球而言，基体不变形，体积变化集中在球内。

(3)当 $G = G'$ 及 $\nu = \frac{1}{3}$ 时，由式(5-14)可得

$$\frac{4G}{3B'} = \frac{1}{2} \tag{5-48}$$

遂得 $\delta V = 2\Delta\upsilon'/3$ 和 $\Delta\upsilon = \Delta\upsilon'/3$。这种情况下，较多的体积变化集中在基体中。

应该指出，上述错配球模型只是一种简化。实际上，基体(如晶粒)的形状不一定呈球形，而且固溶体中溶质原子数量很多。故为简化起见，需将晶体视为球体，并将每个溶质原子看作错配球引起线弹性范围内的应力-应变场，则由 N 个溶质原子引起的总体积变化便为 N 个错配球效应的叠加。

另外，在上述模型中假定溶质原子也呈球状，在基体中引起球形的对称性畸变。但实际上，溶质原子有置换式与间隙式原子之分。置换式溶质原子占据固溶体中点阵结点，可给出球形的对称性畸变场；而间隙式溶质原子占据着点阵间隙位置，有可能引起非球对称性畸变场。例如，碳原子在 α-Fe 中固溶时，会引起非球对称性畸变。为简化起见，可用三对相等并呈正交分布的点力组来表征球形对称畸变的错配球所引起的应力场；而用三对不相等的正交点力组来表征由非球对称性畸变的错配球所引起的应力场，如图 5-6 所示。下面将会看到，对错配球效应的这种抽象会给讨论问题带来很大的方便。

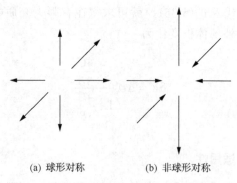

(a) 球形对称　　　　　　(b) 非球形对称

图 5-6　用点力组表征错配球应力场示意图

5.2　置换式溶质原子与位错的弹性交互作用

5.2.1　置换式溶质原子的错配球效应

置换式溶质原子取代溶剂原子而占据点阵的结点时，可由其与溶剂原子在尺寸上的差异而引起错配效应。显然，这种错配效应的特点是使应力-应变场具有球形对称性，可由三对对称的正交点力组加以表征，如图 5-6(a)所示。因此，可以借助错配球模型来表达置换式溶质原子与位错的弹性交互作用。

在描述置换式溶质原子的错配效应时，常涉及以下两个参数。

(1) 错配体积，即

$$\Delta\upsilon' = \upsilon_{溶质} - \upsilon_{溶剂} \tag{5-49}$$

（2）错配度，即

$$\beta = \frac{1}{a_0} \frac{\mathrm{d}a_0}{\mathrm{d}c} \tag{5-50}$$

式中，a_0 为溶剂的点阵常数；c 为溶质原子浓度。若令 N 为溶质原子数，V 为固溶体的体积，可有

$$c = \frac{N}{V} \tag{5-51}$$

则

$$\mathrm{d}c = \frac{\mathrm{d}N}{V}$$

将上式代入式 (5-50) 中得

$$\beta = \frac{V}{a_0} \frac{\mathrm{d}a_0}{\mathrm{d}N} \tag{5-52}$$

又 $\mathrm{d}a_0 / a_0 = \mathrm{d}\varepsilon$，表示由溶质原子引起的点阵畸变的大小，所以

$$\beta = V \frac{\mathrm{d}\varepsilon}{\mathrm{d}N} \tag{5-53}$$

因在球形对称畸变条件下，可由三对相等的呈正交分布的点力组表征置换式溶质原子的错配效应，便有

$$\varepsilon_{11} = \varepsilon_{22} = \varepsilon_{33} = \frac{e}{3} \tag{5-54}$$

式中，e 为体积应变。将式 (5-54) 微分得

$$\mathrm{d}\varepsilon = \frac{\mathrm{d}e}{3} \tag{5-55}$$

由式 (5-55) 和式 (5-53) 可得

$$\beta = \frac{V}{3} \frac{\mathrm{d}e}{\mathrm{d}N} \tag{5-56}$$

式中，$\mathrm{d}e = \mathrm{d}V / V$。取 $\mathrm{d}N = 1$ 及 $\mathrm{d}V = \delta V$，故又可将式 (5-56) 写成

$$\beta = \frac{1}{3}\delta V \tag{5-57}$$

由式(5-47)又可把上式表达为

$$\beta = \frac{\Delta \upsilon'}{3} \cdot \frac{1 + \dfrac{4G}{3B}}{1 + \dfrac{4G}{3B'}} \tag{5-58}$$

这是将溶质原子看成一个错配球所得出的结果。虽然对于一个溶质原子而言，B' 已失去确切的物理意义，但错配球模型仍不失为用以描述溶质原子的弹性性质的有效方式，是一种很方便的唯象模型。

5.2.2　溶质原子间的弹性交互作用

从错配球模型出发，可以把一个置换式溶质原子看成一个错配球，再把另一个溶质原子也看成一个错配球，然后来讨论两者之间的弹性交互作用。如图 5-7 所示，由 A 原子与基体的错配球效应，可给出一个外部体积变化，即

$$\delta V_A = \delta \upsilon \left(1 + \frac{4G}{3B}\right) \tag{5-59}$$

式中，δV_A 为由 A 原子在周围基体中引起的体积变化；G 和 B 分别为基体的切变模量与体弹性模量。然后，将原子 B 也视为一个错配球，其应力场在固溶体晶体表面引起一个外压力，即

$$P_B^{\text{ext}} = -\frac{G\delta \upsilon_B}{\pi R^3} \tag{5-60}$$

式中，R 为固溶体晶体的半径。

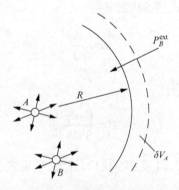

图 5-7　固溶体中置换式溶质原子间弹性交互作用示意图

于是，A、B 原子之间便产生弹性交互作用，其相互作用能为

$$W_{\text{int}} = P_B^{\text{ext}} \delta V_A = -\frac{G\delta \upsilon_B}{\pi R^3} \cdot \delta V_A \tag{5-61}$$

由式(5-61)可见，置换式溶质原子之间的弹性交互作用能与两原子间的距离 r 无关。因而，置换式溶质原子之间无阻态作用力，即

$$F_{\text{int}} = -\frac{\partial W_{\text{int}}}{\partial r} = 0 \tag{5-62}$$

所以，置换式溶质原子之间交互作用的特点是有交互作用能而无交互作用力。其结果是使在固溶体中，置换式溶质原子在分布上有偏聚和混乱分布两种趋势，既不会充分偏聚，也不会完全均匀分布。

5.2.3　溶质原子与刃型位错间的弹性交互作用

对这种弹性交互作用也可用错配球模型加以分析。如图 5-8 所示，可先将置换式原子 A 看成一个错配球，在固溶体晶体表面上给出一个外部应力变化 δV_A，再将附近的刃型位错 B 视为应力源，给出下面的内应力场：

$$p_B = -\frac{1}{3}\left(\sigma_{xx} + \sigma_{yy} + \sigma_{zz}\right) \tag{5-63}$$

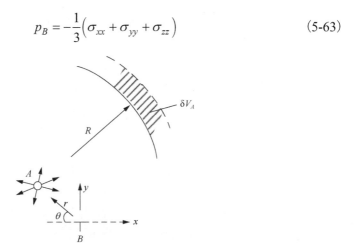

图 5-8　固溶体中置换式溶质原子与刃型位错的弹性交互作用

由于 $\sigma_{zz} = v\left(\sigma_{xx} + \sigma_{yy}\right)$，所以有

$$p_B = -\frac{1+v}{3}\left(\sigma_{xx} + \sigma_{yy}\right) \tag{5-64}$$

根据式(1-26)，又可把式(5-64)表示为

$$p_B = \frac{2(1+\nu)Dy}{3(x^2 + y^2)} \tag{5-65}$$

式中，$D = Gb/[2\pi(1-\nu)]$。如图 5-8 所示，若采用圆柱坐标系，式(5-65)可写为

$$p_B = \frac{Gb(1+\nu)}{3\pi(1-\nu)} \frac{\sin\theta}{r} \tag{5-66}$$

于是，置换式溶质原子 A 与刃型位错 B 的弹性交互作用能为

$$W_{\text{int}} = p_B \delta V_A = A \frac{\sin\theta}{r} \tag{5-67}$$

式中，$A = Gb(1+\nu)\delta V_A/[3\pi(1-\nu)]$。可见，置换式溶质原子与刃型位错之间的弹性交互作用能在数值上与间距 r 成反比。此外，随着置换式溶质原子在刃型位错周围位置不同，会引起弹性交互作用能的符号发生变化。当 W_{int} 为负值时，溶质原子与刃型位错相互吸引，溶质原子就要向其与刃型位错相吸的区域偏聚，从而形成 Cottrell 气氛。如图 5-9 所示，当溶质原子尺寸大于溶剂原子尺寸时，δV_A 及 A 为正值，易从式(5-67)中得出 W_{int} 在 $\pi < \theta < 2\pi$ 取负值。这说明，尺寸较大的置换式溶质原子趋于分布在刃型位错的受拉区并使体系能量降低，形成 Cottrell 气氛。

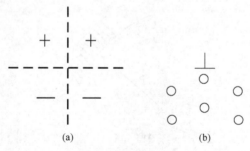

图 5-9　较大的置换式溶质原子与刃型位错的弹性交互作用能符号的改变(a)及 Cottrell 气氛的形成(b)

　　关于溶质原子在位错周围的浓度分布，通常可用 Maxwell-Boltzmann 分布加以讨论。如果溶质原子的平均浓度为 c_0，则刃型位错周围溶质原子的浓度 c 可由下式表达：

$$c = c_0 \exp\left(-\frac{W_{\text{int}}}{kT}\right) \tag{5-68}$$

式中，k 为 Boltzmann 常量；W_{int} 为溶质原子与刃型位错的交互作用能。据此可知，Cottrell 气氛具有以下特点。

（1）只有当 W_{int} 为负值时，才能使位错周围溶质原子的浓度大于 c_0 而形成 Cottrell 气氛。所以，同溶剂原子尺寸相比，较大的置换式溶质原子趋于分布在刃型位错的受拉区域；而较小的置换式溶质原子趋于分布在刃型位错的受压区域。对正刃型位错而言，当 $\theta = 3\pi/2$ 时，较大的溶质原子的 W_{int} 在绝对值上达到最大，即优先集中在位错线下方；而当 $\theta = \pi/2$ 时，较小的置换式溶质原子的 W_{int} 在绝对值上达到最大，即优先集中在位错线上方。

（2）W_{int} 在数值上与距离 r 成反比，使形成 Cottrell 气氛的置换式溶质原子距位错线越近，其浓度就越高。极限情况是由溶质原子平行于位错线形成原子列，使 Cottrell 气氛达到饱和状态（即 $c=1$）。所以，可把 Cottrell 气氛看成由处于饱和状态的浓气氛与外围呈 Maxwell-Boltzmann 分布的淡气氛两部分组成。

（3）Cottrell 浓气氛存在临界温度，称为露点，可由下式求得

$$T_c = \frac{|W_{int}|}{k \ln \dfrac{1}{c_0}} \tag{5-69}$$

此式是令 $c=1$，由式（5-68）可得。只有当 $T < T_c$ 时，才能形成浓气氛。否则，温度太高时，会由于热起伏使溶质原子的浓气氛驱散，而使溶质原子呈 Maxwell-Boltzmann 分布。

Cottrell 气氛能够阻碍位错运动。这是因为通过溶质原子与刃型位错的弹性交互作用，能够松弛刃型位错的水静压力场而降低系统的弹性畸变能，使溶质原子在位错线附近偏聚。一旦在外力作用下使位错运动，必然改变溶质原子的平衡位置，导致系统的弹性畸变能升高。这种系统能量改变的结果便表现为溶质原子对位错的滑移产生了阻力或钉扎。计算表明，使位错从 Cottrell 气氛中脱钉所需最小的切应力为

$$\sigma_c = \frac{A}{b^2 r_0^2} \tag{5-70}$$

式中，A 为常数；b 为刃型位错的伯格斯矢量；r_0 为刃型位错的切断半径。在一定条件下，位错也可能拖着 Cottrell 气氛运动，使 Cottrell 气氛表现一定的拖曳作用。显然，当温度较高，以至于溶质原子的扩散速率与位错运动速率相接近时，才有这种可能性。

5.2.4 溶质原子与螺型位错间的弹性交互作用

可用上述类似的方法分析置换式溶质原子与螺型位错的弹性交互作用。但对螺型位错而言，只有两个切应力分量而无正应力分量，不产生水静压力场，即 $p_B = -\left(\sigma_{rr} + \sigma_{\theta\theta} + \sigma_{\varphi\varphi}\right)/3 = 0$。故虽然可由置换式溶质原子给出错配球效应，产生外部体积变化 δV_A，但

$$W_{\text{int}} = p_B \cdot \delta V_A = 0 \tag{5-71}$$

因此，一般认为，置换式溶质原子与螺型位错之间没有弹性交互作用。

然而，在一定条件下，置换式溶质原子与螺型位错间也可能产生次级的弹性交互作用。例如：

(1)螺型位错扩展时，如 2.6 节所述，两个部分位错的伯格斯矢量均与位错线成 30°，故其垂直分量便构成刃型的部分位错，而与置换式溶质原子发生弹性交互作用。这种弹性交互作用具有短程性。

(2)螺型位错局部弯折时，也会形成刃型位错分量，从而与置换式溶质原子产生局部的弹性交互作用。这也是一种短程交互作用。

因此，不考虑次级效应时，可以认为，螺型位错与螺型位错之间无弹性交互作用，故不形成 Cottrell 气氛。可是，实际上，由于种种原因也可能使置换式溶质原子与螺型位错间出现某种局部的短程交互作用，只是作用较小，有时往往被忽略。

5.3 间隙式溶质原子与位错的弹性交互作用

常见的间隙式溶质原子有氢、碳、氮、氧和硼等。其中氧和硼往往具有置换式和间隙式双重特性。同置换式溶质原子不同，对间隙式溶质原子与位错的弹性交互作用不能笼统而论，而与固溶体的点阵类型有关。

5.3.1 FCC 结构中间隙原子的错配球效应

在 FCC 结构中，有两种间隙位置：一是八面体间隙，如图 5-10(a)所示。从八面体体心到周围六个近邻原子间距均为 $a/2$；另一个是四面体间隙，如图 5-10(b)所示，从四面体体心到周围四个近邻原子间距均为 $\sqrt{3}a/4$。在这两种间隙中，以八面体间隙较大，可容纳较大的间隙原子；而四面体间隙只能容纳较小的间隙原子。根据几何关系可求出两种间隙能够容纳的最大的刚球半径。设溶剂原子的半径为 r_A，间隙中能容纳的最大刚球半径为 r_B，则对 FCC 结构而言，有如下关系

$$r_B = \begin{cases} 0.414r_A, & \text{八面体间隙} \\ 0.225r_A, & \text{四面体间隙} \end{cases}$$

在上述两种间隙中，近邻原子都位于同一球面上（图 5-10），因而具有对称性。在有间隙原子占据时，便会造成球对称性的应力-应变场。其效果与置换式溶质原子的错配球效应相同，故可与刃型位错产生弹性交互作用而形成 Cottrell 气氛。

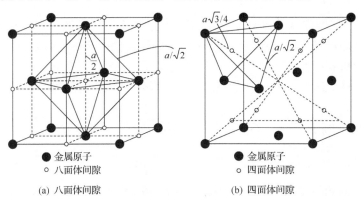

图 5-10 FCC 结构中的间隙

此外，与置换式溶质原子的错配球模型相比，由间隙式原子填充间隙时，会因间隙尺寸较小而引起较大的错配体积，使基体产生较大的体积改变。这是间隙式溶质原子在 FCC 结构中形成错配球的重要特点。

5.3.2 BCC 结构中间隙原子的错配球效应

在 BCC 结构中，也有八面体和四面体两种间隙，如图 5-11 所示。但同 FCC

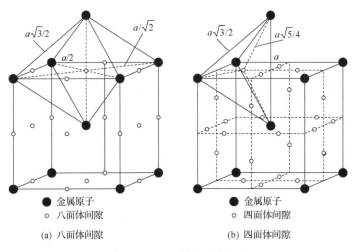

图 5-11 BCC 结构中的间隙

结构中的间隙不同, 在 BCC 结构中的间隙呈非球对称性, 即从间隙中心到周围近邻原子的距离不完全相等。根据几何关系可以求出在 BCC 结构中, 有如下关系:

$$r_B = \begin{cases} 0.15r_A, & \text{八面体间隙} \\ 0.29r_A, & \text{四面体间隙} \end{cases}$$

可见, 与 FCC 结构中的情况相反, BCC 点阵中的四面体间隙比八面体间隙大。但是, 一般间隙原子在 BCC 结构中还是倾向于首先占据八面体间隙。这不能用刚性模型加以说明, 而可能与局部电子的交互作用有关。

上述分析表明 BCC 结构中的间隙有两个特点: 一是间隙尺寸小; 二是间隙具有非球对称性。由此会对间隙原子在 BCC 结构中引起的错配球效应带来以下两个方面的影响。

(1) 由于间隙尺寸小, 间隙原子形成错配球时产生较大的 $\delta\upsilon$, 从而在基体中造成较大的应力-应变场。

(2) 由于间隙具有非球对称性, 间隙原子形成错配球时引起四方畸变。虽然有间隙原子占据间隙时, 应使间隙在各个方向上均有拉长, 但由于短轴方向剧烈拉长的结果反而会使其他两轴向上有所缩短。故对间隙原子在 BCC 结构中引起的错配球可用如图 5-6(b) 所示的点力组加以表征, 并常称为弹性偶极子。

由非球对称性的弹性偶极子在基体中除引起正应力-应变场外, 还引起切应力-应变场, 即有六个独立的应力或应变分量不等于零($\varepsilon_{ij} \neq 0$, 或 $\sigma_{ij} \neq 0$)。此外, 与球对称性错配球只引起均匀分布的平均正应力场或内压力场不同, 在 BCC 结构中的间隙原子引起的平均正应力与距离 r 的立方成反比, 即产生非均匀分布的内压力场:

$$-p \propto \frac{1}{r^3} \tag{5-72}$$

显然, 上述错配球效应的特点, 必然影响到间隙原子在 BCC 结构中的行为。下面以碳在 α-Fe 中为例讨论 BCC 结构中间隙原子的行为。

5.3.3 α-Fe 中碳原子之间的弹性交互作用

可用前述讨论置换式固溶体中溶质原子间弹性交互作用相类似的方法, 讨论 α-Fe 中间隙原子之间的弹性交互作用。设在 α-Fe 中两固溶碳原子间距为 r, 并将两碳原子分别视为 A 和 B 两个错配球, 则两者之间的弹性交互作用能可由下式表述:

$$W_{\text{int}} = p_B \cdot \delta \upsilon_A \propto p_B \cdot \delta \upsilon_A \propto \frac{1}{r^3} \tag{5-73}$$

由此可知，由于碳原子在 α-Fe 中能引起很大的体积效应，碳原子间产生很强的弹性交互作用。此外，随着 α-Fe 中碳浓度增加，间距 r 减小，因而碳原子间的交互作用增强。

α-Fe 中碳原子间存在强烈的弹性交互作用，会使碳原子在分布上产生应变诱发有序化现象。如图 5-12(a) 所示，若在 C 处有一碳原子，会引起点阵出现正方性。于是，相邻的碳原子便易于分布在间隙 A 处而不是间隙 B。这是一种由碳原子的错配效应所引起的有序分布。

本来，在无外加应力作用时，碳原子填充如图 5-12(b) 所示的 A、B 和 C 三个间隙的概率相等，故碳原子可随机分布。但在有外加应力作用时，如拉应力方向平行于 y 轴，则碳原子会优先进入 C 间隙，以降低系统的能量。这是一种应力诱发有序化现象，常称为 Snoek 效应[1]。所以，BCC 晶体受外力作用时，其中间隙原子易于出现有序化分布。

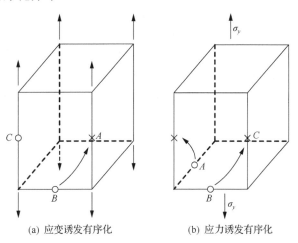

(a) 应变诱发有序化　　　　　(b) 应力诱发有序化

图 5-12　α-Fe 中碳原子分布有序化示意图

5.3.4　α-Fe 中碳原子与螺型位错的弹性交互作用

前已述及，在置换式固溶体中，溶质原子与螺型位错几乎没有弹性交互作用。此外，FCC 结构中的间隙原子也有类似的行为，其原因可归结为错配球效应的球对称性。然而，在 BBC 结构中，间隙原子的错配效应具有非球对称性，可使基体中产生切应变 $\varepsilon_{\theta z}^{c}$ 不等于零。同时，在螺型位错的应力场中只有一个独立的切应力分量，即 $\sigma_{\theta z}^{s} \neq 0$。于是，便使 α-Fe 中的碳原子与螺型位错产生交互作用，即

$$W_{int} = -\frac{1}{2}\sigma_{\theta z}^{s}\varepsilon_{\theta z}^{c} \neq 0 \tag{5-74}$$

在这种弹性交互作用的诱发下,螺型位错周围的碳原子优先占据某一种间隙位置,而在分布上产生局部有序化,形成 Snoek 气团。据估算,螺型位错与 Snoek 气团的交互作用可同刃型位错与 Cottrell 气团的交互作用一样强烈,故 Snoek 气团对螺型位错会产生阻碍作用。

在形成 Snoek 气团时,碳原子只需作短程扩散,可在极短时间内完成。所以,同 Cottrell 气团不同,Snoek 气团可在位错运动过程中形成,是一种动态有序。

5.3.5　α-Fe 中碳原子与刃型位错的弹性交互作用

在 BBC 结构中,间隙原子与刃型位错有很强的弹性交互作用。这一点通过错配球模型很容易理解。在刃型位错的应力场中,可由下式估算间隙原子与刃型位错的弹性交互作用能:

$$W_{int} \propto p_{\perp}\delta\upsilon \tag{5-75}$$

式中,$p_{\perp}$ 为刃型位错的内压力场;$\delta\upsilon$ 为由间隙原子引起的间隙体积改变。在 BBC 结构中,因间隙尺寸小而给出相当大的错配体积效应,即 $\delta\upsilon$ 很大。所以,同置换式溶质原子相比较,间隙式溶质原子与刃型位错的弹性交互作用要强烈得多。

另外,在 BBC 结构中,间隙原子引起非球对称性畸变,可同时形成正应变场和切应变场。这样一来,间隙原子既可通过其正应变场与刃型位错正应变场产生交互作用,又可通过其切应变场与刃型位错的切应变场产生交互作用。其结果一方面易于形成 Cottrell 气团,钉扎位错,成为 BBC 金属固溶强化的一种重要方式;另一方面易于形成 Snoek 气团,使得刃型位错周围的间隙原子呈局部有序分布。这种 Snoek 气团,不但可以在刃型位错的切应力场诱发下形成,而且可以在刃型位错的正应力场下形成。Snoek 气团也可对刃型位错的运动造成一定阻碍。

上述分析表明,同置换式原子相比,间隙式溶质原子在 BBC 结构中与刃型位错有更加强烈的交互作用。这便决定了 α-Fe 具有许多力学行为特性,如物理屈服、形变时效等,均与间隙碳、氮原子与刃型位错的弹性交互作用有关。这也说明,建立错配球模型对于描述固溶强化的本质具有重要的理论与实际意义。

5.4　溶质原子与位错的化学相互作用

在固溶体晶体中,溶质原子除了与位错发生弹性交互作用,还可能通过化学吸附和反吸附而与位错产生交互作用[2]。其主要表现是层错区内溶质原子的浓度要高于或低于基体中的浓度。通常将这种作用称为化学交互作用,并把溶质原子在层错区的特殊分布或特殊平衡浓度的组态称为 Suzuki 气团(铃木气团)。

如前所述,层错区原子的堆垛方式不同于基体。例如,在 FCC 结构中形成层错时,相当于形成了一层 HCP 结构。故可把层错区与非层错区视为两相,而具有不同自由能。显然,层错区的自由能(f^s)要高于非层错区的自由能(f^m),可得如图 5-13 所示的固溶体自由能-成分曲线。可见,若层错区与基体的浓度均为 c_0,层错区与基体的自由能分别如图 5-13 中 R 点和 P 点所示。按照杠杆定律,系统(或合金)的自由能为 S,$PS/(PR)$ 为层错的体积分数。但两相平衡时,必须使两者化学势相等,或者自由能曲线的斜率相等。而在 R 点和 P 点,两相自由能曲线的斜率不等,系统不能处于平衡状态。只有当溶质原子在层错区与基体间发生重新分布,使层错的自由能从 R 点变到 N 点,基体的自由能由 P 点变为 L 点时才满足化学势相等的平衡条件,即

$$\left(\frac{\partial f^m}{\partial c}\right)_{c_0} = \left(\frac{\partial f^s}{\partial c}\right)_{c_1} \tag{5-76}$$

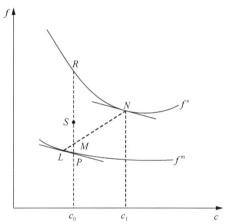

图 5-13　固溶体基体与层错区的自由能-成分曲线

由于层错所占的体积较小,可近似认为此时基体的成分等于 c_0。所以,当有层错存在时,层错与基体中溶质的浓度必然有所不同。这便是形成 Suzuki 气团的原因所在。

Suzuki 气团对位错运动也有阻碍作用,对这种阻碍作用可作如下分析。

(1)如图 5-14(a)所示,在外力作用下使层错宽度减小 $\mathrm{d}r$ 时,需要有一部分溶质原子由层错区进入基体。但由于从层错区移开的溶质原子数目等于进入基体的原子数目,对整个系统而言不会引起势能改变,即

$$\sum_i \mu_i \mathrm{d}n_i = 0 \tag{5-77}$$

式中，μ_i 为溶质原子的化学势；n_i 为化学势为 μ_i 的原子数目。层错宽度减小对系统能量的变化主要表现为克服两个部分位错间的斥力做功。这在数值上等于层错表面能量的减少值，故

$$F_r \mathrm{d}r = \gamma_1 \mathrm{d}r \tag{5-78}$$

式中，F_r 为单位长度上两部分位错间的斥力；γ_1 为层错能。所以

$$F_r = \gamma_1 \tag{5-79}$$

这说明，单位长度上两部分位错间的斥力在数值上等于层错能。

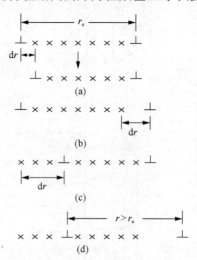

图 5-14　具有 Suzuki 气团的扩展位错运动的可能组态

偏聚的溶质原子以"×"表示

（2）如图 5-14（b）所示，在切应力 σ 作用下使领先的部分位错向前运动 $\mathrm{d}r$ 时，系统的能量变化应为

$$\begin{aligned} \mathrm{d}G &= -F_r \mathrm{d}r + \gamma_2 \mathrm{d}r - \sigma b \mathrm{d}r \\ &= (-\gamma_1 + \gamma_2 - \sigma b)\mathrm{d}r \end{aligned} \tag{5-80}$$

式中，γ_2 为在无溶质原子偏聚区的层错能；b 为部分位错的伯格斯矢量。故欲使这种位错组态稳定，应有

$$\sigma b = \gamma_2 - \gamma_1 \tag{5-81}$$

若后续的部分位错受到钉扎，而外加应力继续增大，会使领先位错继续向前运动，

直到不再受后续位错的影响。为使领先位错独立运动，以将两个部分位错分开，所需的外加应力如下式所示：

$$\sigma b = \gamma_2 \tag{5-82}$$

（3）如图 5-14(c) 所示，在切应力 σ 作用下使后续位错向前运动时，在其后面要留下一段溶质原子的富集区。在富集区内层错已经消失，相应的表面能为 γ_{ch}。系统的能量变化应为

$$
\begin{aligned}
dG &= F_r dr - \gamma_1 dr + \gamma_{ch} dr - \sigma b dr \\
&= (\gamma_{ch} - \sigma b) dr
\end{aligned}
\tag{5-83}
$$

故在领先位错受到钉扎的条件下，为使后续位错向前运动所需外加切应力应符合以下条件：

$$\sigma b = \gamma_{ch} \tag{5-84}$$

若 γ_{ch} 大于 $\gamma_2 - \gamma_1$，会使后续位错在领先位错前进的过程中仍然受到钉扎，则 F_r 减小并最终使后续位错所需切应力达到临界值，并可由下式表达：

$$\sigma b = \gamma_{ch} - \gamma_1 \tag{5-85}$$

由上述分析可见，要使扩展位错的领先位错或后续位错运动，所需施加切应力的大小均与溶质原子在层错区的富集有关。溶质原子的富集要引起层错能的变化，故使 $\gamma_2 - \gamma_1 \neq 0$ 及 $\gamma_{ch} \neq 0$。这便是 Suzuki 气团能够阻碍扩展位错运动的原因所在。

（4）如图 5-14(d) 所示，在外力作用下，扩展位错的两个部分位错同时向前运动时，应满足以下条件：

$$\sigma b = \gamma_2 - \gamma_1 + \gamma_{ch} \tag{5-86}$$

式中，b 为全位错的伯格斯矢量。显然，若扩展位错能整体逃逸气团，便可快速前进，产生物理屈服。然而，若 $\gamma_1 - \gamma_{ch}$ 为负值，也可能使领先位错逃逸气团的束缚，导致层错区不断扩大。所以，在具有较小溶解度的置换式固溶体合金中，当溶质原子 B 的活度较大时，便易于经深度冷加工形成大量层错。这是因为在层错区易于发生 B 原子偏聚，使层错面两侧形成 A-B 型键合(A 为溶剂原子)，则后续位错的运动会破坏这种有利的 A-B 键合而产生不利的 A-A 或 B-B 键合，导致 $\gamma_{ch} > \gamma_1$。在这种情况下，由于后续位错受到气团的钉扎便导致领先位错的逃逸。相反，在具有较大溶质原子溶解度的合金中，扩展位错易于整体逃逸 Suzuki 气团，导致屈服出现[3]。

Suzuki 气团除以钉扎方式阻碍位错运动外，还可能有拖曳作用。这是由于溶质原子的偏聚至少涉及短程扩散，在一定条件下可与位错运动同时进行。但通常很难与 Cottrell 气团及 Snoek 气团的拖曳作用区分开来。溶质原子也可以上述后两种机制对部分位错产生拖阻作用。

一般来说，Suzuki 气团的强化作用比 Cottrell 气团小约一个数量级，但其热稳定性要比后者大。为使扩展位错逃逸 Suzuki 气团需移动数十个原子间距或更大的距离，而一般全位错逃逸 Cottrell 气团仅需移动几个原子距离。

5.5 位错与有序分布的溶质原子间的交互作用

位错与有序分布的溶质原子之间存在交互作用，其特点是同溶质原子分布的几何位置有关，故又称为几何交互作用。确切地说，这种交互作用同溶质原子在几何位置上的相互关系相关。

对由原子 B 在 A 中组成浓固溶体而言（A 为溶剂原子，B 为溶质原子），溶质原子分布的几何位置有三种可能性。

(1) 随机分布。溶剂原子 A 和溶质原子 B 在点阵中所占的位置是任意的，即在 A 原子周围，B 原子占据点阵结点的概率等于 B 原子的浓度。

(2) 有序分布。在每个 A 原子周围，B 原子按一定规则分布。

(3) 偏聚分布。同类原子聚集在一起成群分布。

上述三种溶质原子分布情况主要取决于 A 和 B 两种原子间结合能的相对关系，可用下面的参数来描述：

$$\varphi = \frac{1}{2}(U_{AA} + U_{BB}) - U_{AB} \tag{5-87}$$

式中，U_{AA} 为 A 和 A 原子间结合能，余者类推。$\varphi = 0$ 时，呈随机分布；$\varphi > 0$ 时，呈有序分布；$\varphi < 0$ 时，呈偏聚分布。当温度不高时，一般固溶体中溶质原子的分布以后两种分布方式为主。本节主要讨论溶质原子的有序分布对位错运动的影响。

溶质原子的有序分布分为短程有序和长程有序两种。相应的有序度分别用短程有序参数 σ 和长程有序参数 S 表示。σ 定义为

$$\sigma = \frac{q - q_r}{q_m - q_r} \tag{5-88}$$

式中，q 为某一给定原子周围出现异类原子对 AB 的数目；q_m 为异类原子对 AB 的最大可能数目；q_r 为混乱分布时平均的异类原子对 AB 的数目。S 的定义如下：

$$S = \frac{P - r}{1 - r} \tag{5-89}$$

式中，P 为超点阵中 A 亚点阵的结点上出现 A 原子的概率；r 为 A 原子在合金中的原子分数。

5.5.1　短程有序引起的强化

短程有序可有效地阻碍位错运动而引起强化。如图 5-15 所示，当位错切过短程有序区时，会破坏短程有序。图 5-15(a)中滑移面上有 11 个异类原子对；当滑移一个伯格斯矢量后，异类原子对减为 9 个，如图 5-15(b)所示。也就是说，当位错滑移通过短程有序区时，由于异类原子对数目的改变，系统的能量升高，故需外力附加做功，从而使强度升高。当异类原子的交互作用较大时，易于形成短程有序。特别是将形成超点阵的合金加热到有序-无序转变温度 T_c 以上时，便会出现短程有序区。这种短程有序还可通过快冷而在低温下保存下来。但是，短程有序一旦破坏就不再起作用了。如图 5-15(c)所示，当滑移了两个伯格斯矢量后，异类原子对数目就不再发生变化了。

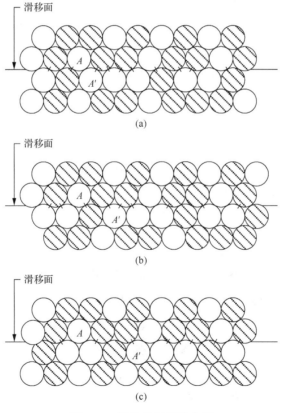

图 5-15　滑移破坏短程有序

5.5.2 长程有序引起的强化

如图 5-16 所示，当溶质原子呈长程有序分布时，可在滑移面两侧原子之间形成 AB 型原子匹配关系。当有位错在滑移面上运动时，会不断破坏这种有序关系，形成反相畴界。故单个位错只有在附加的外力下才能运动，以补偿反相畴界所需的能量。若设反相畴界能为 γ，为使单个位错运动所需施加的切应力为

$$\sigma = \frac{\gamma}{b} \tag{5-90}$$

式中，b 为位错的伯格斯矢量。在反相畴界能高的合金中，只有存在应力集中时才有可能达到式(5-90)所给出的条件。

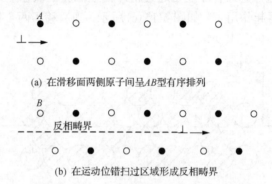

(a) 在滑移面两侧原子间呈 AB 型有序排列

(b) 在运动位错扫过区域形成反相畴界

图 5-16　单位错运动形成反相畴界示意图

在长程有序合金中，位错易于以超点阵位错的形式成对运动。这种超点阵位错是由两个同号全位错以反相畴界相连所组成的位错对(图 5-17)。其中每个全位错又可分解形成扩展位错。要使超点阵位错运动，无需额外加力。由领先位错成的反相畴界，可通过与其成对的后续位错追踪运动销毁，故综合的结果是系统能量不变。但若晶体中已存在反相畴界，也可成为超点阵位错运动的有效障碍。

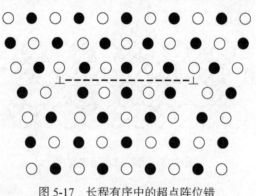

图 5-17　长程有序中的超点阵位错

如图 5-18(a)所示,当超点阵位错穿越反相畴界时,会使反相畴界产生两原子长的台阶,导致系统能量升高。这不但会在主滑移面上形成反相畴界,造成次滑移中位错运动的困难,而且在主滑移面上有超点阵位错继续滑移时,还会形成如图 5-18(b)所示的组态,使主滑移受阻。领先位错通过滑移面上的反相畴界时,可使之消除而引起超点阵位错解体。于是,领先位错与尾随位错便分别在断开的两反相畴界处受阻。

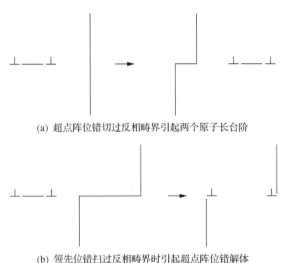

(a) 超点阵位错切过反相畴界引起两个原子长台阶

(b) 领先位错扫过反相畴界时引起超点阵位错解体

图 5-18　超点阵位错与反相畴界的交互作用

　　上述超点阵位错运动机制,使有序合金的起始流变应力较低,而加工硬化率很高,易于通过快速加工硬化而获得高强度。有序合金的单晶体变形时,只有线性硬化阶段,如图 5-19 所示。这表明,超点阵位错易在主滑移面上产生平面滑移,而难以发生交滑移。超点阵位错平面滑移易在晶界处形成塞积并引起应力集中。所以,有序合金可由冷变形得到显著硬化,却使塑性损失较大。

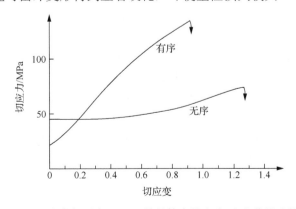

图 5-19　有序与无序 Cu₃Au 单晶体中的应力-应变曲线比较

　　在反相畴界能较高的情况下，也可能发生超点阵位错的部分交滑移，导致快速加工硬化。反相畴界能随晶体取向而变化，如在 $L1_2$ 型超点阵中以 {100} 面上反相畴界能最低，而在主滑移面 {111} 上反相畴界能较高。于是，在具有 $L1_2$ 型超点阵的 Cu_3Au 中，位于主滑移面 (111) 上的螺型超点阵位错便可能发生部分交滑移，如图 5-20 所示[3]。在热激活的作用下，扩展的领先位错可能发生束集并交滑移到 (100) 面上，以降低反相畴界能。然后，领先位错又可能沿 (111) 面扩展。若后续位错不能紧随发生同样的交滑移，便会形成一种难动的位错组态，使两位错在主滑移面上的运动均受阻。这相当于原来的超点阵位错已解体，两个扩展位错沿各自的 (111) 面滑移均需形成新的反相畴界。由于这种超点阵位错的部分交滑移是一种热激活过程，所形成的障碍数量随温度升高而增多。只有在温度接近或达到 $0.4T_m$（T_m 为熔点）时，才会因回复过程的快速进行而使上述障碍机制失效。有序金属间化合物 Ni_3Al 的应变硬化率（θ_{II}/G）与温度的关系见图 5-21。

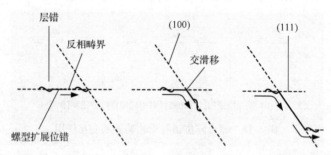

图 5-20　有序 Cu_3Au 晶体中超点阵位错的部分交滑移硬化模型

　　长程有序合金的强度或流变应力与温度的关系如图 5-22 所示。在有序-无序转变临界温度 T_c 附近，流变应力 $\sigma_{0.1}$ 出现峰值。这种现象在 T_c 低于熔点的有序合金中具有普遍性，如 Cu_3Au、Mg_3Cd、Ni_3Mn、Fe_3Al 等均如此。如前所述，随着温度的升高，热激活作用增强，易使超点阵位错中领先位错产生交滑移，从而引起流变应力增加。若温度接近或高出 T_c 以后，因长程有序度急剧降低而使变形机制过渡为单个位错运动所控制，故流变应力随温度升高而下降。同样，也可以通过改变淬火温度来控制合金的有序度，使室温流变应力在 T_c 附近淬火后出现峰值，如图 5-23 所示。淬火温度升高时，长程有序度降低，将有利于室温流变应力的提高。但当淬火温度达到 T_c 以上时，合金呈短程有序，故淬火温度增加将引起室温流变应力逐渐减小。不同长程有序合金出现室温流变应力峰值的淬火温度不同。

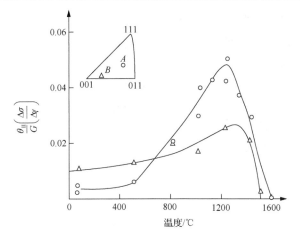

图 5-21　Ni$_3$Al 的硬化率(θ_{II}/G)与温度的关系

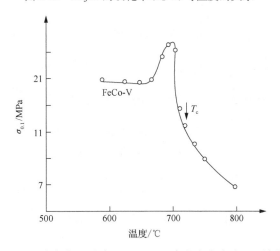

图 5-22　温度与长程有序 FeCo-2%V 合金流变应力 $\sigma_{0.1}$ 的关系

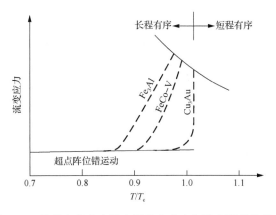

图 5-23　几种有序合金的室温流变应力与淬火温度的关系

　　上述情况表明，适当降低合金的长程有序度，引入适量的反相畴界，将有利于提高长程有序合金的强度。在长程有序合金中，反相畴尺寸对合金强度有很大影响，这可由下面两方面因素加以考虑：适当减小反相畴尺寸，可使反相畴数量增多，有利于强化；但同时，由于反相畴尺寸过小，又使长程有序度显著减小，降低有序强化效应。最佳反相畴尺寸为 3～10nm。对 Mg₃Cd 合金经 180℃淬火和随后 68℃等温退火时，退火时间对长程有序度、反相畴尺寸及硬度的影响见图5-24。可见，在反相畴尺寸为 6nm 时，出现硬化峰。

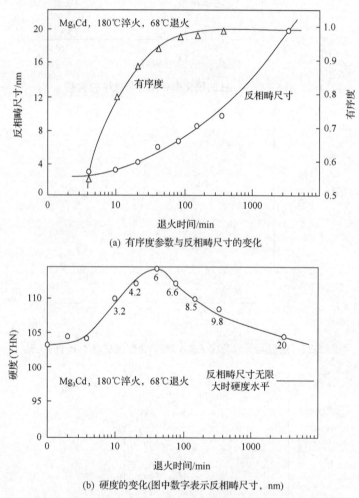

(a) 有序度参数与反相畴尺寸的变化

(b) 硬度的变化(图中数字表示反相畴尺寸，nm)

图 5-24　Mg₃Cd 合金中硬度与长程有序度和反相畴尺寸的关系

5.6　均匀固溶强化

通常，可按溶质原子在基体中的分布状态而将固溶强化分为均匀强化和非均匀强化两种。前者指溶质原子混乱分布于基体中所引起的强化作用；后者则着眼于溶质原子优先分布于晶体的缺陷附近，或呈有序分布时的强化。本章前面所涉及的 Cottrell 气团强化、Snoek 气团强化、Suzuki 气团强化及有序强化等均属于非均匀固溶强化机制。本节主要讨论均匀固溶强化机制，并建立相应的数学表达式。

在假定溶质原子均匀分布的情况下，建立固溶强化的数学表达式主要涉及强度与溶质原子浓度间的关系，可从位错与溶质原子的弹性交互作用的角度加以考虑。前已述及，溶质原子与位错的弹性交互作用能如下式表示：

$$W_{\text{int}} = p_{\perp}(\delta V)_{\text{s}} \tag{5-91}$$

式中，$p_{\perp}$ 为位错应力场引起的内水静压力场；$(\delta V)_{\text{s}}$ 为溶质原子引起的外部体积变化。由于位错的应力场与距离 r 成反比，这种交互作用具有长程性质，即

$$W_{\text{int}} \propto \frac{1}{r} \tag{5-92}$$

式中，r 为溶质原子与位错线的距离。显然，在溶质原子可动的情况下，可由这种长程交互作用驱动溶质原子跑向位错线附近，形成气团，引起非均匀强化。

当溶质原子不动，而在外力作用下运动的位错遇到溶质原子时便会受到一定的阻碍。在低的温度下，可将溶质原子(尤其是尺寸较大的置换式溶质原子)视为不动原子。位错线仅在与溶质原子相遇时，才能"感到"溶质原子并被分段弓弯，如图 5-25 所示。由式(5-6)和式(5-7)可知，溶质原子作用到单位位错线上的力具有短程性质，并有

$$F / L \propto \frac{1}{r^3} \tag{5-93}$$

式中，r 为溶质原子到位错线的距离。因而，便使不动溶质原子与位错呈短程弹性交互作用。这表明，只有位于滑移面附近的溶质原子才会成为位错运动的障碍。

弄清了上述溶质原子与位错的弹性交互作用特点后，便可进一步建立均匀固溶强化的数学表达式。视溶质原子数量不同，可有以下两种类型的表达式。

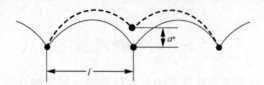

图 5-25 位错遇不动溶质原子受阻弓弯示意图

$a*$为热激活距离

5.6.1 稀固溶体的均匀固溶强化

对于稀固溶体而言，临界切应力与溶质原子浓度呈抛物线关系(图 5-26)。考虑到溶质原子与位错的弹性交互作用具有短程性质，可将滑移面的厚度视为 $2d$(d 为原子面间距)，如图 5-27 所示。在假定溶质原子分布均匀的情况下，滑移面上每个溶质原子的平均自由区域为 l^2(l 为滑移面内溶质原子间距)。溶质原子的浓度可由下式表达：

$$c = \frac{1}{l^2 \cdot 2d} \tag{5-94}$$

故

$$l = \left(\frac{1}{2dc}\right)^{\frac{1}{2}} \tag{5-95}$$

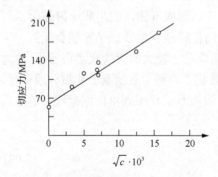
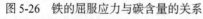
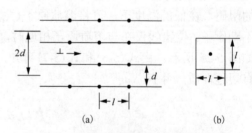

图 5-26 铁的屈服应力与碳含量的关系

图 5-27 滑移面厚度示意图(a)和滑移面上原子的平均自由区域(b)

若设 $a*$ 为使位错脱锚的热激活距离；W^* 为相应的热激活能，则使位错脱锚所需的临界切应力为

$$\sigma_c = \frac{W^*}{bla^*} \tag{5-96}$$

于是，将式(5-95)代入式(5-96)可得

$$\sigma_c = \frac{W^*}{a^* b}(2dc)^{\frac{1}{2}} \tag{5-97}$$

式中，W^* 和 a^* 的数值尚难以精确计算。但考虑到溶质原子对位错的钉扎能力较弱，位错线弓弯程度不大便可脱锚，故可以认为，$W^*/a^* \ll Gb^2$，并与 l 和 c 无关。于是，便可得出临界切应力与溶质原子浓度的平方根成正比，即

$$\sigma_c \propto c^{\frac{1}{2}} \tag{5-98}$$

应该指出，上述推导只是一种简化处理。实际上，溶质原子的分布是随机的，各溶质原子对位错钉扎的强弱程度不同。位错易在钉扎薄弱处先脱锚，如图 5-28 所示 B 处，并在图 5-28 中 A 和 C 之间使位错线弓弯程度增大，导致脱锚相继发生。因而精确推导临界切应力与溶质原子浓度之间的关系变得更加困难。此外，在溶质原子与基体原子的相互作用中，除了要考虑由于两者尺寸不同引起的畸变能外，还需考虑弹性模量不同而产生的影响，以及位错类型的影响等。有关均匀固溶强化的各种理论可参阅文献[4]～文献[6]。

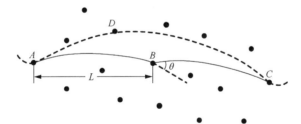

图 5-28　混乱分布溶质原子与位错交互作用示意图

5.6.2　浓固溶体的均匀固溶强化

对于浓固溶体而言，临界切应力与溶质原子浓度呈直线关系(图 5-29)。这是由于滑移面上原子分布十分密集，溶质原子的应力场相互重叠并抵消，如图 5-30 所示。位错线附近的溶质原子对其作用力有正有负，故平均的结果会使强化作用为零。位错线保持直线状，并在外力作用下运动时，切割滑移面两侧的异类原子键合。这是因为在溶质原子浓度较高的情况下，很难保持完全无序分布状态。溶质原子和溶剂原子间尺寸的差异或化学性质的差异等因素，往往会引起滑移面两侧原子出现局部短程有序。所以位错运动的阻力不再是弹性交互作用，而要取决于切割异类原子键合所消耗的能量。

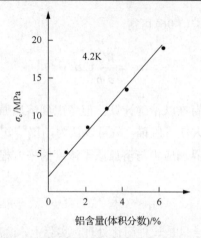

图 5-29　银的临界切应力与铝含量的关系

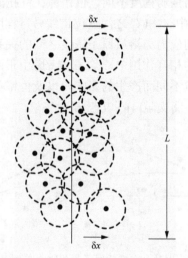

图 5-30　浓固溶体中位错线两侧溶质原子的应力重叠与抵消示意图

由图 5-30 可见，在切应力 σ 作用下，位错运动 δx 距离所做的功为 $\sigma b L \delta x$。相应破坏异类原子键合所需能量为

$$\psi n_{\mathrm{b}} = 2\psi c L \delta x d \tag{5-99}$$

式中，ψ 为滑移面两侧异类原子的键合强度；c 为溶质浓度；$2d$ 为滑移面厚度；n_{b} 为在体积 $2L\delta x d$ 中异类原子的键合数目。故使位错（伯格斯矢量为 b）运动的临界切应力为

$$\sigma_{\mathrm{c}} = \frac{2\psi d}{b} c \tag{5-100}$$

也就是说，对于浓固溶体而言，临界切应力与溶质浓度呈线性关系，即

$$\sigma_c \propto c \tag{5-101}$$

实际上，式(5-98)和式(5-101)分别代表稀固溶体和浓固溶体两种极端情况。对于介于中间态的固溶体而言，其均匀强化可用下式表达：

$$\sigma_c \propto c^{\frac{2}{3}} \tag{5-102}$$

或者，固溶体均匀强化可用下式统一表达：

$$\sigma_c \propto c^n \tag{5-103}$$

对于较稀固溶体 $n = \dfrac{1}{2}$，对于浓固溶体 $n = 1$，对于浓度介于两极限情况之间的固溶体 $n \approx \dfrac{2}{3}$。

　　一般认为，置换式溶质原子在固溶体中引起的点阵畸变较小，而溶解度较大，易于表现出式(5-101)的强化效果。间隙式溶质原子在固溶体中引起较大的非球对称性畸变，溶解度较小，易于遵从式(5-98)的强化规律。但须指出，间隙式溶质原子在固溶体中，一般总是优先与缺陷相结合，故已不再完全属于均匀强化的范畴，只能用式(5-98)近似表征间隙原子的固溶强化效果。

5.7　固溶强化效应的利用

　　如前所述，通常固溶强化只提高材料的起始塑变抗力，并不会改变其加工硬化率，因而导致其均匀延伸率降低。单纯的固溶强化对材料的位错塞积群的长度影响不大，因而其对非均匀延伸率影响不大。总体上来说，固溶强化会使材料的总的延伸率有所下降，因而产生强化脆化的效果。

　　固溶强化作为合金化的重要手段，不仅会改变材料力学特性，还会改变材料的抗腐蚀性、热电传导特性等基本物理特性，因此在材料功能设计时需要综合考虑其影响效应。

　　固溶强化可看成很小的不可变形质点引起的强化。利用固溶强化时，溶质原子应在与溶剂原子尺寸差别较大的条件下有足够的固溶度，并形成四方点阵畸变。但这会引起溶解热的增加，导致固溶度的下降。Kelly 和 Nicholson[7]建议，可利用两种彼此交互作用强而同溶剂原子交互作用弱的溶质原子，同时实现固溶强化。以 Fe-Mn-N 合金为例，Mn 和 N 的交互作用可使三元合金的强度显著高于二元合金。固溶强化对显微组织不敏感，为促进固溶强化可通过无扩散型同素异构转变，

使溶质原子在基体组织中有尽可能大的非平衡浓度(如钢中马氏体)。

有序强化是固溶强化的一种重要方式。可以通过热处理改变反相畴尺寸等组织因素影响有序度，以改变合金的强度。

参 考 文 献

[1] Schoeck G, Seeger A. The flow stress of iron and its dependence on impurities [J]. Acta Metallurgic, 1959, 7 (7): 469-477

[2] Suzuki H. Dislocations and Mechanical Properties of Crystals [M]. New York: Wiley, 1957: 361-372

[3] Hirth J P. Thermodynamics of stacking faults [J]. Metallurgical Transactions, 1970, 1 (9): 2367-2374

[4] Nabarro F R. Report of a conference on strength of solids [J]. The Physical Society, London, 1948, 162 (6): 75-81

[5] Fleischer R L. Substitutional solution hardening [J]. Acta Metallurgic, 1963, 11 (3): 203-209

[6] Feltham P. Solid solution hardening of metal crystals [J]. Journal of Physics D: Applied Physics, 1968, 1: 303-312

[7] Kelly A, Nicholson R B. Precipitate hardening [J]. Progress in Material Science, 1963, 10: 151-391.

第6章 第二相强化机制

第二相强化是指弥散分布于基体组织中的第二相成为位错运动的有效障碍，是一种用于强化晶体材料的有效方法。按照第二相特性不同，常将第二相强化分为沉淀强化和弥散强化两种。沉淀强化相粒子是经固溶和时效处理后获得的弥散分布的第二相粒子，其特点是与基体共格或半共格；弥散强化相粒子则是金属中加入或形成的稳定的第二相粒子，常指通过内氧化及粉末冶金等办法人为加入金属基体的第二相粒子，其与基体之间属于非共格关系。

虽然沉淀强化和弥散强化有所不同，两者的共同点都体现在第二相粒子或质点对位错运动的阻碍作用，可统称为质点强化。实际上固溶强化也是一种质点强化，只是质点的尺寸很小(为溶质原子)而已。所以，可将溶质原子、沉淀强化相粒子及弥散强化相粒子统称为障碍质点，并建立统一的障碍理论。

6.1 质点障碍模型

如图 6-1 所示，当滑移位错与障碍质点相遇时，在通过之前要发生弓弯。位错线的弓弯程度可用角度 ϕ（图 6-1）表征，位错线脱离障碍时的临界角度为 ϕ_c。很显然，ϕ_c 直接度量了障碍的强度（$0 \leqslant \phi_c \leqslant \pi$）。对弱障碍而言，位错经轻度弓弯（$\phi_c \approx \pi$）便可通过障碍；而对强障碍而言，位错需经深度弓弯（$\phi_c \approx 0$）才能通过障碍。

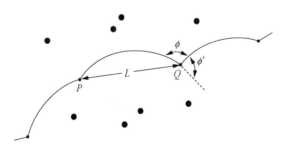

图 6-1 滑移位错遇混乱分布障碍质点弓弯示意图

建立质点障碍模型就是建立临界切应力或屈服应力与质点障碍强度之间的关系。下面将介绍用于描述质点障碍作用的两个模型。

6.1.1　Orowan 模型

假设障碍为点状质点，并在滑移面上呈方阵排列，而且基体是各向同性的弹性介质。据 1.3 节的讨论，可以将位错线张力近似地取为 $Gb^2/2$。滑移位错遇障碍质点受阻时，外加切应力与位错线弓弯半径 r 之间的关系如下：

$$\sigma = \frac{Gb}{2r} \tag{6-1}$$

由图 6-2 可见，如果点状质点列的间距为 L，则有下面的几何关系：

$$\frac{\theta}{2} + \frac{\phi}{2} = 90°$$

$$\sin\frac{\theta}{2} = \cos\frac{\phi}{2}$$

$$\sin\frac{\theta}{2} = \frac{L}{2r}$$

故

$$r = \frac{L}{2\cos\dfrac{\phi}{2}} \tag{6-2}$$

把式 (6-2) 代入式 (6-1)，得

$$\sigma = \frac{Gb}{L}\cos\frac{\phi}{2} \tag{6-3}$$

这便是 Orowan 公式[1]。可见，对于一定间距的障碍质点而言，位错线弓弯程度越大，所需外加切应力 σ 越大。

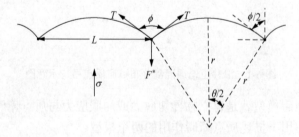

图 6-2　滑移位错遇方阵排列质点弓弯示意图

在外加切应力作用下，位错通过障碍的脱锚条件可表示为

$$\phi = \phi_c \tag{6-4}$$

式中，ϕ_c 为质点的障碍强度。如图 6-2 所示，在障碍质点处，存在如下受力平衡条件：

$$2T\cos\frac{\phi_c}{2} = F^* \tag{6-5}$$

式中，F^* 为障碍质点对位错的钉扎力；T 为位错的线张力。这便是位错通过障碍质点的临界条件，此时的临界切应力 σ_c 为

$$\sigma_c = \frac{Gb}{L}\cos\frac{\phi_c}{2} \tag{6-6}$$

所以，常把 $\cos\dfrac{\phi_c}{2}$ 称为障碍强度因子。可按此因子的大小将障碍对位错的钉扎作用分为强钉扎和弱钉扎。其主要差别在于位错脱锚时，所达到的临界弓弯程度不同。

上述障碍模型的主要特点是，质点呈阵列分布，各质点的障碍强度一样。滑移位错可在多点同时突破钉扎作用后，快速自由运动，无需再进一步考虑其他质点的影响。这种模型主要适用于强钉扎障碍质点。当位错经深度弓弯通过障碍质点时，需克服位错线张力引起的回复力的阻碍作用。在 $\phi = 0$ 时，回复力达到最大，故位错线突破障碍后便不会受到更大的阻碍作用。

6.1.2　Friedel 模型

通常障碍质点随机分布，其间距与各质点的障碍强度也不尽相同。这样位错在外加切应力的作用下，易在薄弱处（$\phi_c \approx \pi$）脱锚。如图 6-3 所示，B 处障碍强度较小，滑移位错易先在此处突破。但在位错线突破障碍后，很快遇到附近的障碍质点 D 而受阻，达到新的平衡位置 ADC。此外，位错线在到达 ADC 位置之前，仍要受到因弯曲而引起的线张力的阻碍。故位错线在到达 ADC 位置后能否继续前进，将取决于在 A 或 C 处是否达到脱锚的临界条件。故在 A 处脱锚的临界条件应是

$$2T\cos\frac{\phi_A}{2} = F_A^* \tag{6-7}$$

式中，F_A^* 为 A 质点对位错的钉扎力；ϕ_A 为突破 B 点的位错线到达 ADC 位置时，A 质点两侧弓弯位错线的夹角。显然，ϕ_A 的大小与 D 质点的位置有关。这样一来，

滑移位错能否全线连续突破障碍，应受障碍质点在滑移面上的平均间距 λ 所控制，而与质点沿位错线分布的平均间距 L 无直接联系。

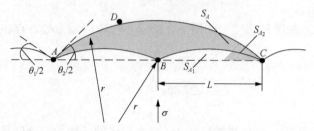

图 6-3　障碍质点呈非方阵排列时滑移位错局部突破障碍模型

可由如图 6-3 所示的几何关系求出障碍质点在滑移面上的平均间距 λ 值。可以认为，在滑移面上质点数量较多时，圆弧 AB 和 ADC 的半径 r 大体上相等。设 S_{A_1} 为位错线在 B 点开始突破障碍时所扫过的面积；S_A 为位错线突破 B 点后所扫过的面积；S_{A_2} 为 ADC 圆弧所包围的面积，即 $S_{A_2} = S_A + 2S_{A_1}$。由于位错线在扫过面积 S_A 时只与 D 质点相遇，故面积 S_A 相当于一个质点所占的平均面积，即

$$S_A n_s = 1 \qquad\qquad (6\text{-}8)$$

式中，n_s 为单位滑移面积上的质点数。由于 $\theta_1/2$ 和 $\theta_2/2$ 很小，可以近似求出

$$S_{A_1} = \frac{2}{3} r^2 \left(\frac{\theta_1}{2} \right)^3$$

及

$$S_{A_2} = \frac{16}{3} r^2 \left(\frac{\theta_1}{2} \right)^3$$

则

$$S_A = S_{A_2} - 2S_{A_1} = 4r^2 \left(\frac{\theta_1}{2} \right)^3 = 4r^2 \sin^3 \frac{\theta_1}{2} = 4r^2 \cos^3 \frac{\phi^*}{2} \qquad (6\text{-}9)$$

式中，ϕ^* 为 B 点的障碍强度。又因可以近似认为 $S_A \approx \lambda^2$，则

$$\lambda^2 = 4r^2 \cos^3 \frac{\phi^*}{2} \qquad\qquad (6\text{-}10)$$

或

$$r = \frac{\lambda}{2} \cos^{-\frac{3}{2}} \frac{\phi^*}{2} \qquad\qquad (6\text{-}11)$$

将式(6-11)代入式(6-1)，便得

$$\sigma = \frac{Gb}{\lambda} \cos^{\frac{3}{2}} \frac{\phi^*}{2} \tag{6-12}$$

或

$$\sigma = \frac{Gbf}{\lambda} \cos \frac{\phi^*}{2} \tag{6-13}$$

式中，$f = \cos^{\frac{1}{2}} \frac{\phi^*}{2}$。这便是 Friedel 公式[2]。可见，当 $\phi^* = 0$（强钉扎）及质点呈方阵排列时，此式即 Orowan 公式。

在文献中，常见式(6-13)中 λ 取为位错线上质点的平均间距 L。但由式(6-3)与式(6-13)可得

$$\lambda = L \cos^{\frac{1}{2}} \frac{\phi}{2} \tag{6-14}$$

或 $\lambda = fL$。所以，不应简单地将 Friedel 公式中的 λ 换成 L。实际上，这样只能看作一种巧合。如图 6-4 所示，质点呈非方阵排列时，β_{12} 角不为零。故同质点呈方阵排列相比，在 $\theta/2$ 不变的条件下，并相应引起 $\cos \frac{\phi}{2}$ 增大。这样一来，若用质点沿位错线分布的平均间距 L 取代式(6-13)中的 λ，所求得的临界切应力偏高。所以需再引入一个小于 1 的系数，得到如下表达式：

$$\sigma = \frac{Gbf}{L} \cos \frac{\phi}{2} \tag{6-15}$$

式中，$f = \cos^{\frac{1}{2}} \frac{\phi}{2}$ 为小于 1 的系数。这便是修正的 Friedel 方程。可见，在障碍质点呈非方阵排列的情况下，质点数量增加使强化效果增大。这一公式的适用范围较广，包括固溶强化与第二相强化，是一个比较接近实际质点强化的表达式。

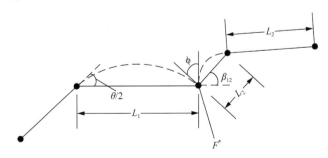

图 6-4 非方阵排列障碍质点阻碍滑移位错运动示意图

6.2　沉淀强化机制

沉淀强化指第二相粒子自固溶体沉淀(或脱溶)而引起的强化效应,又称析出强化或时效强化。其物理本质是沉淀相粒子及其应力场与位错发生交互作用,阻碍位错运动。造成沉淀强化的条件是第二相粒子能在高温下溶解,并且其溶解度随温度降低而下降。

在沉淀过程中,第二相粒子会发生由与基体共格向非共格过渡,使强化机制发生变化。当沉淀相粒子尺寸较小并与基体保持共格关系时,位错可以切过的方式同第二相粒子发生交互作用;而当沉淀相粒子尺寸较大并已丧失与基体的共格关系时,位错可以绕过方式通过粒子。由于后一种变形及强化方式同弥散强化机制有共同之处,故常将过时效状态下非共格沉淀相粒子的强化作用归于弥散强化一类。本节主要介绍欠时效及峰时效状态下沉淀相粒子的强化机制。文献上又常称这种强化为可变形粒子强化,而将过时效沉淀强化及弥散强化称为不可变形粒子强化。当第二相为可变形粒子时,其强化机制将主要取决于粒子本身的性质及其与基体的联系,所涉及的强化机制较为复杂,并因合金而异。下面分别加以讨论。

6.2.1　共格应变强化

Nabarro[3]最先建立起沉淀粒子的共格应变强化理论模型,其基本思路是将合金的屈服强度看成沉淀相在基体中引起点阵错配而产生的弹性应力场对位错运动所施加的阻力。后来,Gerold 和 Haberkorn[4]及 Gleiter[5]等进一步分析了这种强化效应,建立了较为完善的理论模型。下面将沉淀相视为错配球来建立共格应变强化表达式。

如图 6-5 所示,可将沉淀相粒子[如 Al-Cu 合金中的溶质原子富集区(GP 区)]看成错配球,而在周围基体中引起共格应变场。同溶质原子与位错弹性交互作用相似,引起基体点阵膨胀的沉淀相粒子与刃型位错的受拉区相互吸引,而使基体点阵收缩的沉淀相粒子与刃型位错的受压区相吸引。因此,即使位错不直接切过沉淀相粒子,也会通过共格应变场阻碍位错运动,如图 6-6 所示。

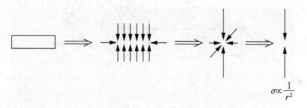

图 6-5　Al-Cu 合金中 GP 区共格应变场简化模型

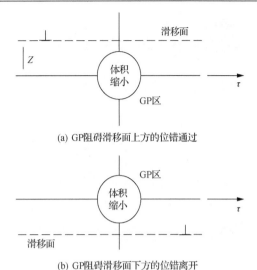

(a) GP阻碍滑移面上方的位错通过

(b) GP阻碍滑移面下方的位错离开

图 6-6 Al-Cu 合金中 GP 区阻碍位错滑移示意图

下面借助错配球模型估算沉淀相粒子的共格应变场与位错的交互作用。如图 6-7 所示，在刃型位错附近有沉淀相粒子时，各沉淀相粒子均可对刃型位错在其滑移方向上因弹性交互作用产生作用力，即

$$\frac{F_i}{L} = -\frac{\partial W_{\text{int}}}{\partial x} = \sigma_{xy}(0,0)b$$

式中，W_{int} 为沉淀相粒子与刃型位错的弹性交互作用能；$\sigma_{xy}(0,0)$ 为第 i 个沉淀相粒子在刃型位错所在的坐标原点处产生的切应力。于是，仿照式(5-67)，可得出

$$\sigma_{xy}(0,0) = -\frac{1}{b}\left(\frac{\partial W_{\text{int}}}{\partial x}\right) \tag{6-16}$$

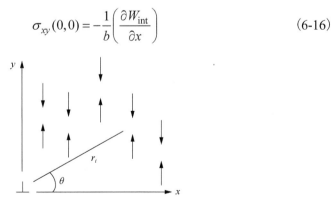

图 6-7 刃型位错与其周围 GP 区的交互作用

　　计算机模拟的结果表明，由位错与周围沉淀相粒子的弹性交互作用的总和对位错运动的切应力阻力，或临界切应力（增量）σ_c 应满足

$$\sigma_c = \sum \sigma_{xy}^2(0,0) = \int_{-\infty}^{\infty}\int_{-\infty}^{\infty}\sigma_{xy}^2(0,0)\mathrm{d}y\mathrm{d}x = 4\int_0^{\infty}\int_0^{\infty}\sigma_{xy}^2(0,0)\mathrm{d}y\mathrm{d}x \qquad (6\text{-}17)$$

进一步计算得出

$$\sigma_c = \alpha G\varepsilon^{\frac{3}{2}}f^{\frac{2}{3}}\left(\frac{\lambda}{b}\right)^{\frac{1}{2}} \qquad (6\text{-}18)$$

式中，ε 为共格应变或错配度；f 为沉淀相粒子的体积分数；λ 为沉淀相粒子间距；α 为系数。如果把沉淀相粒子近似为半径为 r 的球形，可导出

$$\lambda = \left(\frac{4\pi}{3f}\right)^{\frac{1}{3}}r \qquad (6\text{-}19)$$

把式（6-19）代入式（6-18）得

$$\sigma_c = \beta G\varepsilon^{\frac{3}{2}}\left(\frac{r}{b}\right)^{\frac{1}{2}}f^{\frac{1}{2}} \qquad (6\text{-}20)$$

式中，β 为与位错类型有关的常数（对刃型位错 $\beta=3$；对螺型位错 $\beta=1$）。这是文献上常用的一种关系式。可见，随着沉淀相粒子的共格应变及体积分数的增加，沉淀强化效果不断增大。通常时效峰出现在沉淀相与基体共格关系开始破坏之时，便是这种共格应变强化机制控制的结果，如图 6-8 所示。

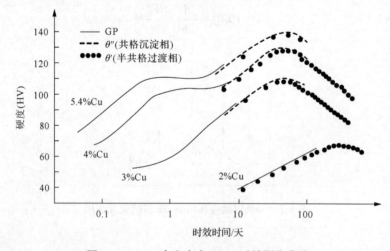

图 6-8　Al-Cu 合金中在 130℃时效硬化曲线

6.2.2　化学强化

当滑移位错切过沉淀相粒子时，会在粒子与基体间形成新界面，如图 6-9 所示。由于形成新界面需使系统能量升高，而引起强化效应。Kelly[6]将这种强化效应称为"化学强化"，并由下式表达：

$$\sigma_{\mathrm{c}} = \frac{2\sqrt{6}}{\pi} \frac{f\gamma_{\mathrm{s}}}{r} \tag{6-21}$$

式中，σ_{c} 为化学强化效应而引起的临界切应力(增量)；f 为沉淀相粒子的体积分数；γ_{s} 为界面能；r 为离子半径。显然，这种强化机制对于薄片状沉淀相粒子较为重要。这是由于薄片状粒子表面/体积比大，易于由位错切过而引起较大的表面积增量。

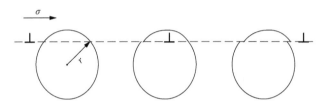

图 6-9　位错切过沉淀相粒子形成新界面示意图

6.2.3　有序强化

许多沉淀相粒子是金属间化合物，呈点阵有序结构并与基体保持共格关系。当位错切过这种有序共格沉淀粒子时，会产生反相畴界而引起强化效应。同在长程有序固溶体中位错运动相类似，位错切过有序沉淀相粒子时也易诱发位错成对运动，如图 6-10 所示。领先位错在其扫过有序沉淀相粒子时，因产生反相畴界而受阻发生弯曲。尾随位错因可消除沉淀相粒子内的反相畴界，呈直线状跟随领先位错运动。两个位错之间的平衡距离 l 取决于后续位错所受到的作用力与两位错之间斥力的平衡结果，可由下式求出[7]：

$$l = \frac{Gb}{2\pi K\sigma_{\mathrm{II}}} \tag{6-22}$$

式中，K 为系数，对于刃型位错为 $1-\nu$，对于螺型位错为 1；σ_{II} 为作用于后续位错上的切应力，在数值上等于外加切应力($\sigma = \sigma_{\mathrm{II}}$)。

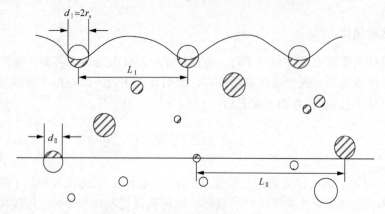

图 6-10　有序沉淀相粒子强化示意图

粒子内影线区表示反相畴，r_s 为沉淀相粒子的平均半径

可用下式粗略表达有序沉淀相粒子对位错切过的阻力：

$$\sigma_R = \frac{\gamma f}{b} \tag{6-23}$$

式中，γ 为反相畴界能。显然，在如图 6-10 所示情况下，先导位错所受的切应力应满足下面方程：

$$\sigma + \frac{Gb}{2\pi Kl} = \left(\frac{\gamma}{b}\right)\left(\frac{d_{\mathrm{I}}}{L_{\mathrm{I}}}\right) \tag{6-24}$$

式中，d_{I} 为先导位错所切过粒子的有效直径；L_{I} 为先导位错所切过粒子间距。同时，尾随位错上所受到的切应力应满足下式：

$$\frac{Gb}{2\pi Kl} = \sigma + \left(\frac{\gamma}{b}\right)\left(\frac{d_{\mathrm{II}}}{L_{\mathrm{II}}}\right) \tag{6-25}$$

式中，d_{II} 为尾随位错所切过粒子的有效距离；L_{II} 为尾随位错所切过粒子间距。若 $d_{\mathrm{II}}/L_{\mathrm{II}} = 0$，使先导位错向前运动的切应力为 2σ。如果 $d_{\mathrm{II}}/L_{\mathrm{II}} > 0$，可由式 (6-24) 和式 (6-25) 得出作用到先导位错上的切应力应满足下列方程：

$$2\sigma + \left(\frac{\gamma}{b}\right)\left(\frac{d_{\mathrm{II}}}{L_{\mathrm{II}}}\right) = \left(\frac{\gamma}{b}\right)\left(\frac{d_{\mathrm{I}}}{L_{\mathrm{I}}}\right) \tag{6-26}$$

可以证明，假设先导位错遇有序沉淀相粒子受阻发生弯曲，而尾随位错仍保持直线状态时，有如下关系：

$$\left(\frac{d_{\mathrm{I}}}{L_{\mathrm{I}}}\right)=\left(\frac{4\gamma r_{\mathrm{s}} f}{\pi T}\right)^{\frac{1}{2}} \tag{6-27}$$

及

$$\left(\frac{d_{\mathrm{II}}}{L_{\mathrm{II}}}\right)=f \tag{6-28}$$

式中，r_{s} 为沉淀相粒子的平均半径。于是，将式(6-27)和式(6-28)代入式(6-26)便得到有序强化引起的临界切应力(增量)为

$$\sigma_{\mathrm{c}}=\left(\frac{\gamma}{b}\right)\left[\left(\frac{4\gamma r_{\mathrm{s}} f}{\pi T}\right)^{\frac{1}{2}}-f\right] \tag{6-29}$$

6.2.4　模量强化

在沉淀相粒子与基体具有不同弹性模量的条件下，会由于位错接近或进入沉淀相内而引起位错自能发生变化，产生强化效应。Dundurs 和 Mura[8]假设沉淀相粒子为半径为 R 的圆柱体，对于平行于圆柱体轴线的螺型位错的交互作用给出如下表达式：

$$F=\frac{G_{\mathrm{m}} b^2}{2\pi t}\left(\frac{G_{\mathrm{p}}-G_{\mathrm{m}}}{G_{\mathrm{p}}+G_{\mathrm{m}}}\right)\left(\frac{R^2}{t^2-R^2}\right) \tag{6-30}$$

式中，F 为作用在单位长度位错线上的力；G_{m} 为基体的切变模量；G_{p} 为沉淀相切变模量；t 为位错与沉淀相粒子轴线间距。可见，$t \gg R$ 时，由于弹性模量效应引起的位错与沉淀相的交互作用与 t^3 成反比。这说明这种交互作用具有短程性。但在 t 与 R 相近时(如 $t=R+x$，x 为一小量)，忽略高阶小量，则由式(6-30)得

$$F=\frac{G_{\mathrm{m}} b^2 R}{4\pi x}\left(\frac{G_{\mathrm{p}}-G_{\mathrm{m}}}{G_{\mathrm{p}}+G_{\mathrm{m}}}\right) \tag{6-31}$$

式中，x 为位错与沉淀相和基体界面的距离。可见，这种交互作用力与 x 成反比。此外，当 $G_{\mathrm{m}}<G_{\mathrm{p}}$ 时，位错与沉淀相粒子间产生斥力；当 $G_{\mathrm{m}}>G_{\mathrm{p}}$ 时，位错与沉淀相粒子间产生引力。

由式(6-31)还可以说明位错与较大孔洞之间的弹性交互作用。显然，$G_{\mathrm{p}}=0$ 时

（即把孔洞想象成 $G_p = 0$ 的"沉淀相"），位错与孔洞之间存在强烈的吸引作用。这是因为，当位错进入孔洞时，将有利于显著降低其弹性能。所以，只有在位错线垂直于孔洞与基体界面分布时，才能处于平衡状态。

通过上述分析，不难看出，模量强化的基本特点在于位错的能量与其所处介质的切变模量呈线性关系。当位错切过与基体弹性模量不同的沉淀相粒子时，便会由于局部增加或降低位错线自能而使位错运动受阻，以致需要附加的切应力材料切割粒子。迄今已经发展了不少模型来表达模量强化效应，如 Kelly[9]给出临界切应力(增量)表达式：

$$\sigma_c = 0.044 \left(\frac{r_s f}{Gb} \right)^{\frac{1}{2}} \left[0.8 - 0.143 \ln \left(\frac{r_s}{b} \right) \right]^{\frac{3}{2}} \Delta G^{\frac{3}{2}} \tag{6-32}$$

式中，r_s 为沉淀相粒子的平均半径；f 为沉淀相粒子的体积分数；G 为基体的切变模量；ΔG 为沉淀相与基体切变模量之差。

Melander 和 Persson[10]给出如下表达式：

$$\sigma_c = 0.9 (r_s f)^{\frac{1}{2}} \left(\frac{T}{b} \right) \left(\frac{\Delta G}{G} \right)^{\frac{3}{2}} \left[2b \ln \left(\frac{2r_s}{f^{\frac{1}{2}} b} \right) \right]^{-\frac{3}{2}} \tag{6-33}$$

式中，T 为位错线张力，其余符号同式(6-32)。

Russell 和 Brown[11]给出了比较简单的表达式：

$$\sigma_c = \frac{0.8Gb}{L} \left(1 - \frac{E_1^2}{E_2^2} \right)^{\frac{1}{2}} \tag{6-34}$$

式中，L 为粒子的平均间距；G 为基体剪切模量；E_1 为软相的弹性模量；E_2 为硬相的弹性模量。

但遗憾的是，现有的模量强化理论尚不尽完善，与测量结果常常有一定差别。但在沉淀相粒子与基体的切变模量差别较大时，这种模量强化效应将起着重要作用。

6.2.5 层错强化

当沉淀相粒子的层错能与基体不同时，位错运动也会受到阻碍，引起强化。

Hirsch 和 Kelly[12]最早分析了这种强化效应。他们指出，当沉淀相的层错能 γ_p 明显低于基体层错能 γ_m 时，会引起扩展位错的宽度发生局部变化，即 $H_p > H_m$（H_m 与 H_p 分别为滑移位错在基体与沉淀相中的扩展宽度）。由此可以使单位长度位错能量降低为

$$\Delta E = k(\theta)\ln\left(\frac{H_p}{H_m}\right) \tag{6-35}$$

式中，$k(\theta)$ 为与 θ 角（位错线与其伯格斯矢量的夹角）及 b_p（扩展位错中部分位错的伯格斯矢量）有关的系数。由于 θ 角的影响，刃型位错的 $k(\theta)$ 要比螺型位错的大。$k(\theta)$ 与 b_p 的关系可由下式表示：

$$k(\theta) \propto \frac{Gb^2}{4\pi} \tag{6-36}$$

由此，便使沉淀相粒子成为吸引性障碍，阻碍位错运动。要将位错从这种障碍中拖出来，便需附加局部切应力，即

$$\sigma' \approx \frac{\Delta\gamma}{b} \tag{6-37}$$

式中，$\Delta\gamma = \gamma_m - \gamma_p$。由这种阻力造成的临界切应力（增量）可由下式表达：

$$\sigma_c = 0.59\left(\frac{\gamma_m - \gamma_p}{b}\right)\left[\frac{3k(\theta)\ln\left(\frac{\gamma_m}{\gamma_p}\right)}{T}\right]^{\frac{1}{3}}Cf^{\frac{2}{3}} \tag{6-38}$$

式中，$C = \dfrac{\overline{\omega}(1-3\pi\omega)}{32r_s^2}$；$\overline{\omega}$ 为扩展位错的平均宽度；其余符号意义同上。

显然这种强化机制主要适用于密排点阵，以便形成扩展位错。此外，沉淀粒子的层错能与基体相比，要有显著差异。这会使其应用范围受到一定限制。但在一定条件下，这种强化机制将起着重要作用，应该予以充分考虑。

6.2.6 派-纳力强化

当沉淀相粒子与基体的派-纳力不同时，也会引起强化效应。此效应对合金临界切应力的贡献与沉淀相粒子的强度（σ_p）和基体的强度（σ_m）之差成正比[13]，即

$$\sigma_c = \frac{5.2 f^{\frac{2}{3}} r^{\frac{1}{2}}}{G^{\frac{1}{2}} b^2} \cdot (\sigma_p - \sigma_m) \qquad (6\text{-}39)$$

综上所述，沉淀强化可能是以上各种强化机制综合作用的结果。在一般情况下，常以共格应变强化作用为主。所以，峰时效常出现在能使沉淀相粒子与基体共格应变达到最大程度的时效阶段，即沉淀相粒子与基体的关系由共格到半共格过渡的时效阶段。当然，对不同合金而言，起主要作用的强化机制可能有所不同，应视具体情况而定。

最后，还应指出，上述各种切过机制强化的结果，均使合金的强度随沉淀粒子尺寸的增大而增大。但最后达到某一临界尺寸时却使位错难以切过障碍粒子，对位错切过沉淀相粒子的最大临界尺寸可作如下估算。

如图 6-11 所示，粒子间距为 L，半径为 r。若不考虑位错交滑移和攀移的可能性，在外加切应力 σ_a 作用下使位错与两粒子之间弓出时，应满足下述关系：

$$\sigma_a = \frac{Gb}{L} \qquad (6\text{-}40)$$

如果位错切过沉淀相粒子，应产生一高能界面，设其单位面积能量为 γ，则它与这时所加切应力 σ_c 之间应满足下面方程：

$$\sigma_c b L \cdot 2r = \pi r^2 \gamma$$

或

$$\sigma_c = \frac{\pi}{2} \frac{r\gamma}{bL} \qquad (6\text{-}41)$$

当 $\sigma_c > \sigma_a$ 时，位错将在粒子间弓出；而 $\sigma_c < \sigma_a$ 时，粒子将产生切变。这样，位错切过沉淀相粒子的临界条件则可由 $\sigma_c = \sigma_a$ 求出。由式(6-40)和式(6-41)就可求出可变形粒子的最大半径应为

$$r_c = \frac{2Gb^2}{\pi\gamma} \qquad (6\text{-}42)$$

可见，此临界粒子的大小主要取决于界面能 γ。一般对共格粒子而言，粒子直径小于 150 Å 时，位错均切过粒子滑移；对非共格粒子而言，粒子直径大于 1μm，

位错均绕过粒子滑移。

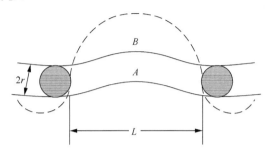

图 6-11　位错切过障碍粒子(实践)和在粒子间弓出(虚线)

6.3　弥散强化机制

弥散强化是通过在合金组织中引入弥散分布的硬粒子,阻碍位错运动,导致强化效应。所谓硬粒子是指粒子本身不变形,位错难以切过。对作为强化相的硬粒子有两个基本要求,一是其弹性模量要远高于基体的弹性模量;二是要与基体呈非共格关系。获得这样的硬粒子的方法有内氧化及烧结等,是人为地在金属基体中添加弥散分布的硬粒子。此外,从强化机制角度也常将合金过时效或钢的回火,作为弥散强化的方法看待。这是从实用上把弥散相粒子是否与基体具有共格关系看作区分弥散强化与沉淀强化的界限。

常用的弥散强化相包括碳化物、氮化物、氧化物等,其共同点是障碍强度大($\phi_c = 0$ 或 $\cos\phi_c \approx 1$),故常用 Orowan 模型来描述弥散强化的作用机制,即

$$\sigma^* = \frac{Gb}{L} \tag{6-43}$$

式中,σ^* 为临界切应力;L 为硬粒子间距;G 为基体的切变模量。位错以绕过方式通过障碍,并在障碍粒子周围留下位错环,如图 6-12 所示。在应用 Orowan 公式时,尚需考虑以下几方面问题。

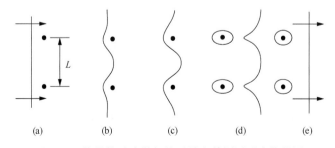

图 6-12　位错绕过弥散相粒子并在其周围形成位错圈

6.3.1　有效粒子间距的确定

在确定弥散粒子间距时，需要考虑粒子本身的尺寸及基体界面的影响。如图 6-13(a) 所示，考虑到粒子本身的尺寸，应将粒子间距取为

$$L_{\mathrm{e}} = L - D \tag{6-44}$$

式中，L_{e} 为有效粒子间距；D 为粒子直径。另外，在第 1 章中已经述及，相界面与位错之间要有一定的交互作用，产生镜像力。由于弥散强相粒子的弹性模量显著高于基体，会使基体中的位错受到来自相界面的排斥力，如图 1-40 所示。所以，实际上，在硬粒子周围会有一位错不能进入的区域，如图 6-13(b) 所示。这相当于因镜像排斥力而使粒子直径"增加"了"$2x$"，则有

$$L_{\mathrm{e}} = L - D - 2x \tag{6-45}$$

在一般情况下，可取 $x \approx 0.1D$，则

$$L_{\mathrm{e}} = L - 1.2D$$

因此，Orowan 公式应取下面形式：

$$\sigma^* = \frac{Gb}{l - 1.2D} \tag{6-46}$$

20 世纪 60 年代末，Ashby[14]曾针对 Orowan 机制给出一个较精确的表达式：

$$\Delta\sigma_{\mathrm{c}} = 0.85 \frac{Gb \ln \dfrac{r_{\mathrm{s}}}{b}}{2\pi(1-\nu)^{\alpha}(L - 2r_{\mathrm{s}})} \tag{6-47}$$

式中，α 为常数(对刃型位错 $\alpha = 1$；对螺型位错 $\alpha = 0$)；r_{s} 为沉淀相粒子的平均半径；L 为粒子中心间距；$\Delta\sigma_{\mathrm{c}}$ 为临界切应力的增量。

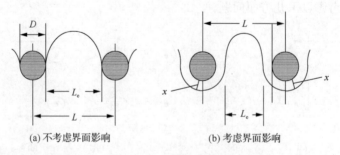

(a) 不考虑界面影响　　　　　　　(b) 考虑界面影响

图 6-13　有效粒子间距

6.3.2 Orowan 公式的修正

上述分析表明，弥散强化的控制因素主要为粒子的有效间距，可通过对 Orowan 公式的修正使实验数据与理论预期较为接近。但进一步分析表明，位错以绕过方式突破障碍粒子时，需要通过粒子附近弯曲位错颈部两段异号位错间的相互吸引和销毁才能实现，如图 6-14 所示。故实际控制位错绕过机制的关键应取决于粒子附近弓弯位错颈部异号位错间开始吸引时的颈部距离 R。考虑到相界面对位错的排斥距离，取 $R \approx 1.2D$。由此，便可以对 Orowan 公式作如下修正。

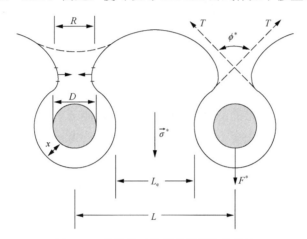

图 6-14 位错绕过粒子的弓弯临界条件

如图 6-14 所示，位错绕过粒子的临界条件应是

$$F^* = 2T \cos \frac{\phi^*}{2} \tag{6-48}$$

而且

$$F^* = \sigma^* bL \tag{6-49}$$

故得

$$\sigma^* = \frac{2T}{bL} \cos \frac{\phi^*}{2} \tag{6-50}$$

式中，L 为粒子中心距离；T 为位错线张力，可由下式表达：

$$T = \frac{Gb^2}{4\pi K} \ln \frac{R}{r_0} \tag{6-51}$$

其中，R 为位错绕过起始颈部距离；r_0 为位错中心尺寸，可取 $r_0 = b$；K 为与位错性质有关的系数，可近似取 $K = 1$。故将式 (6-51) 代入式 (6-50) 便得

$$\sigma^* = \frac{Gb}{2\pi L} \ln \frac{R}{r_0} \cos \frac{\phi^*}{2} \tag{6-52}$$

通常，取 $R \approx 3D$ 时，可使计算结果与实验结果符合较好，故得下修正的 Orowan 公式：

$$\sigma^* = \frac{Gb}{2\pi L} \ln \frac{3D}{r_0} \cos \frac{\phi^*}{2} \tag{6-53}$$

可见，影响弥散强化效果的主要因素应包括粒子间距 L 和粒子直径 D 两个参数。这两个参数在时效合金中有一定关系，在粒子体积分数一定的条件下，粒子尺寸增大使间距也增大。故两者对强化效果的影响有一定的补偿作用。这说明，综合考虑粒子的尺寸与间距对强化效果的影响较为合理。

6.3.3　硬粒子与基体变形不协调对强化的影响

在 Orowan 模型中，仅考虑了位错线弓弯绕过硬粒子时，由于位错线长度增加所引起的线张力阻力。所得结果往往偏低，尚需考虑硬相粒子与基体的变形的不协调性[15]。对于临界切应力而言，仅和起始塑性变形有关，故可主要考虑两相在弹性变形阶段的不协调性。如图 6-15 所示，可把在外加切应力作用下硬粒子与基体的变形协调关系分解为三个元过程。

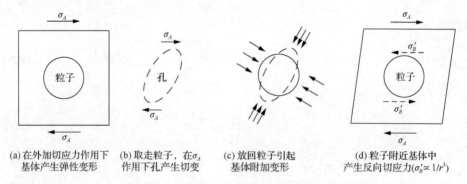

(a) 在外加切应力作用下
基体产生弹性变形

(b) 取走粒子，在 σ_A
作用下孔产生切变

(c) 放回粒子引起
基体附加变形

(d) 粒子附近基体中
产生反向切应力 ($\sigma_B^* \propto 1/r^3$)

图 6-15　硬粒子与基体变形不协调模型

(1) 设想取出圆形的硬粒子，则在外加切应力作用下，机体发生弹性剪切变形，

使孔的形状改变，如图 6-15(b) 所示。

(2) 将硬粒子放回已变形的孔中，粒子本身不变形必然引起基体产生附加的弹性变形，如图 6-15(c) 中小箭头所示，以维持界面的连续性。

(3) 由于两相变形不协调的结果，引起与外加切应力方向相反的反向切应力，如图 6-15(d) 所示。这种反向切应力是两相变形不协调所引起的一种像应力。每一个硬粒子均可以给出一对反向切应力。在基体中含有许多弥散分布的硬粒子的情况下，可由若干对反向切应力叠加给出总的反向切应力，相应便引起反向的弹性切应变，如图 6-16 所示。这样，晶体在外加切应力作用下所产生的有效弹性切应变 ε_0，应由下式给出：

$$\varepsilon_0 = \varepsilon_A + \varepsilon_B \tag{6-54}$$

式中，ε_A 为外加切应变；ε_B 为反向像切应变。因此，位错在外加切应力作用下所需克服的有效切应力为

$$\sigma_e = \sigma_A - \sigma_B \tag{6-55}$$

式中，σ_A 为外加切应力；σ_B 为反向像切应力。由 Orowan 公式所求出的临界切应力 σ_e^*，故得总的阻力为

$$\sigma_A^* = \sigma_e^* + \sigma_B^* \tag{6-56}$$

式中，σ_A^* 为产生起始塑性变形所需的外加切应力；σ_B^* 为产生起始塑性变形所需克服的像切应力；σ_e^* 为位错线张力所引起的有效临界切应力。对 σ_e^* 可视需要由式(6-43)、式(6-46)或式(6-53)加以计算。

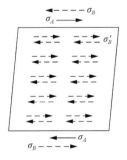

(a) 将每一硬粒子视为引起短程的像应力源，并相互叠加在晶体表面引起反向切应力

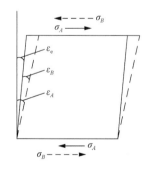

(b) 晶体的有效切应变 ε_A 及反向切应变 ε_B

图 6-16　由许多硬粒子引起反向切应力及反向切应变示意图

6.4　第二相强化合金的加工硬化行为

加工硬化是金属与合金的重要力学行为，不但直接影响强度，还会影响塑性。如图 6-17 所示，塑性失稳的临界条件是

$$\frac{\mathrm{d}\sigma}{\mathrm{d}\varepsilon} \leqslant \sigma \tag{6-57}$$

所以，可通过使 $\mathrm{d}\sigma/\mathrm{d}\varepsilon$ 增加的幅度大于流变应力增加的幅度来提高均匀真应变 ε_u。需加以注意的是，这里所讲的 $\mathrm{d}\sigma/\mathrm{d}\varepsilon$ 是指大变形时的加工硬化率。一般趋势是，大变形时的 $\mathrm{d}\sigma/\mathrm{d}\varepsilon$ 增大，材料的均匀塑性趋于变好。但若增加小变形时的 $\mathrm{d}\sigma/\mathrm{d}\varepsilon$，会使均匀塑性变坏。

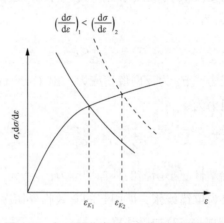

图 6-17　加工硬化率对均匀真应变的影响

提高金属与合金的加工硬化率的关键在于合理选择强化机制。以 Al-Cu 合金单晶体变形为例，可能涉及的强化机制有固溶强化、沉淀强化及弥散强化三种。相应的应力-应变曲线如图 6-18 所示。同纯金属相比，固溶强化几乎不改变加工硬化率，但可使临界切应力显著提高，其结果会导致均匀塑性下降。这是常见的固溶强化机制的重要特点。利用沉淀强化时，也几乎不改变合金的加工硬化率，其应力-应变曲线基本上与纯金属相平行。在过时效弥散强化条件下，临界切应力同纯金属相比提高不多，却使合金的加工硬化率显著增大。峰时效时，也有较高的加工硬化率。根据上述不同状态下加工硬化率变化及流变应力提高的幅度，可大体上推测出如下趋势：固溶强化与沉淀强化(欠时效)对均匀塑性不利，弥散强化(过时效)有利于改善均匀塑性，而峰时效对均匀塑性影响不大或稍有下降。

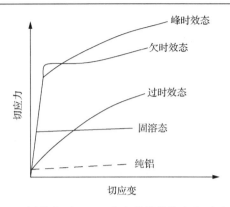

图 6-18　不同状态下 Al-Cu 合金单晶体的应力-应变示意图

下面分别介绍沉淀强化(欠时效)与弥散强化(过时效)两种状态下合金的加工硬化行为。

6.4.1　沉淀强化合金的加工硬化行为

沉淀强化机制主要着眼于位错切过沉淀相粒子受阻,加工硬化率较低。形变后,滑移线粗而明显,而且间距较大。这说明变形具有明显的宏观不均匀性。对这种变形行为,可作如下两方面分析。

(1)当第一根位错切过沉淀相粒子时,在粒子表面形成滑移台阶,从而使第二根位错可切割的面积减小,并依次类推。这样,每一位错切过粒子的同时,都为后续位错的切过提供了方便条件,使沉淀相粒子对位错运动的阻力逐渐减小。因此,相应的加工硬化率便逐渐降低,并使位错易于沿同一滑移面运动,产生平面滑移。

(2)在有沉淀相粒子存在的情况下,可能使位错平面塞积群受到分割,从而减小其对位错源的反向作用力,降低加工硬化率。

上述分析表明,通过切过机制产生沉淀强化效应的主要特点是,临界切应力较高而加工硬化率较低。或同纯金属相比,其加工硬化率基本不变。故可认为两者加工硬化机制基本相似,只是晶格摩擦力不同而已。针对这一加工硬化行为特点,在设计和使用沉淀强化合金时,需加以注意,要防止因加工硬化率较低而带来均匀塑性较小的缺点。这种强化机制的好处是,沉淀相粒子尺寸较小并与母相有共格关系,使界面匹配较好,因而常表现出较好的断裂应变。

6.4.2　弥散强化合金的加工硬化行为

同沉淀强化不同,弥散强化主要来自位错绕过第二相粒子所引起的阻力,加工硬化率较高。形变后,滑移线较短且不易观察,说明变形的宏观均匀性较好。对这种变形行为,可从以下两方面加以说明。

1. 位错绕过粒子对加工硬化的影响

如前所述，位错绕过障碍粒子时，在粒子周围留下位错环。此外，在粒子与位错环之间，以及各位错环之间均保持一定距离。随着绕过障碍的位错数量的增多，粒子的有效间距逐渐减小。这便是流变应力随着应变量增加而迅速提高的原因，见式(6-46)。

Fisher、Hart 和 Pry[16]假设只有一个滑移系统激活时，按照 Orowan 机制，在一定应变量下，每一个硬粒子周围都塞积着 N 个位错环，如图 6-19 所示。根据 Ansell[17]的计算，位错塞积沿滑移面在其中心处所产生的反应力为

$$\sigma_N = \frac{NGb}{r} \tag{6-58}$$

式中，N 为每一粒子周围塞积的位错环数；r 为粒子半径。考虑到粒子体积分数 f 的影响，求出相对于无弥散相的强化增量为

$$\sigma_N = \frac{cf^{\frac{3}{2}}NGb}{r} \tag{6-59}$$

式中，c 约等于 3。应该指出，这一理论模型过于简单，只能用于定性描述弥散强化合金的加工硬化行为。实际上，在硬粒子周围形成平面塞积是一种极端情况。各位错圈的应力场相互叠加，会导致领先位错发生交滑移或攀移，使位错塞积出

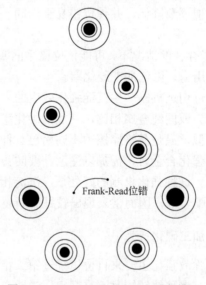

图 6-19　Fisher、Hart 和 Pry 理论模型

现钝化并形成位错缠结，如图 6-20 所示。其结果是在塑性变形过程中，硬粒子周围的位错密度显著增加，导致加工硬化率提高。这种在硬粒子周围所形成的大量缠结位错是在塑性变形过程中，由位错之间偶然相遇而陷住的，称为随机储存位错（statistically stored dislocations）。

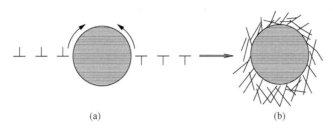

(a)   (b)

图 6-20 硬粒子周围塞积群钝化成位错缠结

2. 硬粒子和基体塑性变形不协调对加工硬化的影响

同前面所述弹性变形不协调相类似，塑性变形时为使界面不开裂，也要在硬粒子附近基体中形成反向的塑形切变（协调变形），如图 6-21 所示。其结果在硬粒子周围形成协调变形位错，引起位错密度及加工硬化率提高。由于协调变形与相应位错密度之间存在一定的几何关系，文献上常将协调变形位错称为几何必须位错（geometrically necessary dislocations）[18]。可以证明，协调变形位错密度 ρ_G 主要取决于塑性切应变梯度[19]，即

$$\rho_G = \frac{1}{b}\frac{\partial \gamma}{\partial x} \tag{6-60}$$

式中，$\partial \gamma$ 为单滑移系统沿 x 方向开动引起的塑性切应变增量。可见，塑性切应变越大，几何必须位错密度越高。

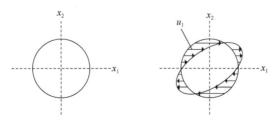

(a) 变形前球形粒子与孔配合   (b) 孔切变并受粒子约束
引起基体产生反向塑性变形

图 6-21 硬粒子与基体协调塑性变形示意图

　　在硬粒子周围形成协调位错的机制如图 6-22 及图 6-23 所示。首先，可借助 Orowan 机制在硬粒子周围基体中形成一组切变位错环，以保持"孔"的形状为球形（图 6-22）。如图 6-22 所示的两种情况完全等效，主要取决于主滑移面的取向。其次，也可借助在硬粒子附近形成棱柱位错环产生协调变形（图 6-23）。棱柱位错环的形成涉及物质的迁移，故可通过在硬粒子两侧分别形成一组填隙原子聚集型和空位聚集型棱柱位错环而使"孔"恢复成球形。如图 6-23（a）所示，为在左侧划线区填充物质，可用填隙原子聚集型棱柱位错环加以代替；而为使右侧划线区物质得以去掉，应以空位聚集型棱柱位错环取代。

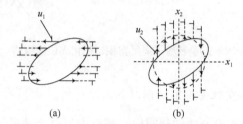

图 6-22　在硬粒子周围基体中形成切变位错环示意图

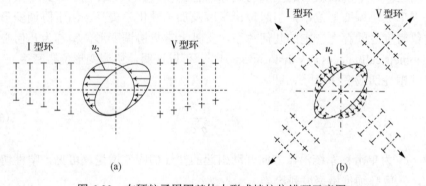

图 6-23　在硬粒子周围基体中形成棱柱位错环示意图

　　棱柱位错环几乎没有长程应力场，比较稳定。可用图 6-24 示意表示硬粒子周围形成棱柱位错环的机制。主滑移面上的刃型位错遇硬粒子受阻时，可在其绕硬粒子弓弯过程中形成两段螺型位错。在局部应力的诱发下，这两段螺型位错发生两段交滑移时，便会在硬粒子后方留下棱柱位错环[图 6-24（a）]。当螺型位错遇硬粒子受阻时，也可以通过交滑移而在硬粒子两侧分别形成棱柱位错环[图 6-24（b）]。对由棱柱位错环形成而引起的几何必须位错密度 ρ_G 可作如下近似估算。

　　若将图 6-23（a）中的硬粒子视为正方形，可近似将每一划线区体积记为 $V_p\gamma/2$，其中，γ 为切应变，V_p 为粒子体积。现在假定棱柱位错环的半径约等于粒子半径 r，则每一粒子周围位错环的总数 N 便为

$$N = \frac{V_{\mathrm{p}}\gamma}{\pi r^2 b} \tag{6-61}$$

因单位体积中粒子数为 f/V_{p}（f 为粒子的体积分数），故上述协调变形所产生的位错密度为

$$\rho_{\mathrm{G}} = N\frac{f}{V_{\mathrm{p}}}2\pi r = \frac{2\gamma f}{rb} \tag{6-62}$$

若将式(6-62)中 r/f 看作与粒子形状有关、量纲为长度的参数 λ，则在第二相粒子为任何形状的情况下，式(6-62)可写成

$$\rho_{\mathrm{G}} = \frac{2\gamma}{\lambda b} \tag{6-63}$$

式中，λ 称为位错几何滑移距离。对球形粒子弥散强化合金，取 $\lambda = r/f$；在强化相呈片状时，取 λ 等于片间距。在假设协调变形以棱柱位错环机制为主时，可将流变应力根据式(3-37)写为

$$\sigma = \sigma_0 + \alpha Gb\left(\frac{2\gamma}{\lambda b}\right)^{\frac{1}{2}}$$

或

$$\sigma = \sigma_0 + \alpha' G\left(\frac{2\gamma}{\lambda b}\right)^{\frac{1}{2}} \tag{6-64}$$

式中，σ_0 为晶格摩擦力；α 同 α' 为两常数。这样便得到了抛物线形的加工硬化曲线。

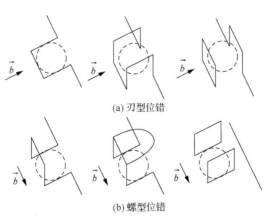

(a) 刃型位错

(b) 螺型位错

图 6-24　滑移位错与硬粒子相遇形成棱柱位错环机制

综上所述，硬粒子弥散强化有利于形成协调变形位错，提高加工硬化率。这将有益于改善合金的均匀塑性。但若硬粒子本身开裂或在其与基体的界面处开裂，易于形成裂纹源，降低合金的断裂抗力。故宜尽量减小弥散相粒子尺寸，以综合改善合金的强度与塑性。一般认为，将弥散相粒子直径减小到 20nm 以下，可有效防止粒子本身及界面开裂。目前，这在实践上尚有一定难度，可作为合金组织设计所追求的目标。

6.5　纤维强化机制

纤维强化主要着眼于将具有高强度的金属或非金属纤维引入塑性的基体金属，获得复合材料，造成显著的强化效果。同上述的沉淀强化及弥散强化不同，增强纤维的作用已不单纯作为阻碍基体金属中位错运动的障碍，其本身要能直接承受载荷。基体组元主要用于黏结或胶合增强纤维并传递应力。在外力作用下，基体产生弹性乃至塑性变形时，会发生应力由基体向增强纤维转移现象。下面分析纤维增强金属基复合材料的变形行为及强度表达式[20]。

6.5.1　纤维增强复合材料的变形行为

在单向拉伸条件下，连续长纤维增强复合材料的应力-应变曲线如图 6-25 所示。在未达到基体的弹性极限时，纤维与基体均只产生弹性变形，可由下式求得复合材料的弹性模量 E_c：

$$E_c = E_f V_f + E_m V_m = E_f + V_m (E_m - E_f) \tag{6-65}$$

式中，V_f 和 V_m 分别为纤维与基体的体积分数；E_f 和 E_m 分别为纤维与基体的弹性模量。在应力-应变曲线的第二阶段，基体开始塑性变形，而纤维仍进行弹性变形。这一阶段大体上开始于无纤维基体的屈服应变，故可用基体的应力-应变曲线的斜率取代 E_m，并由下式求得 E_c：

$$E_c = E_f V_f + \left(\frac{\mathrm{d}\sigma}{\mathrm{d}\varepsilon} \right)_m V_m \tag{6-66}$$

因在基体金属塑性变形时，其应力-应变曲线的斜率 $(\mathrm{d}\sigma/\mathrm{d}\varepsilon)_m$ 小于 E_m，又可得

$$E_c \approx E_f V_f \tag{6-67}$$

故可以认为，纤维增强复合材料在第二阶段变形具有准弹性。在第三阶段变形时，纤维与基体均发生塑性变形。由金属纤维增强的复合材料易出现此变形阶段；而纤维的脆性较大(如硼纤维)时，往往在此阶段开始便发生断裂。最终在第四阶段，

将由纤维断裂导致整个试样的断裂。

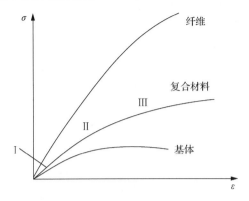

图 6-25 纤维、基体及复合材料的应力-应变曲线

6.5.2 长纤维增强复合材料的抗拉强度

在上述应力-应变曲线的四个阶段中，第二阶段最为重要。设 σ_f 为纤维的抗拉强度(近似等于其断裂强度)，σ_m' 为纤维被拉伸到其抗拉强度时机体所承受的拉伸应力，则复合材料的抗拉强度可写成

$$\sigma_c = \sigma_f V_f + \sigma_m'(1 - V_f) \tag{6-68}$$

因此 σ_c 与 V_f 呈直线关系(混合律)。

利用纤维强化旨在使复合材料的强度 σ_c 显著高于基体金属的抗拉强度 σ_u，即 $\sigma_c > \sigma_u$。由此可由下式求得所需纤维的临界体积分数 V_c：

$$\sigma_f V_f + \sigma_m'(1 - V_f) \geqslant \sigma_u$$

即

$$V_c = \frac{\sigma_u - \sigma_m'}{\sigma_f - \sigma_m'} \approx \frac{\sigma_u}{\sigma_f} \tag{6-69}$$

V_f 值很小时，复合材料的强度可能不遵从式(6-68)。这是因为难以有足够数量的纤维有效地约束基体延伸变形，导致纤维迅速达到断裂应力而发生断裂($\sigma_f = 0$)。在这种情况下，需由基体通过应变硬化承受载荷，故由式(6-68)可得出复合材料的强度应符合下式：

$$\sigma_c \geqslant \sigma_u(1 - V_f) \tag{6-70}$$

因此，欲由式(6-68)给出复合材料的强度，所需纤维的最小体积分数应为

$$V_{\min} = \frac{\sigma_u - \sigma'_m}{\sigma_f + \sigma_u - \sigma'_m} \tag{6-71}$$

当 $V_f < V_{\min}$ 时，复合材料的强度将由式(6-70)给出。纤维的体积分数与复合材料强度的关系，以及 V_c 和 $V_{\min}$ 所在位置如图 6-26 所示。

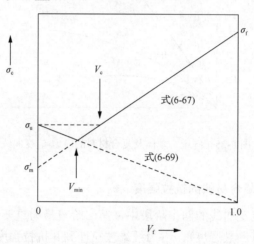

图 6-26　连续纤维增强复合材料的强度与纤维体积分数的关系

应该指出，上述分析是假设纤维与基体的轴向应变相等所得出的结果。实际上，两组元的应变难以相等，应用混合律计算尚有一定困难。Enbury 等[21]针对纤维与基体均有明显塑性的复合材料得出如下修正公式：

$$\sigma_c = \sigma_f V_f \lambda_f + \sigma_m V_m \lambda_m \tag{6-72}$$

式中

$$\lambda_m = \left(\frac{\varepsilon_c}{\varepsilon_m}\right)^{\varepsilon_m} \exp\left(\varepsilon_m - \varepsilon_c\right)$$

$$\lambda_f = \left(\frac{\varepsilon_c}{\varepsilon_f}\right)^{\varepsilon_f} \exp\left(\varepsilon_f - \varepsilon_c\right)$$

其中，ε_f、ε_m 和 ε_c 分别为纤维、基体及复合材料与抗拉强度相对应的真应变。显然，若纤维与基体等应变(即 $\varepsilon_f = \varepsilon_m$)，式(6-72)便简化为式(6-68)。

6.5.3　短纤维增强复合材料的抗拉强度

纤维的长度是影响复合材料性能的重要因素。由于纤维与基体金属间在弹性模量上有很大差别，受轴向载荷时会在两者界面产生切应力。同时，纤维本身还要承受轴向拉应力。图 6-27 示出这两种应力沿纤维长度方向上的变化。在纤维的两端切应力较大，引起基体金属产生塑性流变。为充分利用纤维的高强度，在纤维应变达到其断裂应变前，应避免基体中的流变区从纤维端部向中部发展。故在基体与纤维间传递的应力限度将由基体金属的临界切应力 σ_c 所决定。在通常情况下，传递到长度为 L 和直径为 d 的纤维上的最大拉应力 $\sigma_{\max}$ 如下式所示：

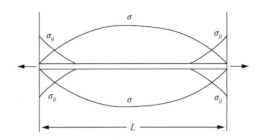

图 6-27　在纤维中拉应力 σ 及界面处切应力 σ_{ij} 沿纤维长度方向上的变化

$$\sigma_{\max} = \frac{2\sigma_c L}{d} \tag{6-73}$$

若令 $\sigma_{\max}$ 等于纤维的断裂强度 σ_f，则可得出纤维的临界长度为

$$L_c = \frac{\sigma_f d}{2\sigma_c} \tag{6-74}$$

或者，临界长径比为

$$\frac{L_c}{d} = \frac{\sigma_f}{2\sigma_c} \tag{6-75}$$

当纤维的长度超过 L_c 时，复合材料将因纤维断裂而导致破坏，故可充分发挥其强度潜力。

可由下式给出短纤维(包括晶须)增强复合材料的抗拉强度：

$$\sigma_c = \sigma_f V_f \left[1 - (1-\beta)\frac{L_c}{L} \right] + \sigma_m' (1 - V_f) \tag{6-76}$$

式中，β 为约等于 0.5 的常数。可见，短纤维的强化效果低于连续的长纤维。纤维越短，强化效果越小。但当 L_c/L 值较小时，这种差别明显变小。因此，利用纤维强化时，纤维的弹性模量、强度及体积分数越高越好，并且宜使纤维在金属基体中连续地同方向分布。

6.6　第二相强化效应的特点及利用

6.6.1　第二相特性与第二相强化机制的关系

习惯上，将第二相粒子强化分为沉淀强化与弥散强化两类。但就障碍机制而定，较大的沉淀相粒子也可以绕过方式阻碍位错运动；或者相反，人为引入较软的第二相粒子也可以被位错切过。所以，趋向于以粒子本身的变形特性作为区分第二相强化机制的出发点。对可变形粒子强化而言，粒子的性能是影响强化效果的关键，而粒子尺寸的影响较小。若粒子不可变形，强化效果主要取决于粒子尺寸及弥散度，而与粒子本身性能无关。这两种粒子强化机制的控制因素虽有所区别，强化效果均随粒子的体积分数增大而提高。

两种第二相粒子的强化效果与粒子尺寸的关系如图 6-28 所示。曲线 B 表明，随着可变形粒子尺寸的增加，强化效果增大。在时效早期溶质原子含量未达到平衡浓度时，强化效果也随可变形粒子的体积分数的增大而增大。对不可变形粒子而言，在粒子的体积分数不变的条件下，强化效果随粒子尺寸增大而减小，如图 6-28 中曲线 A 所示。两种强化机制在 P 点发生过渡，并给出时效峰。若增加沉淀相粒子的体积分数，可使曲线 A 和 B 升高，给出较高的峰强度。提高沉淀相本身的强度时，仅使曲线 B 升高，有利于在较小的粒子尺寸下得到较高的峰强。为提高合金的时效强度，在时效时间使粒子的平均尺寸达到峰强度所对应的尺寸之前，应使沉淀相粒子大量充分形核并达到足够的体积分数。否则，将使曲线 B 降低，如图 6-28 中曲线 C 所示。这将导致时效峰强度降低，并使时效峰移向粒子尺寸增大方向。一般说来，时效峰强度对应的临界粒子尺寸为 $0.01\sim0.1\mu m$。

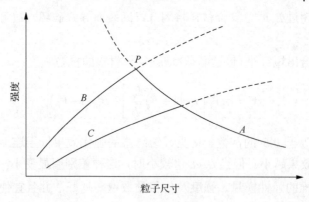

图 6-28　可变形粒子(曲线 B 和 C)及不可变形粒子(曲线 A)尺寸对合金强度的影响

6.6.2 可变形粒子强化效应的应用

下面介绍利用可变形粒子强化时，在合金组织设计上需要考虑的几个问题。

(1)可变形粒子主要通过其本身的有关特性及对周围基体的弹性的影响阻碍位错切过。为利用可变形粒子的强化效应，应使粒子弥散分布并提高其体积分数。一般在固态相变条件下，沉淀相易于不均匀形核，使均匀弥散分布遇到一定的困难。理想的沉淀相应具有与基体匹配良好的晶体结构，易于形成低能量的共格界面，提高其分布的均匀性。同时，沉淀相的表面能宜呈各向异性分布，并使粒子在能量较高的界面上受到基体塑性变形的剪切作用。如在含有 15%Cr 和 25%Ni 的奥氏体钢中，γ' 相(Ni$_3$Al)为有序相，其表面能或反相畴界能具有各向异性，在 {100} 面上为 10～20erg/cm^2(1erg=10^{-7}J)，而在 {111} 面上却为 200erg/cm^2。故来自于奥氏体基体的滑移位错沿 {111} 面上切过 γ' 相粒子时，便可受到较大的阻力使强度提高。γ' 相还在成分上有利于得到较高的体积分数，为充分发挥沉淀强化效应提供了条件。

但应指出，有序沉淀强化合金的强度要稍低于按照单个位错与沉淀粒子的交互作用模型所计算的强度。大量有序沉淀粒子易诱发位错以超点阵位错形式成对运动，由领先位错切过有序相粒子所形成的反相畴界可被沿同一滑移面运动的尾随滑移消除。由于领先位错与尾随位错间存在斥力，合金的强度有所降低。可在合金的组织中引入一定数量的弥散分布的不可变形粒子，以破坏超点阵位错。这样便可迫使位错单个运动，有利于提高强度。

(2)在一般情况下，沉淀相粒子易在晶界、位错等处非均匀形核。晶界沉淀相易降低合金的塑性，而对强度影响不大。沉淀相在位错上形核所需的过冷度仅为均匀形核的 1/3～1/2。在位错上择优沉淀是大多数时效硬化合金的重要组织特征。为充分利用位错上沉淀粒子的强化效应，宜显著提高位错密度达 10^{10}～10^{11}cm^{-2}，或在单根位错上实现反复形核沉淀。可通过在淬火与时效之间进行冷变形引入位错，但难以得到均匀的位错分布。在冷变形合金中，位错易以直径约为 1μm 的胞状结构形式存在，导致沉淀相粒子分布不均。在有的情况下，可利用位错作为沉淀相粒子重复形核的场所。当在位错上形成碳化物沉淀时，可产生体积膨胀(如对 NbC 可达 20%～25%)，导致局部空位贫化而引起位错攀移。其结果便使位错线离开已沉淀的一排粒子，成为重新诱发粒子沉淀的场所。这种在位错上反复沉淀的机制如图 6-29[22]所示。图中表明 NbC 粒子在 Frank 部分位错上形核后，通过相邻粒子间位错线攀移引起弓弯，并最终抛下沉淀粒子而到达新的位置。在 Frank 位错所扫过的区域形成层错。由这种机制在奥氏体钢中 Frank 位错上反复沉淀的结果，可在发生攀移的 {111} 面上形成一排细小弥散的粒子。在每一列内粒子间距很小(约 10nm)，而在列间较大(约 1μm)。若形成这种具有两种粒子间距的微观组织，将有利于强化[23]。利用这种在位错线上反复形核沉淀的机制可以取得提高位错密度的效果。Kotval[24]认为，奥氏体的层错能及粒子与基体间的错配度对于位错上反复形核有重要影响。层错能不宜太低，以防位错在诱发沉淀之前分解成Shockley 位错；也不宜过高以致层错不易扩展。在沉淀粒子与基体间要有足够大的错配度，能产生足够的驱动力以推动位错从已析出的沉淀粒子列离开，为进一步诱发沉淀准备条件。从这两方面的必要条件出发，碳化物与奥氏体可组成适于形成位错上反复沉淀的材料体系。在 Cu-Ag 合金中也发现有这种沉淀效应[25]。

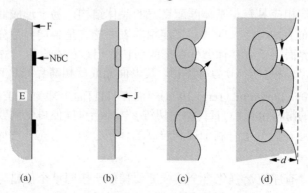

图 6-29　位错上反复沉淀机制示意图

(a)NbC 粒子在 Frank 位错上形核；(b)NbC 粒子长大；(c)NbC 粒子进一步长大引起粒子间位错线攀移弓弯，并在所
扫过区域形成层错；(d)粒子继续长大引起相邻的弓弯位错平行线段间相互吸引销毁并使位错线前进 d

图中 F 表示 Frank 位错；E 表示层错；J 表示割阶

　　(3)在时效过程中形成过渡相，有利于提高沉淀粒子分布的均匀性及强化效果。在许多合金系(如 Al-Cu 合金等)中，存在着晶体结构介于平衡沉淀相与基体之间的过渡相，其形核功较小而形核率较高。过渡沉淀相的分布较均匀，有利于提供较为理想的第二相强化组织。强化效应主要来源于过渡相粒子与基体间的错配效应及基体中滑移位错与粒子的交互作用。例如，可将 GP 区看成一种特殊的过渡沉淀相，其与基体保持完全共格关系，具有显著的沉淀强化效果。GP 区还可以成为诱发半共格过渡沉淀相乃至平衡沉淀相形核的场所，有利于提高强化相分布的均匀性。GP 区强化的不足之处在于其尺寸很小，易因热扰动而被位错切过，使合金在较低的温度下才能处于充分的强化状态。

　　(4)利用基体金属的同素异构转变提高析出相的体积分数，是充分发挥沉淀强化效果的有效途径。溶质原子在基体金属发生同素异构转变前后出现溶解度的显著变化，有利于在转变后形成高度过饱和的固溶体。长期以来，这已成为钢的强化基础。钢中的马氏体便是碳经 $\gamma \rightarrow \alpha$ 转变后所形成的过饱和固溶体，可以通过析出细小的碳化物粒子而显著强化。例如，在含有 V、Nb 和 Mo 等元素的二次硬化钢中，马氏体经高温回火析出细小弥散的合金碳化物使强度显著提高。这些碳化物粒子很小时，可被位错切过而视为可变形粒子[26]；而在尺寸较大时成为不可变形粒子，使加工硬化率提高。利用铁的同素异构转变也可在马氏体时效钢中形成置换式合金元素的过饱和固溶体，为时效析出大量金属间化合物(如 Fe_2Mo、Ni_3Ti 等)准备必要条件。

(5)设法避开平衡相图对固溶度的限制，是合金组织设计时提高析出相体积分数的另一有效途径。几乎所有的金属相互间皆可熔合，从液态急冷可获得固溶度极高的非平衡组织，能打破平衡相图对沉淀相体积分数的热力学限制[27]。例如，在一般情况下，Si 和 Fe 等元素在 Al 中的固溶度仅在 1%以下，但可用这种方法获得具有高过饱和度的 Al-11%Si[28]和 Al-8%Fe[29]等合金。在随后时效时，所析出的细小弥散的沉淀相粒子只有在合金重熔时才能回溶。近年来，快速凝固技术的迅速发展已为新型弥散强化合金的应用开辟了广阔的前景。另一种避开相图对固溶度限制的方法是人为地向一种金属中注入一种金属原子。例如，可采用离子注入技术在 Al 中注入 Pb 获得过饱和固溶体，经时效后析出大量沉淀相粒子[30]。离子注入可用于制取厚度约 0.1μm 的表面硬化层。为增加硬化层厚度，也可以注入易扩散元素(如 N)，通过其与基体金属内合金元素发生反应而形成高体积分数的可变形沉淀相粒子。

6.6.3　不可变形粒子强化效应的利用

对不可变形粒子的基本要求是间距小，呈均匀弥散分布。相对而言，其本身的尺寸影响较小。若按单位体积分数同可变形粒子强化相比，不可变形粒子的强化率要高得多。即便在体积分数小于 1%时，细小弥散分布的硬粒子也可以引起显著的强化效应[31]。

利用不可变形粒子弥散强化的主要困难在于获得足够小的粒子间距。采用通常的过时效析出硬粒子时，因其本身结构和性能与基体差别较大而难以均匀弥散形核。在有过渡相沉淀的情况下，对提高平衡相粒子分布的均匀性也无很大补益。即便采用分级时效，也难以完全使硬相粒子呈细小弥散分布，使发展过时效硬化型高强度合金遇到一定困难。通过基体金属的同素异构转变使合金元素获得很高的过饱和度并沉淀析出大量金属间化合物，为克服这一困难开辟了一条途径，如发展马氏体时效钢的思路便是如此。

应用粉末冶金技术使硬粒子弥散分布于金属基体中，是获得弥散强化组织的有效方法[32]。制取粉末时，可通过机械合金化[32]，或者快速凝固技术[33]，获得硬相粒子与金属基体的混合体。将粉末压实和烧结后制成所需的合金材料。若再通过形变造成稳定的位错亚结构，可进一步强化。硬相粒子不仅直接用于强化，还可成为阻碍位错运动并进而引起二次滑移的中心。这样便可建立尺度与起始的粒子间距相当的位错亚结构，由 Hall-Petch 给出很高的强化效应。

6.6.4　纤维强化效应的利用

如前所述，沉淀强化和弥散强化是通过引入障碍粒子强化金属或合金的有效方法。其主要着眼点在于阻碍基体中滑移位错的运动，而对强化相粒子本身的性能（如抗拉强度等）考虑较少。近年来，随着金属基复合材料的发展，人们已逐渐把注意力转向人为地在金属或合金基体中引入纤维或晶须作为增强组元。在这种强化机制中，增强组元的作用已不单纯是强化基体金属，其本身也要提供所要求的性能。基体组元主要用于黏结增强纤维。在外力作用下，基体组元可通过弹性变形或塑性流变向纤维传递应力，从而受到纤维的增强作用。同弥散强化合金不同，在纤维增强复合材料中，强化组元的尺寸与间距已经不起主要作用，而以其体积分数作为主要控制参数。

许多金属间化合物呈棒状或纤维状沉淀析出，为发展天然纤维增强复合材料提供了可能性。关键在于控制"天然纤维"的取向，使之定向排列在金属基体中。宜选取对称性低的晶体结构（如 HCP 晶体），尽量减少沉淀相惯析面的数量；也可控制转变的方向使共析组织中的层片定向排列，形成天然纤维增强复合材料[34]。

参 考 文 献

[1] Orowan E. Discussion in the symposium on internal stresses in metals and alloys, inst [J]. Nature, 1949, 164: 296

[2] Friedel J, Vassamillet L. Dislocations [M]. Oxford: Pergamon Press, 1964:214-217

[3] Nabarro F R. Report of a conference on strength of solids [J]. London: The Physical Society, 1948, 75-79

[4] Gerold V, Haberkorn H. On the critical resolved shear stress of solid solutions containing coherent precipitates [J]. Physica Status Solidi（B）, 1966, 16（2）: 675-684

[5] Gleiter H. Theorie der prismatischen Quergleitung von versetzungen in der umgebung von Ausscheidungen[J]. Acta Metallurgica, 1967, 15（7）: 1213-1221

[6] Kelly A. Precipitation Hardening [M]. Oxford: Pergamon Press, 1963:320-323

[7] Kelly A, Nicholson R B. Strengthening Methods in Crystals [M]. Amsterdam: Elsevier, 1971: 9-11

[8] Dundurs J, Mura T. Interaction between an edge dislocation and a circular inclusion [J]. Journal of the Mechanics and Physics of Solids, 1964, 12（3）: 177-189

[9] Kelly P M. Progress report on recent advances in physical metallurgy: The quantitative relationship between microstructure and properties in two-phase alloys [J]. International Metallurgical Reviews, 1973, 18（1）: 31-36

[10] Melander A, Persson P Å. The strength of a precipitation hardened AlZnMg alloy [J]. Acta Metallurgic, 1978, 26（2）: 267-278

[11] Russell K C, Brown L M. A dispersion strengthening model based on differing elastic moduli applied to the iron-copper system [J]. Acta Metallurgica, 1972, 20（7）: 969-974

[12] Hirsch P B, Kelly A. Stacking-fault strengthening [J]. Philosophical Magazine, 1965, 12（119）: 881-900

[13] Gleiter H, Hornbogen E. Precipitation hardening by coherent particles [J]. Materials Science and Engineering, 1968, 2（6）: 285-302

[14] Ashby M, Kelly A, Nicholson R. Strengthening Methods in Crystals [M]. Amsterdam: Elsevier, 1971: 138-140

[15] Eshelby J D. The determination of the elastic field of an ellipsoidal inclusion, and related problems [J]. Proceedings of the Royal Society of London. Series A. Mathematical and Physical Sciences, 1957, 241 (1226): 376-396

[16] Fisher J C, Hart E W, Pry R H. The hardening of metal crystals by precipitate particles [J]. Acta Metallurgic, 1953, 1 (3): 336-339

[17] Ansell G. Fine particle effect in dispersion-strengthening [J]. Acta Metallurgica, 1961, 9 (5): 518-519

[18] Cottrell A H. The Mechanical Properties of Matter [M]. Huntington : Krieger Publishing, 1981

[19] Le May I. Principles of Mechanical Metallurgy [M]. North-Holland: Elsevier, 1981: 156-159

[20] Dieter G E. Mechanical Metallurgy [M]. New York: McGraw-Hill, 1976: 227-229

[21] Embury J, Kelly A, Nicholson R. Strengthening Methods in Crystals [M]. New York: John Wiley and Sons, 1971: 450-457

[22] Silcock J M, Tunstall W J. Partial dislocations associated with NbC precipitation in austenitic stainless steels [J]. Philosophical Magazine, 1964, 10(105): 361-389

[23] Harding H J, Honeycombe R W K. Effect of stacking fault precipitation on the mechanical properties of austenitic steels [J]. Journal of Iron Steel Institute , 1966, 204(3): 259-267

[24] Kotval P S. Carbide precipitation on imperfections in superalloy matrices[J]. Transactions Metals Society, 1968, 242 : 1651-1656

[25] Räty R, Miekk-Oja H M. Precipitation associated with the growth of stacking faults in copper-silver alloys [J]. Philosophical Magazine, 1968, 18(156): 1105-1125

[26] Simcoe C R, Nehrenberg A E, Biss V, et al. Relationship between microstructures and mechanical properties on tempering a Mo-W-V alloy steel [J]. ASM Trans Quart, 1968, 61 (4): 834-842

[27] Duwez P. Structure and properties of alloys rapidly quenched from the liquid state. [J]. ASM Trans Quart, 1967, 60(4): 605-633.

[28] Itagaki M, Giessen B C, Grant N J. Supersaturation in rapidly quenched Al-rich Al-Si alloys [J]. ASM Trans Quart, 1968, 61 (2): 330-335

[29] Jones H. Observations on a structural transition in aluminum alloys hardened by rapid solidification [J]. Materials Science and Engineering, 1969, 5(1): 1-18

[30] Thackery P A, Nelson R S. The formation of precipitate phases in aluminum by ion implantation [J]. Philosophical Magazine, 1969, 19 (157): 169-180

[31] von Heimendahl M. Precipitation in aluminum-gold[J]. Acta Metallurgica, 1967, 15(9): 1441-1452

[32] Maurice D R, Courtney T H. The physics of mechanical alloying: A first report [J]. Metallurgical Transactions A, 1990, 21 (1): 289-303

[33] Lawley A. Modern powder 15 metallurgy science and technology [J]. JOM, 1986, 38(8): 15-25

[34] Carpay F M A. The preparation of aligned composite materials by unidirectional solid-state decomposition [J]. Acta Metallurgica, 1970, 18(7): 747-752

第7章 断裂的微观机制

本章旨在从位错理论的角度建立裂纹萌生、长大和扩展的物理模型，进而确定其断裂判据，即建立断裂强度的数学表达式。同时，在韧性和脆性断裂裂纹尖端特征分析的基础上，探讨断裂的韧脆转变判据及其物理机制。

一般认为，无论是脆性断裂还是韧性断裂，其发生过程可以分为裂纹萌生、长大和扩展三个阶段。在绝大多数情况下，微裂纹的形核以位错的发射、增殖和运动(局部塑性变形)为先导，是局部塑性变形发展到临界状态的必然结果。因此，本章首先在介绍裂纹位错概念基础上，通过裂纹弹性和弹塑性模型，表征裂纹位错分布函数及裂纹尖端应力场等裂纹基本性质；其次通过裂纹塑性模型的建立和修正，定量表征裂纹尖端区域结构特征，揭示裂纹尖端无位错区形成机制；再次列举解理裂纹形核的几种典型方式，重点分析裂纹形核的位错理论模型；最后介绍断裂韧脆转变的位错理论。

7.1 裂纹的位错模型

断裂力学中，Griffith 理论对于微裂纹的结构只进行了宏观描述，并没有给出其微观结构。位错理论建立了裂纹的微观结构模型，并认为晶体材料中并不一定必须预先存在微裂纹，只要存在适当结构的位错组态，在外载荷作用下就可以由位错运动而产生微裂纹，并导致断裂。随着人们对裂纹结构了解的不断深入，对裂纹的位错模型也进行了不断修正。本节将按照历史发展顺序简要介绍三种裂纹位错模型，即裂纹结构位错模型、弹性裂纹位错模型和弹塑性裂纹位错模型。

7.1.1 裂纹位错的概念

裂纹位错的概念是在20世纪60年代提出的[1]，后经 Bilby、Cottrell 和 Swinden[2]的进一步完善和数值化处理，该模型在断裂问题的处理上可以获得与断裂力学方法相同的结果。

根据断裂力学，裂纹可以分为三种类型，如图 7-1 所示，即张开型(Ⅰ型)、滑开型(Ⅱ型)和撕开型(Ⅲ型)。上述三种裂纹可以表示成如图 7-2 所示裂纹位错模型。

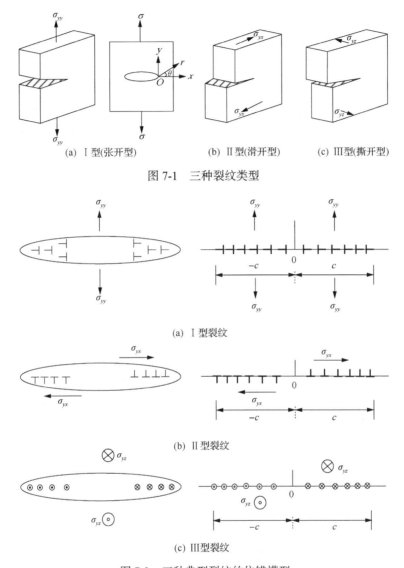

(a) Ⅰ型(张开型)　　　　(b) Ⅱ型(滑开型)　　　　(c) Ⅲ型(撕开型)

图 7-1　三种裂纹类型

(a) Ⅰ型裂纹

(b) Ⅱ型裂纹

(c) Ⅲ型裂纹

图 7-2　三种典型裂纹的位错模型

　　Ⅰ型裂纹的位错结构如图 7-2(a)所示，裂纹在外加载荷 σ_{yy} 的作用下张开，相当于沿裂纹平面分布的长度为 $2c$ 的刃型位错双塞积群，位错的伯格斯矢量垂直于裂纹面沿 y 轴方向。该位错组态在正应力作用下产生攀移，会导致裂纹扩展。

　　Ⅱ型裂纹的位错结构如图 7-2(b)所示，裂纹在外加载荷 σ_{yx} 的作用下滑开，相当于沿裂纹平面分布的长度为 $2c$ 的刃型位错双塞积群，位错的伯格斯矢量平行于裂纹面沿 x 轴方向。该位错组态在切应力作用下产生滑移，会导致裂纹扩展。

　　Ⅲ型裂纹的位错结构如图 7-2(c)所示，裂纹在外加载荷 σ_{yz} 的作用下撕开，相当于沿裂纹平面分布的长度为 $2c$ 的螺型位错双塞积群，位错的伯格斯矢量平行于裂纹面沿 z 轴方向。该位错组态在切应力作用下产生滑移，会导致裂纹扩展。

对于上述位错模型，为保证裂纹界面的连续性和便于进行数学处理，把裂纹中的位错视为无限多连续分布的小位错。在裂纹位错计算中，关键是求解位错密度分布函数 $f(x)$，它与断裂力学中强度因子同等重要。下面以 II 型裂纹的位错结构为例，求解其裂纹位错密度分布函数。

如图 7-2(b) 所示，设有一列刃型位错双塞积群分布于 $-c<x<c$ 区间，在远处有一切应力 σ_{yx}。设分布于 $x\sim x+dx$ 的位错数为 $f_{II}(x)\,dx$，其中 $f_{II}(x)$ 为位错分布函数。位于 x 处的位错线在外加应力和其他位错应力场的作用下处于平衡状态。对于单位长度位错线，平衡时有

$$D\int_{-c}^{c}\frac{f_{II}(x')\mathrm{d}x'}{x-x'}+\sigma_{yx}=0,\qquad -c<x<c \tag{7-1}$$

式中，$D=\dfrac{Gb}{2\pi(1-\nu)}$。方程 (7-1) 为奇异积分方程。这里不介绍奇异积分方程的理论，直接给出该方程的解为

$$f_{II}(x)=\frac{\sigma_{yx}}{\pi D}\frac{x}{\sqrt{c^2-x^2}} \tag{7-2}$$

因此，式 (7-1) 和式 (7-2) 的一般形式可以表达为

$$D\int_{-c}^{c}\frac{f(x')\mathrm{d}x'}{x-x'}+\sigma=0,\qquad -c<x<c \tag{7-3}$$

$$f(x)=\frac{\sigma}{\pi D}\frac{x}{\sqrt{c^2-x^2}} \tag{7-4}$$

式中，对于 I 型和 II 型裂纹，$D=\dfrac{Gb}{2\pi(1-\nu)}$，其中 I 型裂纹的外加应力为正应力，II 型裂纹为切应力；对于 III 型裂纹，$D=\dfrac{Gb}{2\pi}$，外加应力为切应力。

由式 (7-2) 可见，位错密度分布函数 $f(x)$ 随着 x 的增大而增加；当 $x=c$ 时，$f(x)$ 趋向于无穷大。$f(x)$ 相对 z 轴呈轴对称，如图 7-3 所示。同时，$f(x)$ 随着外加载荷的增大而增加，当外加载荷达到某一临界值时，裂纹就要扩展。

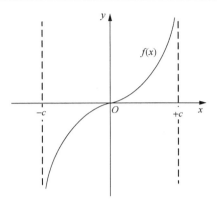

图 7-3　位错的密度分布函数

7.1.2　弹性裂纹位错模型

1. Griffith 公式的推导

从裂纹位错模型可以推导出 Griffith 公式的形式[1,3]。如图 7-4 所示，以 II 型裂纹为例，由于裂纹位错的应力-应变场仅有切应力和切应变，在外加载荷为切应力时，其在弹性变形条件下，变形能的能量密度可以表达为 $\omega = \dfrac{1}{2}\sigma\varepsilon$，因此裂纹弹性变形能为

$$W = \frac{1}{2}\sigma\int_{-c}^{c} xf(x)\,\mathrm{d}x \tag{7-5}$$

将式(7-2)代入，则针对 II 型裂纹的弹性变形能为

$$W = \frac{1}{2}\frac{\sigma^2}{\pi D}\int_{-c}^{c}\frac{x^2}{\sqrt{c^2-x^2}}\,\mathrm{d}x = \frac{\pi(1-\nu)c^2\sigma^2}{2G} \tag{7-6}$$

由于变形能的变化率等于裂纹的表面能 γ_s，即

$$\frac{\partial W}{\partial(2c)} = 2\gamma_s \tag{7-7}$$

将式(1-7)和式(7-6)代入可求得断裂强度为

$$\sigma = \left[\frac{2G \cdot 2\gamma_s}{\pi(1-\nu)c}\right]^{1/2} = \left[\frac{2E\gamma_s}{\pi(1-\nu^2)c}\right]^{1/2} \tag{7-8}$$

这样推导出来的材料断裂强度与 Griffith 公式的形式相同。

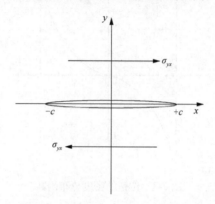

图 7-4　切应力作用下的 II 型裂纹

2. 位错尖端的应力场

在有裂纹存在的材料中，裂纹尖端处会产生很大的应力集中，因此，人们对于裂纹尖端应力场的研究十分重视。应用裂纹的位错模型可以解决这个问题，且所得到的结果与断裂力学的结果一致[2,3]。

以 II 型裂纹为例，假设无限大平板中间有一个穿透裂纹，如图 7-4 所示，裂纹占据 $y=0$，$-c<x<c$ 的位置。在无限远处的应力为纯剪切应力 $\sigma = \sigma_{yx}$。这样，裂纹的边界条件如下。

当 $y=0$，$|x|<c$ 时，$\sigma_{yy}=0$，$\sigma_{xy}=0$。

当 $(x,y)\to\infty$ 时，$\sigma_{xx}\to 0$，$\sigma_{yy}\to 0$，$\sigma_{xy}\to\sigma$。

如果裂纹双塞积群满足这些边界条件，那么裂纹问题就变成求解位错塞积群的应力场问题了。

根据图 7-1(b) II 型裂纹位错模型，结合式(1-26)刃型位错的应力场公式，可以求出双塞积群中任意分立位错在基体 (x, y) 处产生的应力场。在连续位错的情况下，将双位错塞积群位错分布密度函数代入，可求出连续位错在基体 (x, y) 处产生的应力场为

$$\sigma_{xx}(x,y) = -\frac{\sigma y}{\pi}\int_{-c}^{c}\frac{3(x-x')^2+y^2}{\left[(x-x')^2+y^2\right]^2}\cdot\frac{x'}{(c^2-x'^2)^{\frac{1}{2}}}\mathrm{d}x'$$

$$\sigma_{yy}(x,y) = \frac{\sigma y}{\pi}\int_{-c}^{c}\frac{(x-x')^2-y^2}{\left[(x-x')^2+y^2\right]^2}\cdot\frac{x'}{(c^2-x'^2)^{\frac{1}{2}}}\mathrm{d}x'$$

$$\sigma_{zz} = \nu(\sigma_{xx} + \sigma_{yy}) = -\frac{2\sigma y\nu}{\pi} \int_{-c}^{c} \frac{1}{\left[(x-x')^2 + y^2\right]^2} \cdot \frac{x'}{(c^2 - x'^2)^{\frac{1}{2}}} \mathrm{d}x' \quad (7\text{-}9)$$

$$\sigma_{xy} = \sigma_{yx} = \sigma + \frac{\sigma}{\pi} \int_{-c}^{c} \frac{(x-x')\left[(x-x')^2 - y^2\right]}{\left[(x-x')^2 + y^2\right]^2} \cdot \frac{x'}{(c^2 - x'^2)^{\frac{1}{2}}} \mathrm{d}x'$$

$$\sigma_{zx} = \sigma_{xz} = \sigma_{yz} = \sigma_{zy} = 0$$

不难看出，该应力场满足无限远处的边界条件：当 $(x,y) \to \infty$ 时，$\sigma_{xx} \to 0$，$\sigma_{yy} \to 0$，$\sigma_{xy} \to \sigma$。在裂纹面 $y=0$ 上，可以求出 $\sigma_{yy} = 0$；对于 $\sigma_{xy} = 0$ 这个条件，如果把双塞积刃型位错看成位于坐标原点的 Frank-Read 位错源所发出的，则平衡状态本身就意味着位错源在外力与塞积位错作用力相抵后已经停止开动，即外加应力引起的应变已经松弛，因而裂纹上的 $\sigma_{xy} = 0$。

采用裂纹位错模型代替真实裂纹的合理性，不仅表现在边界条件的满足，还表现在两者所得到的裂纹尖端应力场表达式的一致。

仍然以 II 型裂纹为例，其裂纹位错模型推导出的应力场表达式都包含积分部分，这部分积分属于奇异积分，采用复变函数域上围道积分，并引入断裂力学中的应力场强度因子，可以将 II 型裂纹尖端应力场公式表达为

$$\sigma_{xx} = \frac{-K_{\mathrm{II}}}{\sqrt{2\pi r}} \cos\frac{\theta}{2} \left(2 + \cos\frac{\theta}{2}\cos\frac{3\theta}{2}\right)$$

$$\sigma_{yy} = \frac{K_{\mathrm{II}}}{\sqrt{2\pi r}} \sin\frac{\theta}{2} \cos\frac{\theta}{2} \cos\frac{3\theta}{2}$$

$$\sigma_{xy} = \frac{K_{\mathrm{II}}}{\sqrt{2\pi r}} \cos\frac{\theta}{2} \left(1 - \sin\frac{\theta}{2}\sin\frac{3\theta}{2}\right) \quad (7\text{-}10)$$

$$u_x = \frac{K_{\mathrm{II}}}{G(1+\nu')} \sqrt{\frac{r}{2\pi}} \sin\frac{\theta}{2} \left[2 + (1+\nu')\cos^2\frac{\theta}{2}\right]$$

$$u_y = \frac{K_{\mathrm{II}}}{G(1+\nu')} \sqrt{\frac{r}{2\pi}} \cos\frac{\theta}{2} \left[(-1+\nu') + (1+\nu')\sin^2\frac{\theta}{2}\right]$$

式中，$K_{\mathrm{II}} = \sigma\sqrt{\pi a}$。

$$\nu' = \begin{cases} \nu, & \text{平面应力} \\ \nu/(1-\nu), & \text{平面应变} \end{cases} \quad (7\text{-}11)$$

这个结果与宏观断裂力学中裂纹尖端应力场表达式完全一致,从而再次证明了裂纹位错模型的正确性。

对于Ⅲ型裂纹在反平面切应力作用下,裂纹问题的边界条件为

当 $y=0$, $|x|<c$ 时, $\sigma_{yz}=0$ 。

当 $(x,y)\to\infty$ 时, $\sigma_{xz}\to0$, $\sigma_{yz}\to0$ 。

这些条件完全可以被双塞积群螺型位错所满足。采用连续位错模型,并将方程(7-2)代入式(1-13)螺型位错应力场方程中可以得到

$$\sigma_{xz}(x,y)=-\frac{\sigma y}{\pi}\int_{-c}^{c}\frac{1}{(x-x')^2+y^2}\cdot\frac{x'}{(c^2-x'^2)^{\frac{1}{2}}}\mathrm{d}x'$$

$$\sigma_{yz}(x,y)=\sigma+\frac{\sigma}{\pi}\int_{-c}^{c}\frac{x-x'}{(x-x')^2+y^2}\cdot\frac{x'}{(c^2-x'^2)^{\frac{1}{2}}}\mathrm{d}x' \qquad (7\text{-}12)$$

$$\sigma_{xx}=\sigma_{yy}=\sigma_{zz}=0$$

$$\sigma_{xy}=\sigma_{yx}=0$$

同样,利用围道积分和引入应力场强度因子可以得到裂纹尖端应力场和位移场的表达式为

$$\sigma_{xz}=\frac{-K_{\mathrm{III}}}{\sqrt{2\pi r}}\sin\frac{\theta}{2}$$

$$\sigma_{yz}=\frac{K_{\mathrm{III}}}{\sqrt{2\pi r}}\cos\frac{\theta}{2} \qquad (7\text{-}13)$$

$$u_z=\frac{K_{\mathrm{II}}}{G}\sqrt{\frac{2r}{\pi}}\sin\frac{\theta}{2}$$

式中, $K_{\mathrm{III}}=\sigma\sqrt{\pi a}$ 。

对应于宏观断裂的张开型问题,即Ⅰ型裂纹问题,位错理论也可以采用位错塞积模型予以处理。此时,需要引入如图 7-5 所示的 B-H 位错源(巴丁-赫林位错源)。

如图 7-5(a)所示,有一段位错被钉扎在 A 与 B 两点,在外力作用下,位错线将发生弯曲。如果外力为切应力,则该位错段形成 Frank-Read 位错源。如果外力为正应力,且其使该段位错发生攀移,则位错段的弯曲将发生在垂直于滑移面的方向,也就是弯曲在多余半原子面内进行。当外力足够大时,这种弯曲最终导致形成如图 7-5(b)所示的位错源。B-H 位错源形式上与 Frank-Read 位错源相似,但实质上是位错攀移的结果。这里需要注意的是,位错攀移是非保守运动,需要有原子或空位扩散参与。裂纹位错模型中并没有涉及扩散行为,仅考虑应力集中,因而该模型具有其不完善性。同时,B-H 位错源模型合理性也有待探讨,如果位

错线段含有一定螺型分量，也许会使模型更为合理。

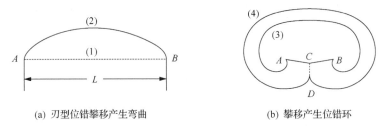

(a) 刃型位错攀移产生弯曲　　　　　　　　　(b) 攀移产生位错环

图 7-5　B-H 位错源

B-H 位错源产生的位错如果形成如图 7-2(a)所示的双塞积群，其作用就与裂纹相当。对于 I 型裂纹在正应力作用下，双塞积群可以满足裂纹问题的边界条件为

当 $y=0$，$|x|<c$ 时，$\sigma_{yy}=0$，$\sigma_{xy}=0$。

当 $(x,y)\to\infty$ 时，$\sigma_{xx}\to\sigma$，$\sigma_{yy}\to\sigma$，$\sigma_{xy}\to 0$。

采用连续位错模型，并将方程(7-2)代入式(1-26)刃型位错应力场方程中可以得到式(7-9)的形式。进一步采用与前述两种裂纹模型同样处理方法可以得到 I 型裂纹尖端附近点(坐标为 r 和 θ)的应力、应变和位移分量表达式为

$$\sigma_{xx}=\frac{K_I}{\sqrt{2\pi r}}\cos\frac{\theta}{2}\left(1-\sin\frac{\theta}{2}\sin\frac{3\theta}{2}\right)$$

$$\sigma_{yy}=\frac{K_I}{\sqrt{2\pi r}}\cos\frac{\theta}{2}\left(1+\sin\frac{\theta}{2}\sin\frac{3\theta}{2}\right)$$

$$\sigma_{xy}=\frac{K_I}{\sqrt{2\pi r}}\sin\frac{\theta}{2}\cos\frac{\theta}{2}\cos\frac{3\theta}{2}$$

$$\varepsilon_{xx}=\varepsilon_{yy}=\frac{1}{2G(1+v')}\frac{K_I}{\sqrt{2\pi r}}\cos\frac{\theta}{2}\left[(1-v')+(1+v')\sin\frac{\theta}{2}\sin\frac{3\theta}{2}\right] \qquad (7\text{-}14)$$

$$\gamma_{xy}=\frac{1}{2G}\frac{K_I}{\sqrt{2\pi r}}\sin\frac{\theta}{2}\cos\frac{\theta}{2}\cos\frac{3\theta}{2}$$

$$u_x=\frac{K_I}{G(1+v')}\sqrt{\frac{r}{2\pi}}\cos\frac{\theta}{2}\left[(1-v')-(1+v')\sin^2\frac{\theta}{2}\right]$$

$$u_y=\frac{K_I}{G(1+v')}\sqrt{\frac{r}{2\pi}}\sin\frac{\theta}{2}\left[2-(1+v')\cos^2\frac{\theta}{2}\right]$$

式中，$K_I=\sigma\sqrt{\pi a}$。

式(7-14)是 I 型裂纹尖端附近应力场的近似表达式，越接近裂纹尖端，精确度越高，即式(7-14)适用于 $r \ll a$ 的情况。在裂纹延长线上(即 x 轴上)，$\theta = 0$，$\sin\theta = 0$，故式(7-14)化为

$$\sigma_{xx} = \sigma_{yy} = \frac{K_I}{\sqrt{2\pi r}}, \qquad r \ll a \qquad (7\text{-}15)$$

7.1.3 弹塑性剪切裂纹的 BCS 模型

上述裂纹位错模型中，裂纹弹性边界问题可以通过相应的双塞积群等效处理，从而获得裂纹尖端应力场的表达式，其结果与断裂力学结论相同。在上述问题解析过程中可以发现，应力分量在裂纹尖端存在奇异点，即裂纹尖端某个区域内应力会超过材料屈服强度，从而形成塑性变形区。

对于弹塑性裂纹问题的求解，利用双塞积群位错模型可以给出 II 型裂纹的严格解，而对于III型裂纹问题只能给出近似解。由于弹塑性问题的位错阵列模型由 Bilby、Cottrell 和 Swinden 提出，所以也称为 BCS 模型。

设有一列刃型位错双塞积群分布于 $-c<x<c$ 区间，如图 7-6 所示，在远处有一切应力 $\sigma = \sigma_{yx}$。代替前面模型中所描述的 $x=y=0$ 处产生的位错被局限于 $x=\pm c$，本模型允许位错进入 $|x| > c$ 区域，即考虑发生塑性切变的情况。

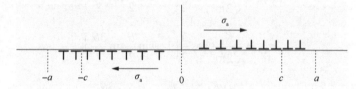

图 7-6　BCS 模型位错阵列

假设位错在晶体中运动的阻力为 σ_s，且 σ_s 为屈服应力。双位错塞积群平衡方程积分表达式为

$$D\int_{-a}^{a} \frac{f(x')dx'}{x-x'} = \begin{cases} -\sigma_a, & |x| < c \\ -(\sigma_a - \sigma_s), & c < |x| < a \end{cases} \qquad (7\text{-}16)$$

式中，$D = \dfrac{Gb}{2\pi(1-\nu)}$。由于 $x=\pm a$ 处没有障碍，所以位错密度函数 $f(x)$ 在该处有界。位错密度函数为

$$f(x) = -\frac{(a^2 - x^2)^{\frac{1}{2}}}{D\pi^2}\left\{\sigma_a\int_{-c}^{c}k(x')dx' + (\sigma_a - \sigma_s)\left[\int_{-a}^{-c}k(x')dx' + \int_{c}^{a}k(x')dx'\right]\right\}$$

式中，$k(x') = \frac{1}{(a^2 - x'^2)^{\frac{1}{2}}}\frac{dx'}{x - x'}$，即

$$f(x) = \frac{\sigma_s}{\pi^2 D}\ln\left|\frac{x(a^2 - c^2)^{\frac{1}{2}} + c(a^2 - x^2)^{\frac{1}{2}}}{x(a^2 - c^2)^{\frac{1}{2}} - c(a^2 - x^2)^{\frac{1}{2}}}\right| \tag{7-17}$$

这个函数图形如图 7-7 所示。$f(x)$ 在裂纹尖端仍然无界，但与弹性模型的方根奇异性不同的是，这里是对数奇异性。

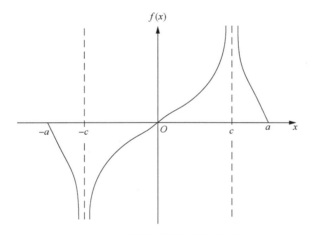

图 7-7　BCS 模型的位错的密度分布函数

裂纹尖端总的塑性位移 δ 应当等于 $x=c$ 处位错伯格斯矢量的和，即

$$\delta = \int_{c}^{a}bf(x)dx = \frac{2b\sigma_s c}{\pi^2 D}\ln\frac{a}{c} \tag{7-18}$$

当 $\sigma_a \ll \sigma_s$ 时，可以得到近似值

$$\frac{a - c}{c} \approx \frac{\pi^2\sigma_a^2}{8\sigma_s^2}$$

$$\delta = \frac{b}{4D\sigma_s}\sigma_a c \tag{7-19}$$

采用弹性裂纹的应力场强度因子，则式(7-19)可以改写为

$$a - c \approx \frac{\pi^2 K_{\mathrm{II}}}{4\sigma_s^2}$$

$$\delta = \frac{b K_{\mathrm{II}}^2}{2 D \sigma_s} = \frac{\pi(1-\nu) K_{\mathrm{II}}^2}{G \sigma_s} \tag{7-20}$$

式(7-20)的结果与断裂力学中 Dugdale 模型推导的裂纹尖端塑性区尺寸和裂纹尖端开口位移的表达式一致。

假设 $\sigma_s \to \infty$，即材料的屈服强度很大，则又可以得到弹性裂纹状态下的位错分布函数(以 $2c$ 代替 $2a$)：

$$f(x) \approx \frac{1}{\pi^2 D} \frac{2x}{c(a^2 - x^2)^{\frac{1}{2}}} \sigma_s (a^2 - c^2)^{\frac{1}{2}} \approx \frac{\sigma_a}{\pi D} \frac{x}{c(a^2 - x^2)^{\frac{1}{2}}} \tag{7-21}$$

BCS 模型也可用以Ⅲ型裂纹问题的处理，相应地将无限远处的应力改为 $\sigma_{yz} \to 0$，并用螺型位错代替刃型位错即可。相应的结果中 $D = \frac{Gb}{2\pi}$，裂纹的强度因子为 K_{III}。

关于屈服应力 σ_s，这里需要强调指出，在低应力条件下，塑性区 $c < |x| < a$ 处于一个晶粒之内，σ_s 与晶格阻力(派-纳力)、林位错阻力及第二相质点阻力等因素有关；在应力值较高时，塑性区会跨过多个晶粒，从而使晶界阻力在 σ_s 中所占比例达到较高数值，此时的 σ_s 等于材料的屈服极限。

Ⅰ型裂纹的弹塑性问题也可以采用上述模型，并可以通过与解决上述两种裂纹问题相类似的办法来处理，即允许刃型位错塞积群中的位错攀移到晶体中，并在形式上可以得到与上述 BCS 模型的塑性区长度相类似的结果。但是，上述处理方法在该类型裂纹处理时有一些推论难以解释，说明该模型也具有明显的局限性。

BCS 模型的局限性还在于，模型中给出的塑性区中的位错与裂纹位错为同号位错，且两组位错的密度在该处均为无限大，因而无法相互抵消导致裂纹钝化。特别是，该模型无法解释裂纹尖端存在无位错区的现象。

7.2 裂纹尖端无位错区

7.2.1 裂尖塑性区位错结构

20 世纪 80 年代，Ohr 等[4-8]利用透射电子显微镜下原位拉伸实验，系统研究了不同结构材料裂纹尖端处位错的产生、分布和运动行为，将金属材料裂纹尖端

塑性区的位错行为归纳如下。

（1）裂纹扩展早期阶段，裂尖附近会产生一列反向塞积式分布的位错，从而构成塑性区。

（2）对于Ⅲ型裂纹，低层错能金属的塑性区与裂纹面共面，塑性区中的位错大多为扩展的螺型位错；高层错能金属中位错易于产生交滑移而离开原滑移面（裂纹面），从而形成较大范围的塑性区。

（3）对于Ⅰ型裂纹，塑性区中的主要位错是刃型位错，其滑移面不在裂纹面上，刃型位错在与裂纹面成一定角度的滑移面上运动，导致裂纹张开，使裂纹钝化。

（4）在大部分金属中，可以观察到在裂纹尖端和塑性区之间存在无位错区（dislocation free zone, DFZ）。位错在裂纹尖端（简称裂尖）产生后进入晶体的过程称为位错发射。裂尖发射的位错会穿过无位错区进入塑性区，与其他位错共同构成塑性区的位错结构。与半脆性金属相比，延性金属的无位错区宽度较小。

Ohr 等的最重要贡献是发现了裂纹尖端的无位错区，以及证实了裂尖可发射位错特性。近年来，随着电子显微镜技术的不断进步，已经在多种材料中观察到了裂尖发射位错现象，并且在恒定载荷条件下发现了裂纹尖端无位错区，包括韧性材料和脆性金属间化合物[9-11]，如 Al、Cu、Ni 等面心立方金属，Mo、Nb、W 等体心立方金属，也包括 LiF、Mo、Al 和 Fe-3%Si 等单晶材料[12]。图 7-8 为 Mo 单晶中的裂纹尖端无位错区的透射电子显微镜原位拉伸照片。

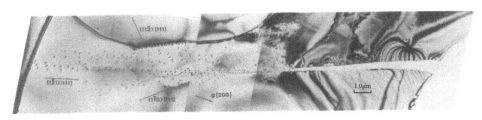

图 7-8　Mo 单晶原位拉伸裂纹尖端无位错区透射电子显微镜照片

显然，裂纹尖端无位错区的存在与 BCS 模型的预测不一致。BCS 模型假设塑性区的位错与整个塞积群中的其他位错之间的作用力、外载荷及滑移阻力相平衡，并没有考虑到裂尖应力场的影响。

7.2.2　BCS 模型的初步修正

Kobayashi 和 Ohr 最初提出的 DFZ 模型中，考虑裂尖应力场（非远场外应力，即位错非连续模型）的影响，给出了位错平衡方程，即一个位错在塞积群中其他位错、点阵阻力和裂尖应力场的共同作用下处于平衡：

$$D\sum_{\substack{i=1\\i\neq j}}^{N}\frac{1}{x_i-x_j}+\sigma_s-\sigma_c(x_j)=0 \tag{7-22}$$

式中,等式左边的第一项为位错塞积群中其他位错对第 j 个位错作用力的总和; σ_s 为晶体对位错运动的阻力(可以取屈服应力); $\sigma_c(x_j)$ 是裂尖弹性应力场。与弹塑性 BCS 模型中位错连续分布不同,这里采取了分离的位错分布。对于塞积群的 N 个位错均可建立类似式(7-22)的方程,并通过方程组求解得到塞积群中每一个位错的位置(即位错离裂尖的距离 x_j)。从裂尖到塞积群第一个位错之间的距离即无位错区。

上述方程的计算结果如图 7-9 所示。

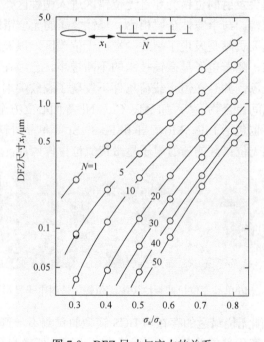

图 7-9　DFZ 尺寸与应力的关系

由图 7-9 可以看出,外加载荷 σ_a 越大,则无位错区尺寸 x_1 越大;裂尖发射位错数 N 越多,无位错区尺寸越小。极端情况是,当裂尖发射位错足够多时,就不会产生无位错区。因此,Kobayashi 和 Ohr 提出的修正模型认为无位错区是由于裂尖不易发射位错造成的。但在该模型中并未对裂尖不易发射位错的原因做出进一步解释。关于位错从裂尖发射的问题,Rice 和 Thomson[13]在 20 世纪 70 年代就完成了开创性的研究工作,并提出了建立韧性和脆性断裂的判据的 R-T 模型。Ohr 等利用该模型的特殊情况,讨论了无位错区的形成机理。

7.2.3　BCS 模型的进一步修正

裂纹尖端发射位错和产生无位错区是相互关联的耦合过程。对于 BCS 模型的修正就是要考虑到裂尖位错发射、位错塞积形成及位错交互作用等动态过程的叠加效应，从而给出裂尖发射位错的临界条件，以及裂尖无位错区形成的机制和特点。

1. 裂尖位错的应力场

当裂纹前方存在一个位错时，位错的应力场和无裂纹时位错的应力场不同[14,15]。设Ⅲ型半无限长裂纹尖端前一定距离处存在一个螺型位错，在没有外加应力条件下螺型位错在任意一点(x,y)处会产生应力场。

如果没有裂纹，上述问题就是简单的螺型位错应力场问题。但在裂纹附近，位错将受到裂纹自由表面镜像力的作用，问题就变得较为复杂了。考虑一种特殊情况，即螺型位错位于Ⅲ型裂纹面的延长面上的情形$(\theta = 0)$，如图 7-10 所示。设位错与裂尖的距离为r，利用保角变换，在复平面中求位移再求应力，可求出其应力场，即

$$\sigma_{yz}(r) = -\frac{Gb}{2\pi(x-r)}\left(\frac{x}{r}\right)^{\frac{1}{2}} \tag{7-23}$$

在裂尖附近$(r < x)$时$\sigma_{yz} < 0$，表明裂尖自由表面吸引位错（类似镜像力）；远离裂尖$(r > x)$时$\sigma_{yz} > 0$，说明裂纹的影响变小。

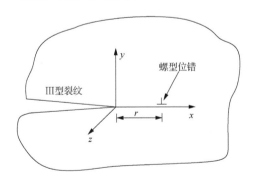

图 7-10　Ⅲ型裂纹附近的螺型位错

2. 发射位错的临界应力强度因子

由上述分析可知，裂纹尖端的位错将对裂纹尖端产生反作用力。与外加应力σ

使裂尖存在应力强度因子一样，内应力场也会产生一个附加的应力强度因子。螺型位错相当于一个Ⅲ型裂纹，利用式(7-13)可将其强度因子表达为

$$K_{\mathrm{III}}^{\mathrm{S}} = \lim_{x \to 0} \left\{ \sqrt{2\pi x} \cdot \sigma_{yz} \right\} \tag{7-24}$$

将(7-23)式代入式(7-24)可得

$$K_{\mathrm{III}}^{\mathrm{S}} = \lim_{x \to 0} \left[-\frac{Gb}{2\pi(x-r)} \right] \left(\frac{x}{r} \right)^{\frac{1}{2}} \sqrt{2\pi x} = -\frac{Gb}{\sqrt{2\pi x}} \tag{7-25}$$

如图 7-11 所示，Ⅰ型、Ⅱ型和Ⅲ型裂纹发射位错的情况并不相同。对于Ⅲ型裂纹，外加 σ_{yz} 后裂尖发出的一组螺型位错，裂尖可以不钝化，如图 7-11(a)所示；对于Ⅱ型裂纹，外加 σ_{yx} 后裂尖发出一组共面刃型位错，裂尖可以不钝化，如图 7-11(b)所示；对于Ⅰ型裂纹，在外加正应力条件下，当裂纹面和滑移面不重合时，将沿不同的滑移面发出两组以上的刃型位错列，使裂纹尖端钝化，如图 7-11(c)所示。

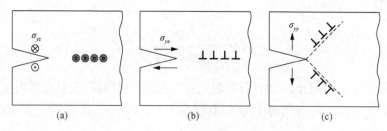

图 7-11　发射位错的三种类型

下面以Ⅲ型裂纹为例，求解裂尖发射位错的临界应力强度因子 K_{IIIe}。

首先，Ⅲ型裂纹发射位错的动力是裂尖应力集中，即

$$\sigma_{yz} = \frac{K_{\mathrm{III}}}{\sqrt{2\pi r}} \tag{7-26}$$

它作用在位错上的力为

$$\frac{F_{\mathrm{G}}}{L} = b\sigma_{yz} \tag{7-27}$$

其次，裂尖自由表面对位错的镜像力(吸引力)是位错发射的阻力，参考 1.6 节表面对位错作用力的求解方法可得

$$\frac{F_S}{L} = -\frac{Gb^2}{4\pi r} \tag{7-28}$$

同时，位错要离开裂尖还需克服晶格摩擦力

$$\frac{F_p}{L} = b\sigma_P \tag{7-29}$$

因此，如图 7-12 所示，作用在裂纹尖端的合力为

$$\frac{F_{\Sigma}(r)}{L} = \frac{bK_{\text{III}}}{\sqrt{2\pi r}} - \frac{Gb^2}{4\pi r} - b\sigma_P \tag{7-30}$$

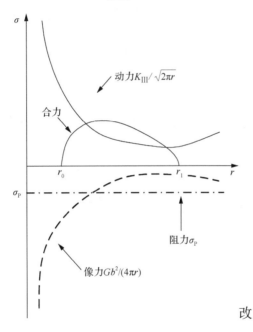

图 7-12 裂尖前方位错上的各种作用力

随着 r 减小，阻力随 r^{-1} 增大比动力随 $r^{-\frac{1}{2}}$ 增大更明显。r 的最小值应等于位错芯半径 r_0（为 $b \sim 2b$）。因此，当 $r = r_0$ 时，如果动力大于阻力，即 $\frac{F_{\Sigma}(r)}{L} > 0$，则位错就能发射并离开裂尖。发射的临界条件为 $\frac{F_{\Sigma}(r_0)}{L} = 0$，即

$$K_{\text{IIIe}} = \sqrt{2\pi r_0}\left(\frac{Gb}{4\pi r_0} + \sigma_P\right) \tag{7-31}$$

对于 II 型裂纹，发射共面刃型位错的临界应力强度因子为[7]

$$K_{\text{II e}} = \sqrt{2\pi r_0} \left[\frac{Gb}{4(1-\nu)\pi r_0} + \sigma_{\text{P}} \right] \tag{7-32}$$

如果裂纹面和滑移面(位错所在面)成 φ 角，则发射位错的临界应力强度因子可以表达为[5]

$$K_{\text{IIIe}} = \left[\frac{2}{\sin\varphi\cos\left(\dfrac{\varphi}{2}\right)} \right] \left\{ \frac{Gb}{(1-\nu)\sqrt{8\pi r_0}} + \sqrt{2\pi r_0} \left[\sigma_{\text{P}} + 4\gamma e^{3/2} \frac{\sin\varphi}{(4+e^3)\pi r_0} \right] \right\} \tag{7-33}$$

式中，γ 为表面能；e 为裂纹中心到裂尖前端位错塞积群前端的距离。

3. 位错对裂尖应力场强度因子的屏蔽和反屏蔽作用

当位错从裂尖发出后，由式(7-25)可知，由于每个位错的应力强度因子都是负值，从而会导致裂尖应力强度因子下降，故对裂尖的应力场强度因子起到屏蔽作用(图7-12)。对式(7-25)求和，可得反塞积群的应力强度因子 K_{IIID}，即

$$K_{\text{IIID}} = -\sum \frac{Gb}{\sqrt{2\pi x_i}} = -\int \frac{Gb}{\sqrt{2\pi x}} f(x)\mathrm{d}x \tag{7-34}$$

裂纹前端有效应力强度因子 K_{IIIf} 是外力引起的 K_{IIIa} 和位错引起的 K_{IIID} 之和，即

$$\begin{aligned} K_{\text{IIIf}} &= K_{\text{IIIa}} + K_{\text{IIID}} \\ K_{\text{I f}} &= K_{\text{I a}} + K_{\text{I D}} \end{aligned} \tag{7-35}$$

因为 $K_{\text{I D}}$ 或 K_{IIID} 是负值，故 $K_{\text{I f}} < K_{\text{I a}}$，即裂尖发出的位错对裂尖起屏蔽作用，使裂尖有效应力强度因子 $K_{\text{I f}}$ 下降。

若位错源处在裂尖前方，它发出一对正负位错，负位错向裂尖运动并塞积于裂尖前方的某一区域。这时，位错符号改变，使 $K_{\text{I D}} > 0$，$K_{\text{I f}} = K_{\text{I a}} + K_{\text{I D}} > K_{\text{I a}}$，即反号位错塞积对裂尖会起到反屏蔽作用。利用位错列的屏蔽和反屏蔽作用，Hirsch 等提出了位错发射导致裂纹解理扩展的机构[16]。

4. 裂尖无位错区形成机理

如前所述，关于位错从裂尖发射的问题，Rice 和 Thomson 提出了建立韧性和脆性断裂判据的 R-T 模型[13]，Ohr 等学者利用该模型的特殊情况，讨论了无位错区的形成机理[5,17]。

考虑一个螺型位错沿着与Ⅲ型裂纹共面的滑移面上发射的情形，如图 7-13 所示，这是 R-T 模型的一个特殊形式。在滑移面上作用在 A 位错上的力包括三项，即裂尖应力场产生的弹性裂纹应力、裂纹自由表面对位错的镜像力、位错塞积群中其他位错对 A 位错的作用力。正如 BCS 理论所指出，要使位错沿滑移面运动，必须克服晶格阻力。平衡时 $\sum F = 0$（消去 b），从而有

$$\frac{K_{\text{Ⅲ}}}{\sqrt{2\pi r}} - \frac{Gb}{4\pi r} - \sum\left[\frac{Gb}{2\pi(x_i - r)}\right]\left(\frac{x_i}{r}\right)^{\frac{1}{2}} = \sigma_{\text{P}} \tag{7-36}$$

可以认为位错连续分布，位错密度为 $f(x)$，在 $x \sim x+\mathrm{d}x$ 的位错数为 $f(x)\,\mathrm{d}x$，用积分代替求和，并略去第二项镜像力（二阶小量），则式(7-36)变为[7]

$$\frac{K_{\text{Ⅲ}}}{\sqrt{2\pi r}} - \int\left[\frac{Gb}{2\pi(x - r)}\right]\left(\frac{x}{r}\right)^{\frac{1}{2}} f(x)\mathrm{d}x = \sigma_{\text{P}} \tag{7-37}$$

式(7-37)的解 $f(x)$ 如图 7-14 所示，$f(x)$ 和裂尖延长线（x 轴）有两个交点 c 和 d，表明在裂尖前方 oc 之间位错密度 $f(x) = 0$，即 oc 区间无位错，称为无位错区（DFZ）。由前面关于发射位错临界应力场强度因子的讨论可知，在 DFZ 的位错受到的总的作用应力为斥力，且其大于晶格滑移阻力，从而产生位错发射，并使其与裂尖保持一定距离。

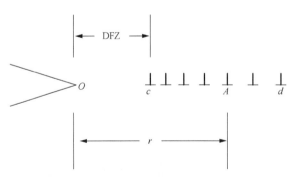

图 7-13 裂尖前方的塞积位错列

如图 7-14 所示，处在裂尖前方的 cd 区的 $f(x) \neq 0$，该区域就是塑性区。当 $x \geq d$ 时，$f(x) = 0$，这个区域是弹性区。实际上，位错是离散分布的，这里的 $f(x)\,\mathrm{d}x$ 是表征 $\mathrm{d}x$ 区域内的位错数目。由图 7-14 可知，在 c 点处 $f(x)$ 值最大，即该处的位错排布最为紧密；离裂尖处越远，$f(x)$ 值越小，位错排列越稀疏，即位错塞积群的障碍点在无位错区的尾端。

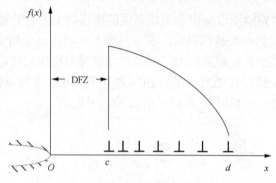

图 7-14　裂尖前方的位错分布

用数值计算方法可对式(7-36)所列出的 n 个联立方程求解，其位错分布的平衡位置如图 7-13 所示，即在裂尖前方存在一个无位错区 Oc，位错从 c 点开始产生反向塞积[8]。

综上所述，DFZ 是裂尖复杂应力场中各点受力平衡的必然结果。由此可以推断，DFZ 只能在恒载荷或恒位移条件下才能观察到，如果连续加载，式(7-36)只能在瞬间成立，应当无法观察到稳定存在的 DFZ。事实上，透射电子显微镜原位观察表明，晶体材料加载时裂尖首先发射位错；如果保持恒载荷，就会出现 DFZ，位错反塞积于 DFZ 的尾部[18]。如果连续加载则很难发现 DFZ。

7.3　裂纹形核和长大

在材料和构件的加工与服役过程中，其微裂纹的产生方式与材料特性相关，更与载荷条件相关。这里主要基于位错理论阐述晶体材料微裂纹的产生机理。

7.3.1　解理裂纹形成的一般形式

如前所述，在绝大多数情况下，微裂纹的形核以位错的发射、增殖和运动(局部塑性变形)为先导，是局部塑性变形发展到临界状态的必然结果。当局部应力集中等于理论断裂强度 $\sigma_{th} = (E\gamma/b)^{\frac{1}{2}}$，该处的原子键就会断裂，从而形成微裂纹。这是微裂纹形核最普遍的方式，适合于各种断裂方式。应力集中是裂纹形核的前提条件。加载时，裂纹前端会产生宏观应力集中；局部塑性变形时，产生的位错塞积群前端会存在很高的微观应力集中；裂尖发射位错形成无位错区后，无位错区内会存在很高的应力集中。在条件合适时，这些应力集中可能是原子键断裂，从而形成微裂纹[9-11]。

对于玻璃、陶瓷这一类纯脆性体，加载时裂尖不发射位错，不发生局部塑性变形。根据缺口断裂力学可知，设裂纹尖端半径为 ρ_0，裂纹尖端应力为

$$\sigma_{yy} = 2K_{\mathrm{I}} \Big/ (\pi\rho_0)^{\frac{1}{2}} = 2\sigma(a\rho_0)^{\frac{1}{2}} \tag{7-38}$$

式中，a 为裂纹的半宽度。加载时，裂纹尖端半径 ρ_0 约等于原子间距，因而裂尖应力 σ_{yy} 可以很大，当它等于原子键合力 $\sigma_{\mathrm{th}} = (E\gamma/b)^{\frac{1}{2}}$ 时，裂尖原子键就断裂，微裂纹从原裂尖形核。由此可求出微裂纹形核及构件断裂的外应力为

$$\sigma_{\mathrm{c}} = \left(\frac{E\gamma\rho_0}{4ab}\right)^{\frac{1}{2}} \tag{7-39}$$

假设 $\rho_0 = \dfrac{8b}{\pi(1-v^2)}$，则由此获得的断裂应力 σ_{c} 就和 Griffith 方程相同。此时，不需要局部塑性变形的协助，宏观应力集中就可导致微裂纹形核。

　　对于金属材料，拉伸时裂尖首先发射位错，即裂尖前方存在一个屈服区。断裂力学计算表明，裂尖前端塑性区最大应力（等于有效屈服应力 σ_{ys}）可以表达为 $\sigma_{\max} = \sigma_{\mathrm{ys}} = Q\sigma_{\mathrm{s}}$，其中 Q 为强化因子，表征缺口的存在使塑性变形受约束而导致的强化作用。即使考虑加工硬化，Q 也不会大于 5，故可认为 $\sigma_{\max} = 5\sigma_{\mathrm{s}}$，它显然仍小于原子键合力 σ_{th}。由此可知，对于金属材料，按宏观断裂力学算出的宏观应力集中不可能使原子键断裂从而形成微裂纹。事实上，一旦发生局部塑性变形，则位错增殖和运动有可能使它们塞积于障碍处（晶界、第二相或不动位错），当塞积位错的数目足够大时，塞积群前端的应力集中就有可能等于原子键合力。

　　对于解理型断裂，位错塞积形成裂纹的机制有两种模型比较公认，即 Cottrell 的位错反应模型和 Stroh 的位错塞积群模型。另外，裂尖发射位错后如果保持恒载荷，裂尖会形成一个无位错区，它是一个弹性区，可以用断裂力学来计算无位错区中的应力。当外加应力足够大时，无位错区中的应力可能等于原子键合力，从而导致微裂纹在无位错区中形核。

7.3.2　Cottrell 位错反应理论

1. Cottrell 位错反应模型的建立

　　Cottrell 认为解理裂纹可以在滑移面的交叉点处由位错合并形成[19]。从能量角度来说，由位错合并导致裂纹形成的首要条件是，裂纹附近的 Frank-Read 位错源不容易激活，无法产生弹性能的松弛。HCP 结构滑移面较少，容易满足这个条件。但在 BCC 结构中，由于滑移面较多，要满足这个条件，除非瞬间产生大量位错并快速合并，以致附近 Frank-Read 位错源来不及激活。所以，BCC 结构的脆性断裂和屈服现象应有内在联系。

基于上述设想，Cottrell 认为在 BCC 结构金属中与[010]轴相交的两个滑移面 (101) 和 $(10\bar{1})$，它们相对解理面 (001) 均成 45°角，如图 2-84 所示。两个滑移面上的全位错相遇时会发生反应：

$$\frac{a}{2}[\bar{1}\bar{1}1] + \frac{a}{2}[111] === a[001] \tag{7-40}$$

显然，合成新的位错后系统能量会降低，所以这是一个自发的过程。新形成的位错线为 $\vec{\xi} = [010]$，伯格斯矢量 $\vec{b} = a[001]$，是刃型位错，滑移面为 (100)，是不可动位错。如果参与反应的不止一组位错，则在 (100) 面上会形成一组位错的塞积，产生应力集中。新形成的刃型位错半原子面为 (001) 面，因而其塞积形成的大位错就在解理面 (001) 面造成楔形空隙，形成了裂纹的核心。一旦空隙变成裂纹，相交滑移面上位错会源源不断地流入，使裂纹长大，如图 2-84 所示。

FCC 结构中也会有类似反应：

$$\frac{a}{2}[\bar{1}01] + \frac{a}{2}[101] === a[001] \tag{7-41}$$

但该反应不是自发进行的。因此，面心立方结构中不会有类似的裂纹形核机制。电子显微分析也只是在 FCC 结构中发现了 $\vec{b} = a[001]$ 位错。

2. Cottrell 位错反应形核裂纹扩展条件

下面从能量的观点出发分析裂纹扩展条件[19]。如图 2-84 所示，假设外加应力 σ 垂直于解理面 (001)，相交滑移面上各有 m 个位错参与反应，在 (100) 面上形成强度为 mb 的大位错，(001) 面上形成裂纹的长度为 $2c$。根据线弹性断裂力学裂纹扩展的能量判据可知，外应力 σ 的作用会引起裂纹周围弹性应变能释放，对于平面应变状态可以表达为

$$W_1 = -\frac{\pi(1-v^2)c^2\sigma^2}{E} = -\frac{\pi(1-v)c^2\sigma^2}{G} \tag{7-42}$$

裂纹最大宽度为 nb，外应力 σ 所做的功为

$$W_2 = -\frac{1}{2}\sigma nb2c = -\sigma nbc \tag{7-43}$$

考虑裂纹引起弹性能的增加，即大位错的弹性能，按照式(1-38)，假定 $r_0 = c/2$，则有

$$W_3 = \frac{G(nb)^2}{4\pi(1-v)}\ln\left(\frac{2R}{c}\right) \tag{7-44}$$

裂纹的表面能为

$$W_4 = 4\gamma c \tag{7-45}$$

所以，裂纹的总能量为

$$W = -\frac{\pi(1-\nu)c^2\sigma^2}{G} - \sigma nbc + \frac{G(nb)^2}{4\pi(1-\nu)}\ln\left(\frac{2R}{c}\right) + 4\gamma c \tag{7-46}$$

设

$$\begin{cases} c_1(n) = \dfrac{G(nb)^2}{8\pi(1-\nu)\gamma} \\[2mm] c_2(\sigma) = \dfrac{8G\gamma}{\pi(1-\nu)\sigma^2} \\[2mm] \left(\dfrac{c_1}{c_2}\right)^{\frac{1}{2}} = \dfrac{\sigma nb}{8\gamma} \end{cases} \tag{7-47}$$

则

$$W = 2\gamma\left[c_1\ln\left(\frac{2R}{c}\right) + 2c - \frac{2c^2}{c_2} - 4c\left(\frac{c_1}{c_2}\right)^{\frac{1}{2}}\right] \tag{7-48}$$

空隙裂纹扩展的能量条件为

$$\frac{\partial W}{\partial c} = 0 \tag{7-49}$$

将 W 值代入后计算得

$$4c^2 - 2\left[1 - \left(\frac{c_1}{c_2}\right)^{\frac{1}{2}}\right]c_2 c + c_1 c_2 = 0 \tag{7-50}$$

式(7-50)为关于 c 的二次方程，令其判别式等于零，解得

$$c_2 = 16c_1 \tag{7-51}$$

即

$$\left(\frac{c_1}{c_2}\right)^{\frac{1}{2}} = \frac{1}{4} = \frac{\sigma nb}{8\gamma} \tag{7-52}$$

或

$$\sigma nb = 2\gamma \tag{7-53}$$

若 $\sigma nb > 2\gamma$，则方程没有实数解，表明裂纹发生失稳扩展，所以裂纹扩展条件为

$$\sigma nb \geqslant 2\gamma \tag{7-54}$$

考虑到 $\vec{b} = a[001]$，上式又可以写成

$$\sigma na \geqslant 2\gamma \tag{7-55}$$

滑移面与解理面成 45°角，所以滑移面上的切应力为 $\sigma_c = \sigma/2$，所以式 (7-54) 裂纹扩展条件可以表达为

$$2\sigma_c na \geqslant 2\gamma \tag{7-56}$$

将式 (7-51) 代入式 (7-50) 可得临界条件下的裂纹长度为 $c = 4c_2$，将其代入式 (7-47) 可得到平面应变条件下的 Griffith 公式的形式：

$$\sigma = \sqrt{\frac{E'\gamma}{\pi (1-v^2) c}} \tag{7-57}$$

此式与 Griffith 公式仅在于系数上的差别。因此，Cottrell 模型也能推导出 Griffith 公式。

上述讨论中假设最大切应力作用在滑移面上，或最小拉应力作用在解理面上。但 Stroh 的裂纹位错塞积模型认为，当滑移面与相邻晶粒内解理面成 70.5°时，解理裂纹最容易产生。在单向拉伸条件下，滑移面与最大切应力面一致时，解理面与最大拉应力面并不重合。因此，上述模型的解理裂纹发生的能量条件并不具有普适性，只是一个大致的估计。

3. Cottrell 位错反应模型的合理性

如图 7-15 所示，当形成 $\vec{b}_1 = [001]$ 不动位错后，在两个滑移面 {110} 或 {112} 上的 $\vec{b}_2 = \frac{1}{2}[111]$ 位错就要在滑移面上塞积。塞积群的领先位错 A 与不动位错 B 之间

存在斥力。当形成 n–1 个不动位错后，相当于一个伯格斯矢量为 $(n-1)\vec{b_1}$ 超位错，其对领先位错 A 的斥力为

$$\frac{F_1}{L}=\frac{G(n-1)\,b_1b_2}{2\pi\,(1-\nu)}\frac{\cos\theta}{r}\tag{7-58}$$

式中，r 是领先位错 A 和相邻不动位错 B 之间的距离，由于这两个位错靠得很近，可以认为 $r=b_1$。塞积在滑移面上的 m 个位错对领先位错 A 的作用力为

$$\frac{F_2}{L}=(\sigma_a-\sigma_P)mb_2\tag{7-59}$$

这是领先位错通过反应继续合并生成不动位错的动力。此外，两组滑移面之间的领先位错将相互吸引，其作用力可以表达为

$$\frac{F_3}{L}=\frac{Gb_2^2}{12\pi(1-\nu)}\frac{1}{r}\tag{7-60}$$

式中，可以取 $r=b_2$。

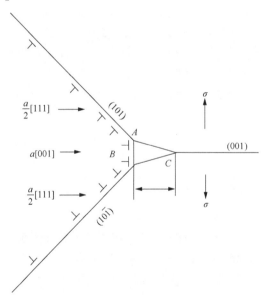

图 7-15　Cottrell 位错反应模型中位错间交互作用

当 $\dfrac{F_2}{L}+\dfrac{F_3}{L}>\dfrac{F_1}{L}$ 时，两个滑移面上的领先位错就会继续靠近，并通过反应生成第 n 个 [001] 不动位错。因此，形成 n 个不动位错(即形成裂纹)的临界条件为 $\dfrac{F_2}{L}+\dfrac{F_3}{L}=\dfrac{F_1}{L}$，即

$$(\sigma_a - \sigma_P)m + \frac{G}{12\pi(1-\nu)} = \frac{G(n-1)}{2\pi\,(1-\nu)}\cos\theta \tag{7-61}$$

若取滑移面为 (112) 面，则 $\theta = 54.74°$，$\nu = 0.3$，可以推导出[20]

$$m = \frac{0.13G}{\sigma_a - \sigma_P}(n-1) \tag{7-62}$$

可见，即使外加载荷 $\sigma_a - \sigma_P = \sigma_s$，$m$ 值也比 n 值大一个数量级。

由于 G、γ、ν 是材料常数，由方程(7-50)求出的稳定裂纹长度中应包含 σ 和 n 两个参数。实际上，形成稳定裂纹核的 n 值无法得到，因而也就无法获得临界裂纹尺寸。如果固定临界裂纹尺寸，则可以依据式(7-50)求出形成稳定裂纹核所需的[001]位错数量 n 值，它随着 σ 增大而直线下降[19]。

总之，按照 Cottrell 位错反应机制可以形成微裂纹核，但由于稳定裂纹核心的长度 c_0 不仅与 σ 有关，还与 n 值有依赖性，所以无法根据外加应力确定 c_0 值。裂纹一旦形核，通过增大不动位错数目 n 可以使裂纹长大，但根据式(7-62)，要求滑移面上塞积位错数目 m 值呈 10 倍增长。当 n 值增大到按照式(7-54)确定的裂纹失稳扩展临界值之前，位错塞积造成的应力集中有可能在塞积群前端按照 Stroh 或 Smith 机制形成新的微裂纹核心。另外，当 n 值较大时，两个滑移面上的领先位错间距很大，这时要合并成[001]位错在几何上很难实现。因此，Cottrell 位错反应机制作为断裂判据存在其局限性[17]。

7.3.3 位错塞积理论

1. Stroh 理论

基于位错塞积群前端应力场与裂纹尖端应力场的相似性，Stroh 提出了位错塞积群尖端裂纹萌生和长大模型[21-24]。

如图 7-16 所示，假设在外加切应力作用下，滑移面上形成长度为 $2L(=d$，晶粒尺寸)的双位错塞积群，尖端产生 II 型裂纹。在极坐标系下，裂纹尖端应力场为

$$\begin{cases} \sigma_{rr} = \dfrac{K_{II}}{\sqrt{2\pi r}} \cdot \dfrac{1}{2} \cdot \sin\dfrac{\theta}{2}(3\cos\theta - 1) \\[3mm] \sigma_{\theta\theta} = \dfrac{K_{II}}{\sqrt{2\pi r}} \cdot \dfrac{3}{2} \cdot \cos\dfrac{\theta}{2} \cdot \sin\theta \\[3mm] \sigma_{r\theta} = \dfrac{K_{II}}{\sqrt{2\pi r}} \cdot \dfrac{1}{2} \cdot \cos\dfrac{\theta}{2}(3\cos\theta - 1) \end{cases} \tag{7-63}$$

式中，$K_{\mathrm{II}} = \sigma \sqrt{\pi \dfrac{d}{2}}$。

当 $\theta = 0$ 时，$\sigma_{r\theta}$ 达到最大值，即 $(\sigma_{r\theta})_{\max} = K_{\mathrm{II}} / \sqrt{2\pi r} = \sigma_{yx}$。

假定相邻晶粒内未发生屈服，即 $\sigma_{r\theta}$ 未达到临界值 σ^*（或表达为 $\sigma < \sigma_{ys}$）；又假设滑移带与相邻晶粒的解理面成 θ 角，与解理面垂直的应力是 $\sigma_{\theta\theta}$。当 $\cos\theta = \dfrac{1}{3}$（即 $\theta = 70.5°$）时，$\sigma_{\theta\theta}$ 达到最大值：

$$(\sigma_{\theta\theta})_{\max} = \frac{2}{\sqrt{3}} \frac{K_{\mathrm{II}}}{\sqrt{2\pi r}} = \frac{1}{\sqrt{3}} \left(\frac{d}{r}\right)^{\frac{1}{2}} \sigma \tag{7-64}$$

考虑派-纳力时

$$(\sigma_{\theta\theta})_{\max} = \frac{1}{\sqrt{3}} \left(\frac{d}{r}\right)^{\frac{1}{2}} (\sigma - \sigma_{\mathrm{P}}) \tag{7-65}$$

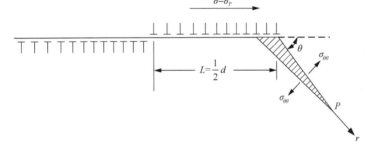

图 7-16　位错塞积产生微裂纹

如果这个最大值达到理论断裂强度 σ_{m}，长度为 $2c$ 的解理裂纹就会形成。这里取 $\sigma_{\mathrm{m}} = \sqrt{\dfrac{E\gamma}{a}}$，则

$$\frac{1}{\sqrt{3}} \left(\frac{d}{r}\right)^{\frac{1}{2}} (\sigma - \sigma_{\mathrm{P}}) = \sqrt{\frac{E\gamma}{a}} \tag{7-66}$$

$$\sigma = \sigma_{\mathrm{P}} + \sqrt{3} \left(\frac{r}{a} E\gamma\right)^{\frac{1}{2}} d^{-\frac{1}{2}} \tag{7-67}$$

式 (7-67) 中的应力为切应力，如果转化为拉应力，则应考虑取 Schmidt 因子 m，式 (7-67) 可以改写为

$$\begin{cases} \sigma = \sigma_P + k_c d^{-\frac{1}{2}} \\ k_c = m\sqrt{\dfrac{3r}{a}E\gamma} \end{cases} \tag{7-68}$$

由式(7-68)可见，解理裂纹形成的临界应力与屈服强度的 Hall-Petch 公式相似，同样与晶粒尺寸之间具有依赖关系。

相邻晶粒不发生屈服而发生解理的条件可以总结为

$$\begin{cases} \sigma < \sigma_{ys} \\ k_c < k_y \\ \sqrt{\dfrac{r}{x}} < \dfrac{2}{\sqrt{3}}\dfrac{\sigma^*}{\sigma_m} \end{cases} \tag{7-69}$$

式中，k_y 为 Hall-Petch 公式的斜率；x 为位错塞积群前端到相邻晶粒位错源的距离，可以看作材料常数。

激活位错源所需要的应力远低于材料的理论强度，即 $\sigma^* \ll \sigma_m$，因此，即使形成解理裂纹，其长度 $2c$ 也很小。

当解理裂纹长度为原子量级时，$r \to a$，将 $E = 2G(1+\nu)$ 代入式(7-67)可得

$$\sigma - \sigma_P \approx \sqrt{\dfrac{2G(1+\nu)\gamma}{d}} \tag{7-70}$$

根据式(3-3)位错塞积群同号位错数目表达式，当考虑到外力为切应力，且考虑到派-纳力时，可以表达为

$$Nb = \dfrac{(1-\nu)(\sigma - \sigma_P)d}{G} \tag{7-71}$$

由上述两式消去 d 可得

$$(\sigma - \sigma_P)Nb = 2(1-\nu^2)\gamma \approx 2\gamma \tag{7-72}$$

式(7-72)表明，位错塞积时，外力所做的功等于微小解理裂纹表面能，即式(7-67)从能量的观点来看是合理的。

2. Smith 理论

Smith 认为[24, 25]，位错塞积群顶端可以产生与其共面的裂纹，裂纹形核应力 σ_c 为

$$\sigma_{\mathrm{c}} - \sigma_{\mathrm{P}} = \sqrt{\frac{2G\gamma}{\pi d(1-\nu)}} \tag{7-73}$$

上式与式(7-67)相似，只是系数不同，这与裂纹形核位置有关。根据上式可以推导出，共面裂纹形核时外加正应力为

$$\begin{cases} \sigma_{\mathrm{c}} = \sigma_{\mathrm{P}} + k_{\mathrm{c}} d^{-\frac{1}{2}} \\ k_{\mathrm{c}} = m\sqrt{\dfrac{2G\gamma}{\pi(1-\nu)}} \end{cases} \tag{7-74}$$

7.3.4　无位错区中形成微裂纹

裂尖发射位错后，在恒载荷条件下会形成无位错区，它是一个弹性区，当外加应力足够大时，无位错区中的应力有可能等于原子键合力，从而导致微裂纹在无位错区中形核[9-11]。

如式(7-37)所示，如果忽略裂纹自由表面对裂尖前端位错的镜像引力(它是二阶小量)，则裂尖前方应力场除了外应力引起的应力集中，还有所有位错的应力场之和，利用位错的连续分布函数 $f(x)$，则裂尖前方总应力可以表达为

$$\sigma_{yz}(r) = \frac{K_{\mathrm{III}}}{\sqrt{2\pi r}} - \int \left[\frac{Gb}{2\pi(x-r)}\right]\left(\frac{x}{r}\right)^{\frac{1}{2}} f(x)\mathrm{d}x \tag{7-75}$$

代入由式(7-37)求出的 $f(x)$ 的解(图 7-14)，就可以求出 $\sigma_{yz}(r)$ 的解，如图 7-17 所示[5]。由图中可见，在 DFZ 中应力可以很高，有可能等于原子键合力。

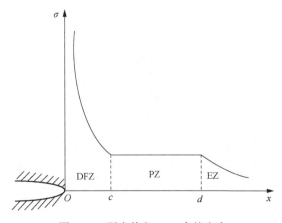

图 7-17　裂尖前方 DFZ 中的应力

　　图 7-18 为利用离散位错有限元法对 I 型裂纹前端 DFZ 中的正应力场计算结果[18]。由图中可见，在裂尖前方存在两个应力峰值。第一个峰处在缺口顶端，第二个峰在 DFZ 内。这两个峰应力的相对大小和外加应力场强度因子 K_I 以及 σ_f/G 有关。随外加 K_I 升高，缺口顶端的应力集中增大，而 DFZ 中的应力集中相对下降。随 σ_f/G 升高，这两个应力集中均升高。当这两个应力峰值之一或两者均等于原子键合力时，就会使微裂纹从原裂纹顶端或 DFZ 中形核，或从这两处同时形核。

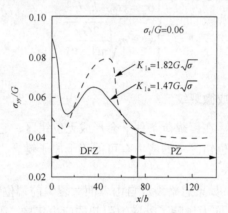

图 7-18　I 型裂尖前端 DFZ 中应力

7.3.5　微孔聚集型裂纹形核

　　金属材料的韧性断裂过程是样件首先整体发生屈服，然后以第二相粒子为起点，微孔形核、长大、汇聚，最终导致断裂。图 7-19 为微孔洞形核过程示意图[8]。

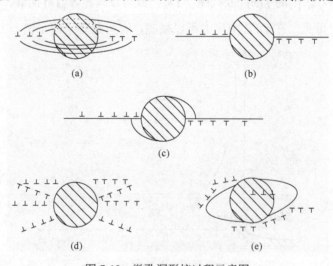

图 7-19　微孔洞形核过程示意图

微孔洞形核与第二相粒子的硬度有关。当第二相粒子相对基体较软时，其对位错运动不会再成阻碍，不会产生位错塞积和应力集中，因而难以形成微孔洞。当第二相粒子较硬时，其周围会产生多重同心圆位错环，如图 7-19(a)所示。从图 7-19(b)二维截面可见，第二相粒子两侧分别堆积符号相反的刃型位错塞积群，因此在第二相粒子与基体界面处产生强烈的应力集中。这种应力集中若超过粒子抗拉强度，就会导致粒子开裂；若粒子强度较高，则由于塑性变形不协调，颗粒与基体界面处分离，并在随后有大量位错进入分离区，从而形成微孔洞，如图 7-19(c)所示。实际情况是，有多个滑移系开动的情况下，会增大微孔洞形核的概率和长大的速率，如图 7-19(d)和(e)所示。

韧性破坏过程中微孔洞的形成并不要求滑移完全停止。当材料屈服后，在继续发生塑性变形过程中，由于第二相粒子周围的局部滑移受阻而形成微孔洞；而解理裂纹的形成需要滑移被完全阻止。这是导致脆断与韧断塑性变形量的差别的本质所在。

由于韧性断裂发生之前，材料已经发生全面屈服，因而其裂纹扩展不满足小范围屈服条件。如果材料内部已经存在缺陷或裂纹，断裂过程从此处开始，即使裂纹以微孔聚集型长大，裂尖仍满足小范围屈服条件，断裂力学的概念和处理方法仍然有效。由于此类模型与位错微观机制无关，这里不再赘述。

7.3.6　裂纹形核其他模型

1. 空位聚合成孔洞机制

当试样中存在大量过饱和空位时，它们有可能聚集而形成孔洞[17]，进而形成微裂纹。辐照和快冷时，会造成材料中空位密度急剧升高，其聚集成孔洞的密度也会较高，从而引起构件体积膨胀。

设空位形成能为 U_V（约 1.6×10^{-19}J），则平衡浓度为

$$c_V = A \exp\left(-\frac{U_V}{kT}\right) \tag{7-76}$$

式中，A 是与熵有关的项。随温度升高，c_V 急剧升高。例如，$c_V(T=900℃)/c_V(T=25℃)=10^{14}$，因此，从 900℃ 淬火下来的试样中的过饱和空位有可能聚集成微孔洞，但在低温热平衡条件下，空位很难聚集成孔洞。

如 2.5 节所述，当位错有割阶时，割阶位错做非保守运动时就会产生过饱和空位。LiF 的实验表明，如果是单滑移，则割阶通过交滑移形成，空位浓度随形变量线性升高，如 ε 从 5% 增至 15% 时，空位浓度升高 2 倍。如果是多滑移，则割阶主要通过位错交割形成，随形变增大，空位浓度呈抛物线上升，如 ε 从 5% 增至

15%时，空位浓度升高 5 倍。过饱和空位聚集成球形气团(微孔洞)时，自由能下降最大，故最稳定。计算表明，如果认为空位能通过位错中心而快速扩散，则在裂纹顶端的高形变区内，由空位团长大成宏观孔洞所需的时间约 1min。故在慢拉伸过程中有可能通过过饱和空位聚集而形成孔洞[3]。外应力 σ 做功 σb^3 (b^3 为空位体积)使空位形成能降为 $U_V - \sigma b^3$，从而空位浓度变为

$$c_\sigma = A \exp\left(-\frac{U_V}{kT}\right)\exp\left(\frac{\sigma b^3}{kT}\right) = c_V \exp\left(\frac{\sigma b^3}{kT}\right) \tag{7-77}$$

式中，c_V 是热平衡空位浓度。如前所述，塑性区中最大应力 $\sigma_{\max} = Q\sigma_s = 5\sigma_s$，当 σ_s =1500Mpa 时，代入上式可得 $c_\sigma/c_V \approx 150$。因此，在一般情况下，由应力引起的空位过饱和度很低(10^2)，不可能聚集成孔洞。

如前所述，当有裂纹时，裂纹尖端无位错区的应力可以接近原子键合力。以纯铝为例，当 $\sigma = 0.043E = 9 \times 10^3$ MPa 时，代入式(7-77)可得 $c_\sigma/c_V \approx 10^3$，这样高的过饱和空位有可能聚集成空位团。若保持恒载荷，让空位有充分的时间扩散，则有可能聚集成微孔洞，如图 7-20 所示[4]。可见，在蠕变过程中，空位聚集成孔洞是有可能的，但在一般加载条件下，由空位聚集形成孔洞并不现实。应当指出，在高温蠕变时，应力作用下空位聚集成孔洞是蠕变微裂纹形核的重要方式。

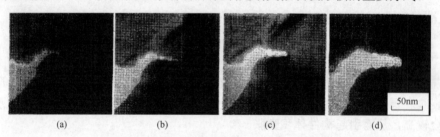

图 7-20　恒位移下空位聚集成孔洞的透射电子显微镜原位观察(纯铝)

2. 局部腐蚀机制

在有应力腐蚀或腐蚀疲劳时，局部阳极溶解会在构件表面形成点蚀坑。在有外载荷条件下，这种点蚀坑可以形成微裂纹。对无裂纹试样来说，点蚀坑的形成对应力腐蚀起着重要作用，因为蚀坑(微裂纹)前端将会出现应力集中；另外，由于闭塞电池的作用，蚀坑内部溶液将会局部酸化，从而为析氢反应提供了条件，氢进入试样有可能使蚀坑扩展而导致氢致断裂。

对于非氢致开裂型的应力腐蚀，早期的各种理论均认为，局部阳极溶解导致裂纹连续扩展。例如，滑移溶解理论认为，位错滑移会使裂尖钝化膜破裂而露出新鲜金属，从而使裂尖成为阳极相，通过金属溶解而向前扩展[2]。尽管对这些观

点一直存在争议，但通过局部溶解能形成点蚀坑（微裂纹），而且其在无裂纹试样的应力腐蚀中起着重要作用，这一点是无可争议的[17]。

7.4　韧脆判据及韧脆转变的位错理论

晶体材料的韧脆转变是材料物理领域研究者十分关心的问题之一。长期以来，从位错理论角度对这一问题的研究已取得了诸多成果[17,18,23]，但目前尚未形成统一的认知。本书结合文献[17]中对晶体材料韧脆转变位错理论总结，仅就韧脆转变的典型模型进行分析和讨论。

7.4.1　Cottrell 解理断裂判据

Cottrell 基于位错反应模型中的裂纹失稳扩展判据，进一步提出了晶体材料韧脆转变的判据[19]。

由于 Cottrell 位错反应模型中裂纹成核是自发行为，所以晶体的断裂取决于裂纹长大和传播速度。若令式（7-54）中

$$\sigma_s = \beta\sigma \tag{7-78}$$

式中，σ_s 为屈服应力；β 为应力状态因子，是屈服时切应力与正应力之比[17]。对于扭转变形，$\beta = 4$；对于拉伸变形，$\beta = 2$；对于缺口试样，$\beta = 2/3$。将 Hall-Peach 公式代入式（7-18）得

$$\sigma = \beta^{-1}\left(\sigma_P + k_y d^{-\frac{1}{2}}\right) \tag{7-79}$$

又根据胡克定律

$$nb \approx \frac{\sigma_s - \sigma_P}{G}d = \frac{\beta\sigma - \sigma_P}{G}d \tag{7-80}$$

将式（7-79）和式（7-80）代入式（7-54）可得

$$\left(\sigma_P d^{\frac{1}{2}} + k_y\right)k_y = \beta\gamma G \tag{7-81}$$

或

$$\sigma_s d^{\frac{1}{2}} k_y = \beta\gamma G \tag{7-82}$$

Cottrell 把式(7-82)作为解理裂纹失稳扩展的判据，进而提出晶体材料的韧-脆转变判据为

$$\begin{cases} \sigma_s k_y d^{1/2} < \beta\gamma G, & \text{韧断} \\ \sigma_s k_y d^{1/2} \geqslant \beta\gamma G, & \text{脆断} \end{cases} \tag{7-83}$$

这是一个宏观韧脆判据。按照这个判据，任何使 $\sigma_s k_y d^{1/2}$ 升高以及 $\beta\gamma G$ 减小的因素均可促使材料由韧变脆，因而可以对晶体材料韧脆转变的诸多现象进行解释。例如，随温度下降，σ_s 升高，故低温时 BCC 和 HCP 材料由韧变脆；增大晶粒直径 d，也会使材料由韧变脆，降低应力状态因子 β 值(如存在缺口)或材料表面能 γ (如液态金属吸附)均使材料脆性增大，促进韧脆转变。

利用 Cottrell 韧脆转变判据，可以求出韧脆转变温度 T_c[17]。这里将 Hall-Petch 关系 $\sigma_s = \sigma_0 + k_s d^{-\frac{1}{2}}$ 中的参数进行分解，其中 σ_0 可以表示为 $\sigma_0 = A + B\exp(-\alpha T)$，$A$ 是既存位错对位错源的长程应力，数值较小，且与温度无关；第二项是晶格阻力，即派-纳力(见 2.2 节)，与温度有关，它远比第一项 A 要大，故可忽略 A，由此可知

$$\sigma_s = B\exp(-\alpha T) + k_s d^{-\frac{1}{2}} \tag{7-84}$$

即随温度升高，σ_s 下降，当 $T > T_c$ 时，σ_s 较小，从而 $\sigma_s k_y d^{1/2} < \beta\gamma G$，故韧断；但当 $T < T_c$ 时，σ_s 很大，从而 $\sigma_s k_y d^{1/2} \geqslant \beta\gamma G$，材料脆断。由此可知，当 $T = T_c$ 时，$\sigma_s k_y d^{1/2} = \beta\gamma G$，它就是韧脆转变的临界条件，由此可求出转变温度 T_c，即

$$T_c = \alpha^{-1} \ln\left(\frac{B k_y d^{\frac{1}{2}}}{\beta\gamma G - k_y k_s} \right) \tag{7-85}$$

由此可解释诸多因素对韧脆转变温度的影响规律。例如，加载方式会改变 β 值，T_c 值也会发生相应的变化；材料晶粒越细小(d 值越低)，T_c 值也越低；晶体结构不同时，G 和 γ 值不同，则转变温度 T_c 值也会受到影响。

尽管式(7-83)的韧脆判据能定性解释一些实验现象，但作为其理论基础的式(7-54)及式(7-82)并不尽合理。如前所述，通过 Cottrell 位错反应形成微裂纹核是可能的，但一旦形核后要继续通过位错反应使 n 值增大，从而使微裂纹核增大至满足断裂要求(Griffith 条件)的临界尺寸，这个假设是不合理的。另外，式(7-80)

的合理性是存在争议的。按照该方程，构成微裂纹的[001]位错数 n（它和微裂纹长度 c 有关）和晶粒直径成正比，这显然不合理。又如 σ_p 是点阵阻力，它不可能产生剪切位移 $d\sigma_p/G$。在推导式(7-82)时假定脆断时断裂应力 σ_f 等于屈服应力 σ_s，实际上很多材料在脆断时的应力仍可能大于屈服应力 σ_s。

在此基础上，Kelly、Tyson 和 Cottrell[13, 14, 26]提出了解理断裂的 KTC 模型，即裂纹尖端最大正应力（也是最大主应力）与最大切应力之比大于该材料最大理论断裂强度与最大理论屈服强度之比时，就会发生脆性解理断裂。由于 KTC 模型未涉及材料断裂微观机制，这里不再赘述。

7.4.2　位错发射控制的韧脆判据

1. Rice-Thomson 理论

Rice 认为，如果裂纹发射位错（其临界应力强度因子为 K_{Ie}）比解理扩展（其临界值为 K_{Ic}）更容易，即 $K_{Ie} < K_{Ic}$，则通过发射位错，裂尖将钝化从而韧断。反之，如果 $K_{Ie} > K_{Ic}$，则裂纹首先解理扩展，从而脆断。提出如下韧脆转变判据[13,17]：

$$K_{Ie}/K_{Ic} < 1, \qquad 韧性断裂$$
$$K_{Ie}/K_{Ic} > 1, \qquad 脆性断裂 \tag{7-86}$$

随温度升高，热激活可促进位错发射，使 K_{Ie} 随温度升高而下降；而 K_{Ic} 随温度升高而升高，故随温度升高，K_{Ie} 有可能从大于 K_{Ic} 而变为小于 K_{Ic}，即材料由脆变韧。

Rice 从能量角度认为，当 $K_I < K_{Ic}$ 时，如果发射位错后系统能量 $U(r)$ 的改变量随离裂尖距离 r 升高而下降，即 $dU/dr < 0$，表明发射的位错能离开裂尖，从而 $K_I < K_{Ic}$ 时裂尖能自动发射位错，导致韧断；如果 $K_I = K_{Ic}$ 时，$dU/dr > 0$，则位错不能自动发射，裂纹优先扩展，导致脆断。

发射位错后的能量改变 $U(r) = E_e + E_d - E_W$。其中，E_e 是位错自能（应变能）。E_d 是发射刃型位错时将在裂纹表面产生一个台阶而引起的附加表面能（对于螺型位错，$E_d=0$，对于共面刃型位错，即 II 型发射，$E_d=0$）；E_W 是位错形成过程中裂尖应力集中所做的功，它有利于位错发射。当 $dU/dr < 0$ 以及 $d^2U/d^2r < 0$ 时，位错就能自动发射。若在与裂纹面成 α 角的滑移面上形成半径为 r 的半圆位错环（图 7-21），其应变能为[17]

$$E_e = \frac{Gb^2(2-\nu)r}{8(1-\nu)}\ln\left(\frac{8r}{e^2 r_0}\right) = A_1 Gb^2 \ln\frac{r}{r_0} \tag{7-87}$$

式中，r_0 为位错中心半径。CD 半圆位错的刃型分量为 $b\cos\beta$，它在裂纹面上产

生的台阶高度为 $h = b\cos\beta\cos\alpha$，台阶面积为 rh，台阶表面能为 2γ，故

$$E_{\mathrm{d}} = (2\gamma\cos\beta\cos\alpha)br = A_2 br \tag{7-88}$$

单元位错段 AB 的长度为 $r\mathrm{d}\theta$，它离裂纹面距离为 $\xi = r\sin\theta$。由式(7-13)可知，裂尖在单元段 AB 处的应力场为

$$\sigma_{xy} = \left(\frac{K_{\mathrm{I}}}{\sqrt{2\pi\xi}}\right)\sin\frac{\alpha}{2}\cos\frac{\alpha}{2}\cos\frac{3\alpha}{2} \tag{7-89}$$

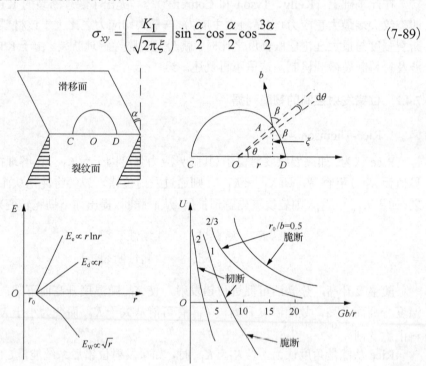

图 7-21　位错发射及其能量变化

σ_{xy} 作用在单位长度刃型位错分量 $b_{\mathrm{e}} = b\cos\beta$ 上的力为 $\sigma_{xy}b_{\mathrm{e}}$（$\sigma_{xy}$ 对螺型位错无作用），作用在单元位错 $r\mathrm{d}\theta$ 上的力为 $\sigma_{xy}b_{\mathrm{e}}r\mathrm{d}\theta$，它在位移为 $\mathrm{d}r$ 时做功为

$$\sigma_{xy}b_{\mathrm{e}}\mathrm{d}\theta\mathrm{d}r = \frac{K_{\mathrm{I}}}{2}\frac{b\sin\alpha\cos\dfrac{3\alpha}{2}\cos\beta}{\sqrt{2\pi r\sin\theta}}\mathrm{d}\theta r\mathrm{d}r \tag{7-90}$$

故位错形成时裂尖应力做的功为

$$W = K_{\mathrm{I}}b\sin\alpha\cos\frac{3\alpha}{2}\left(\frac{\cos\beta}{\sqrt{8\pi}}\right)\int_0^{2\pi}\frac{1}{\sqrt{\sin\theta}}\mathrm{d}\theta\int_{r_0}^{r}\sqrt{r}\mathrm{d}r$$
$$= A_3 K_{\mathrm{I}}b\left(r^{3/2} - r_0^{3/2}\right) \tag{7-91}$$

形成位错时总的能量变化为

$$U(r) = A_1 Gb^2 \ln \frac{r}{r_0} + A_2 br - A_3 K_I b \left(r^{3/2} - r_0^{3/2} \right) \tag{7-92}$$

式中，$U(r)$ 就是位错发射所需克服的能垒，称为位错发射激活能。由断裂力学理论可知：

$$K_{Ic}^2 = \frac{2\gamma E}{1 - \nu^2} \tag{7-93}$$

由于 K_{Ic} 是 K_I 的最大值，当 $K_I = K_{Ic}$ 时，如按式 (7-92) 求出 $dU/dr > 0$，即位错仍不能发射，则裂纹会发生解理扩展。当 $K_I < K_{Ic}$ 时，如按式 (7-92) 求出 $dU/dr < 0$，则位错能自动发射，裂纹会发生韧性断裂。

根据式 (7-92) 的计算表明，如果 $r_0/b < 1$，则当 $Gb/\gamma \in [7.5, 10]$ 时，$dU/dr < 0$，位错能自动发射，产生韧性断裂；如果 $r_0/b < 1$ 或 $r_0/b > 1$，但 $Gb/\gamma > 10$，即使 $K_I = K_{Ic}$，由式 (7-92) 求出 $dU/dr > 0$，不能发射位错，故产生脆性断裂。因此，控制材料韧脆性的参量为 r_0/b 和 Gb/γ，韧脆判据为

$$\begin{aligned} &\frac{r_0}{b} < 1, \text{且} \frac{Gb}{\gamma} < 10, && \text{韧性断裂} \\ &\frac{r_0}{b} < 1 \text{或} \frac{r_0}{b} \geqslant 1, \text{ 且} \frac{Gb}{\gamma} \geqslant 10, && \text{脆性断裂} \end{aligned} \tag{7-94}$$

利用式 (7-92) 可算出各种材料发射位错的激活能 U，但计算结果对很多晶体并不合理。例如 Rice 算出 Zn、W、LiF 和 Si 的 U 值极高，即使在高温也不会发射位错，这显然和实验不符。为此，很多人对 Rice-Thomson 模型进行了修正，试图降低位错应变能以降低 U 值[17, 27]。一种方法是将位错分解为不全位错使伯格斯矢量减小，从而可使位错应变能下降[27]。有计算表明，如果裂尖发射的位错不是半圆形，而是矩形，则根据双扭折形核模型算出的激活能仅是半圆形位错的 $1/4$[28]。进一步利用 Peierls 位错模型，发射位错时伯格斯矢量从很小值升至 b，从而可使位错发射更为容易[29]。还有很多人从另外的角度对 Rice-Thomson 模型进行了修正[30]。

2. 失稳层错能控制的韧脆判据

Peierls 位错模型将裂尖发出的位错看成伯格斯矢量无限小位错的连续分布，从而引入一个失稳堆垛层错能 γ_{us} 作为位错形核的阻力。这样就可使发射位错的激活能明显下降。Rice 认为[31, 32]，滑移面上下两层原子的相对滑动为 $b/2$ 时，堆垛层错能有极大值，这时原子处于不稳定状态，开始发射位错。把发射位错临界状

态的最大层错能定义为失稳层错能 γ_{us}，它表示材料抵抗外力产生韧性(即发射位错)的能力。材料韧脆判据为

$$\frac{\gamma}{\gamma_{us}} > \beta, \qquad \text{韧性断裂}$$

$$\frac{\gamma}{\gamma_{us}} < \beta, \qquad \text{脆性断裂}$$

(7-95)

式中，β 是一个常数，与材料本质、加载方式、几何参数等多种因素有关。

应当指出，无论用式(7-94)还是用式(7-95)作为材料的韧脆判据，它们均以裂尖是否发射位错，即式(7-86)作为韧脆转变的物理依据。但实验表明，这个判据对金属材料(包括金属间化合物)是不适合的。因为根据这个判据，任何材料处于脆性状态时，裂尖都不发射位错。但透射电子显微镜原位观察表明，金属材料在任何脆性状态(如金属间化合物在室温，BCC 或 HCP 材料在低温，金属材料应力腐蚀、氢致开裂或液体金属脆断)均是先发射位错，当位错发射、运动达到临界状态时，脆性裂纹才开始从原裂纹尖端或在无位错区中形核[12, 13, 17]。

7.4.3　位错可动性控制的韧脆判据

前面根据材料的特性，如 r_0/b 和 Gb/γ 或 γ/γ_{us} 来判定材料本身的韧脆性，它以 $K_I \leqslant K_{Ic}$ 时裂尖是否发射位错作为判据。由于热激活能促进位错发射，所以室温时本质脆性的材料(如 Si)随温度升高也能由脆变韧，这种以位错发射(形核)作为控制因素的韧性转变机制以 Rice-Thomson 理论为基础[17, 31, 32]。但由于热激活是一个连续过程，所以位错形核控制机理很难解释在 T_c 处突然由脆变韧的实验结果，同时也很难解释加载速率对韧脆转变温度的影响。

以热激活促进位错运动为控制因素的韧脆转变理论认为[17, 33, 34]，裂尖发射位错很容易，低温下外加应力强度因子 K_{Ia} 很小时就会首先发射位错。但发出的位错对裂尖起屏蔽作用，裂尖有效应力强度因子为 $K_{If} = K_{Ia} + K_{ID} < K_{Ia}$，其中 K_{ID} 是负值，它是裂尖前方塞积位错引起的应力强度因子，是裂尖屏蔽程度的度量。随外加应力升高，K_{Ia} 升高，与此同时 K_{ID} 也升高，即从裂尖发出并塞积在裂尖前方的位错数目升高，从而位错屏蔽效应增大。但当温度较低时，K_{ID} 较小，从而当

$K_{Ia} = K_{Ic}(T_c)$ 时，K_{If} 仍有可能等于材料的 Griffith 断裂韧性 $K_{Ic}^* = \left(\dfrac{2\gamma E}{1-v^2}\right)^{1/2}$，从而产生脆断。温度高于韧脆转变温度 T_c，这时 K_{ID} 非常大，以致即使 $K_{Ia} = K_{Ic}(T_c)$ 时，K_{If} 仍然小于 K_{Ic}^*，从而不发生解理断裂。但外加应力强度因子已等于韧断时的断裂韧性 $K_{Ic}(T_c)$，它远比 K_{Ic}^* 高，故材料韧断。韧脆判据为[34]

$$K_{\mathrm{I a}} = K_{\mathrm{I c}}(T)\text{时，} \quad K_{\mathrm{I f}} = K_{\mathrm{I a}} + K_{\mathrm{I D}} = K_{\mathrm{I c}}^{*} \qquad \text{脆性断裂}$$

$$K_{\mathrm{I a}} = K_{\mathrm{I c}}(T)\text{时，} \quad K_{\mathrm{I f}} = K_{\mathrm{I a}} + K_{\mathrm{I D}} < K_{\mathrm{I c}}^{*} \qquad \text{韧性断裂}$$

$$(7\text{-}96)$$

其中，裂尖屏蔽程度 $K_{\mathrm{I D}}$ 由裂尖发射出的位错总数以及位错的可动性来决定。位错运动速度随温度升高而增大，即

$$v = v_{0}\left(\frac{\sigma}{\sigma_{0}}\right)^{m}\exp\left(-\frac{Q}{RT}\right) \qquad (7\text{-}97)$$

$$\sigma = \sigma_{\mathrm{a}} - \sigma_{\mathrm{s}} - \sum_{i}\sigma_{\mathrm{D}i} - \sigma_{\mathrm{P}} \qquad (7\text{-}98)$$

式中，σ_{a} 是 $K_{\mathrm{I a}}$ 所引起的应力集中；σ_{s} 是位错像力（可以忽略）；$\sigma_{\mathrm{D}i}$ 是位错之间的相互作用力；σ_{P} 是点阵摩擦力；m 是应力指数，约为 1，它可能和温度有关，如对于 TiAl，$m=1.4+331/T^{[35]}$。对 Si 的计算表明，在 T_{c} 处 $K_{\mathrm{I c}}$ 突然升高，这和裂纹发射位错数目 n 突然增多有关[34]。对 TiAl，计算时仅应用了脆断判据，即 $K_{\mathrm{I a}} = K_{\mathrm{I c}}(T_{\mathrm{c}})$ 时，$K_{\mathrm{I f}} = K_{\mathrm{I c}}^{*}$，从而算出的 $K_{\mathrm{I c}}$ 随温度线性升高。因为没有规定韧断判据，即没有规定韧断时 $K_{\mathrm{I a}} = K_{\mathrm{I c}}(T_{\mathrm{c}})$ 的具体数值，故反映不出 $T \geqslant T_{\mathrm{c}}$ 时 $K_{\mathrm{I c}}$ 的急剧升高。

式(7-96)的判据可以反映 T_{c} 对加载速率的依赖性。另外对 Si 的计算表明，如果裂尖前方只有一个滑移系开动，则韧脆过渡区较宽；如果动作滑移面有 2 个或 3 个，则韧脆过渡区很窄[34]。

Hirsch 和 Roberts 利用离散位错源模型也可解释韧脆转变的突发性以及 T_{c} 对加载速率的依赖性[36]。他们认为位错并不从整个裂纹前沿发出，而是仅从裂纹前沿某些孤立位置处出发，从这些孤立位错源发出的位错将沿裂纹前沿侧向运动。当整个裂纹前沿均为位错（塑性区）所包围时，整个裂尖被屏蔽，故 $K_{\mathrm{I f}} = K_{\mathrm{I a}} + K_{\mathrm{I D}}$ 急剧下降，即使当 $K_{\mathrm{I a}} = K_{\mathrm{I c}}(T_{\mathrm{c}})$ 时，$K_{\mathrm{I f}}$ 仍小于 $K_{\mathrm{I c}}^{*}$，从而发生韧断。但如果 T 很低，则位错侧向运动速率很小，当 $K_{\mathrm{I f}} = K_{\mathrm{I c}}^{*}$ 时位错仍未包围整个裂纹前沿，从而未被屏蔽的裂纹前沿将产生解理扩展。但对 Si 的原位观察表明，裂尖发出的位错圈沿运动滑移面扩展，而不是沿裂纹前沿扩展[34]。

如果位错不是从裂尖形核，而是从体内位错源发出，这时利用热激活偶极子位错失稳分解从而导致位错协同形核的模型更加合理[36]。Khantha 认为，间距很小的位错偶极子的应变能只有 $1\sim2\mathrm{eV}$，因而在任何温度下均可存在。温度升高，稳定偶极子的尺寸 r 就增大，当 $r \geqslant r_{\mathrm{c}}$ 时，偶极子就会失稳分解成两个位错，从而导致位错形核。在 T_{c} 处，大多数偶极子的尺寸均已长大到等于 r_{c}，可以失稳分解，产生大量自由位错，从而导致材料由脆变韧。在外应力 σ 作用下，单位长度偶极

子的自由能为

$$U(r) = \frac{Gb^2}{2\pi(1-\nu)}\ln\left(\frac{r}{r_0}\right) + 2E_c - \sigma br - 4kT\ln\left(\frac{r}{r_0}\right) \tag{7-99}$$

式中，第一项为位错应变能；第二项为中心能；第三项为外力做功；最后一项为熵。假定偶极子开始分解的临界尺寸 $r_c = er_0$。当 $T = T_c$ 时，$r = r_c$，从而 $U=0$，由此可得

$$kT_c = \frac{Gb^2}{8\pi(1-\nu)} - \frac{1}{4}\sigma br \tag{7-100}$$

推导时忽略了 E_c，也没有考虑其他偶极子的交互作用。其他小偶极子对即将分解 $(r=r_c)$ 的偶极子存在交互作用，将降低大偶极子的应力场，或使其应变能降低。可以认为[37]

$$kT_c = \frac{Gb^2 l}{8\pi(1-\nu)\varepsilon(r_c)} - \frac{1}{4}\sigma br_c l \tag{7-101}$$

式中，l 为偶极子长度，$l \approx b$，b 为位错的伯格斯矢量。其中 $\varepsilon(r_c)$ 就是所有 $r < r_c$ 的小偶极子的屏蔽效应，它隐含 E_c。

对转变温度较宽的半脆性材料，用这个模型得出的 T_c 和应变速率 ε 有关。但对突然转变的脆性材料(如 Si)，此模型得出的 T_c 和 ε 无关的结论与实验不符[35]。

透射电子显微镜原位拉伸表明[11-13]，无论是韧性材料还是脆性材料，均是首先发射位错，然后才是微裂纹在无位错区中(包括原微裂纹顶端)形核。对韧性材料，这种纳米尺寸的微裂纹一旦形核就钝化成孔洞(即使保持恒载荷)；而对脆性材料或脆性状态(如应力腐蚀、液体金属吸附、氢脆)，纳米微裂纹并不钝化而是解理扩展。这就是韧脆的本质区别，其原因目前尚不清楚[17]。另外，和这个现象相对应的控制方程尚未找到。总之，关于韧脆转变的位错理论目前还不成熟。

参 考 文 献

[1] Marcinkowski M J, Das E S P. Relationship between crack dislocations and crystal lattice dislocations [J]. Physical Status Solid (A), 1971, 8: 249-258

[2] Bilby B A, Cottrell A H, Swinden K H. The spread of plastic yield from a notch [J]. Proceeding of the Royal Society. A, 1963, 272: 304-314

[3] 石德珂. 位错与材料强度[M]. 西安: 西安交通大学出版社, 1988

[4] Cheng S T, Ohr S M. Dislocation free zone model of fracture [J]. Journal of Applied Physics, 1981, 52: 7174-7181

[5] Ohr S M. An electron microscope study of crack tip deformation and its impact on the dislocation theory of fracture [J]. Materials Science Engineering, 1985, 72: 1-35

[6] Kobayashi S, Ohr S M. Dislocation arrangement in the plastic zone of propagating cracks in nicker [J]. Journal of Materials Science, 1984, 19: 2273-2277

[7] Kobayashi S, Ohr S M. In situ fracture experiments in bcc metals [J]. Philosophical Magazine A, 1980, 42:763-772

[8] 陈建桥. 材料强度学[M]. 武汉: 华中科技大学出版社, 2008

[9] Chen Q Z, Chu W Y, Hsiao C M. In situ TEM observations of nucleation and bluntness of nanocracks in thin crystals of 310 stainless steel [J]. Acta Metallurgica et Materiallia, 1995, 43: 4371-4376

[10] 张跃, 王燕斌, 褚武扬, 等. 金属间化合物脆性微裂纹形核的 TEM 观察[J]. 中国科学 (A 辑), 1994, 24:551-560

[11] 高克玮, 陈奇志, 褚武扬, 等. 纳米级解理微裂纹的形核和扩展[J]. 中国科学 (A 辑), 1994, 24:993-1000

[12] 隋国鑫, 徐永波, 周敬, 等. Fe-3%Si 单晶体裂纹尖端位错行为及氢效应的 TEM 动态观察[J]. 材料科学进展, 1991, 21: 308-314

[13] Rice J R, Thomson R. Ductile versus brittle behavior of crystal [J]. Philosophical Magazine, 1974, 29: 73-97

[14] 张俊善. 材料强度学[M]. 哈尔滨: 哈尔滨工业大学出版社, 2004

[15] Thomson R M, Sinclair J E. Mechanics of cracks screened by dislocations [J]. Acta Metallurgica, 1982, 30:1325-1334

[16] Hirsch P B, Booth A S, Ellis M, et al. Dislocation-driven stable crack growth by microcleavage in semi-brittle crystals [J]. Scripta Metallurgica et Materialia, 1992, 27: 1723-1728

[17] 褚武扬, 乔利杰, 陈奇志, 等. 断裂与环境断裂[M]. 北京: 科学出版社, 2000

[18] Zhu T, Yang W, Guo T. Quasi-cleavage processes driven by dislocation pileups [J]. Acta Materialia, 1996, 44:3049-3058

[19] Cottrell A. H. Theory of brittle fracture in steel and similar metals [J]. Transactions Metallurgical Society, 1958, 212:192-201

[20] 王燕斌, 褚武扬, 肖纪美. 氢致解理断裂机理[J]. 中国科学 (A 辑), 1989, 19:1065-1073

[21] Stroh A N. The formation of cracks as a result of plastic flow [J]. Proceedings of the Royal Society A, 1954, 223: 404-414

[22] Stroh A N. The formation of cracks in plastic flow. II [J]. Proceedings of the Royal Society A, 1955, 232: 548-560

[23] Stroh A N. The cleavage of metal single crystals [J]. Philosophical Magazine, 1958, 3:597-606

[24] 哈宽富. 金属力学性质的微观理论[M]. 北京: 科学出版社, 1983

[25] Smith E, Barnby J F. Crack nucleation in crystalline solids [J]. Metal Science Journal, 1967, 1:56-64

[26] Kelly A, Tyson W R, Cottrell A H. Ductile and brittle crystals [J]. Philosophical Magazine A, 1967, 15:567-586

[27] Zhang T Y, Hassen P. The influence of ionized hydrogen on the brittle-to-ductile transition in silicon [J]. Philosophical Magazine A, 1989, 60:15-38

[28] Zhang T Y. Emission of a half-rectangular dislocation loop from a mode I crack tip [J]. Physical Status Solid B, 1996, 198:587-597

[29] Schoeck G. Dislocation emission from crack tips [J]. Philosophical Magazine A, 1991, 63:111-120

[30] Wang J S, Anderson P M. Fracture behavior of embrittled F.C.C. metal bicrystals [J]. Acta Materialia, 1991, 31:779-792

[31] Rice J R. Dislocation nucleation from a crack tip: An analysis based on the Peierls concept [J]. Journal of Mechanics and Physics Solids, 1992, 40:239-271

[32] Rice J R, Belts G E. The activation energy for dislocation nucleation at a crack [J]. Journal of Mechanics and Physics Solids, 1994, 42: 333-360

[33] Nitzsche V R, Hsia K J. Modelling of dislocation mobility controlled brittle-to-ductile transition [J]. Materialia Science and Engineering A, 1994, 176:155-164

[34] Xin Y B, Hsia K J. Simulation of the brittle-ductile transition in silicon single crystals using dislocation mechanics [J]. Acta Metallurgica et Materialia, 1997, 45:1747-1759

[35] Booth A S, Roberts S G. The brittle-ductile transition in γ-TiAl single crystals [J]. Acta Metallurgica Materialia, 1997, 45:1045-1063

[36] Hirsch P B, Roberts S G. Comment on the brittle-to-ductile transition: A cooperative dislocation generation instability; dislocation dynamics and the strain-rate dependence of the transition temperature [J]. Acta Metallurgica et Materialia, 1996, 44: 2361-2371

[37] Khantha M, Pope D P, Vitek V. Dislocation generation instability and the brittle-to-ductile transition [J]. Materialia Science and Engineering A, 1995, 192/193:435-422